福建省"十四五"普通高等教育本科规划教材

大学人工智能通识教程

刘持标　辛立明　秦彩杰　郑建城　**编著**

上海大学出版社
·上海·

图书在版编目 (CIP) 数据

大学人工智能通识教程 / 刘持标等编著. -- 上海：
上海大学出版社，2024.8. -- ISBN 978-7-5671-5052-2

Ⅰ. TP18

中国国家版本馆 CIP 数据核字第 2024FX8407 号

策　划　石伟丽

责任编辑　李　双　盛国誉

封面设计　缪炎栩

技术编辑　金　鑫　钱宇坤

大学人工智能通识教程

刘持标　辛立明　秦彩杰　郑建城　编著

上海大学出版社出版发行

（上海市上大路 99 号　邮政编码 200444）

（https://www.shupress.cn　发行热线 021 - 66135112）

出版人　戴骏豪

*

南京展望文化发展有限公司排版

上海光扬印务有限公司印刷　　各地新华书店经销

开本 787mm×1092mm　1/16　印张 27.5　字数 602 千

2024 年 8 月第 1 版　2024 年 8 月第 1 次印刷

ISBN 978 - 7 - 5671 - 5052 - 2/TP・89　定价　68.00 元

内容简介 | BRIEFING

为了培养具备人工智能（Artificial Intelligence, AI）素养的新一代人才，各大高校纷纷计划为非计算机类专业的理工科学生开设人工智能相关课程。《大学人工智能通识教程》便是这样一本旨在普及人工智能知识、提升学生人工智能应用能力的教材，其内容包含大量的理工科相关的人工智能应用案例及方便的实践操作，不仅能帮助学生深入理解人工智能的基本原理，还可提升学生利用人工智能技术解决各种问题的创新实践能力。通过本教材，学生可快速理解人工智能的相关原理，并掌握数据收集、模型训练与部署等实施人工智能应用的详细步骤。本教材分为三篇：第1篇为人工智能应用基础，涵盖人工智能简述、人工智能的应用、生成式人工智能三章内容；第2篇为人工智能应用工具，涵盖人工智能开发工具、EasyDL人工智能应用开发平台两章内容；第3篇为人工智能应用案例，涵盖智能预测、智能分类及智能检测三章内容。

本教材提供了丰富的理工科应用案例。这些案例涵盖了机器人控制、自动驾驶、智能制造、医疗诊断、智能家居等多个领域，旨在通过具体的应用场景，让学生直观地感受人工智能技术的强大和魅力。这些工程案例背后涉及深度学习、计算机视觉等复杂的技术原理，本教材中生动的应用案例，使这些原理变得易于理解。

本教材提供了便捷的实践操作环节。这些操作环节包括实验、编程练习、项目设计等，均配有详细的可成功实施的操作步骤，旨在让学生在动手实践中体验人工智能应用，理解人工智能基本原理，巩固所学人工智能知识、提升人工智能技术应用能力。例如，本教材提供了多个基于Python的编程练习，让学生在编写代码的过程中理解人工智能算法的工作原理。在人工智能应用案例章节，学生可结合所学知识和应用背景，借助详细的操作步骤动手实践，体验人工智能项目的设计与实现过程。

本教材提供了培养创新思维的路径。通过深入学习人工智能的基本原理和与体验人工智能的应用实践案例,举一反三,增强学生的学习兴趣,帮助学生培养创新思维和解决实际问题的能力。这种创新思维不仅有助于学生在学术领域取得突破,还将对其未来的职业生涯产生深远影响。

　　总之,本教材通过大量的理工科相关的人工智能应用案例及便捷的实践操作,为学生提供一条系统学习人工智能知识及应用的途径。这不仅有助于培养学生的人工智能素养和人工智能应用能力,还将为其在未来的科技浪潮中立足和发展奠定坚实的基础。本教材适合高校非计算机类专业学生的人工智能通识教育,同时也可以作为网络工程、物联网工程、人工智能、计算机科学与技术等专业学生的人工智能导论教材。

前 言 | FOREWORD

人工智能已经逐渐渗透到人们生活的方方面面,从智能家居到自动驾驶,从虚拟助手到智能医疗,它正在改变人们的工作方式、生活模式以及对未来的展望。在这样的时代背景下,对人工智能的认知和理解不再是专业人士的专利,而是现代大学生必备的知识和技能。《大学人工智能通识教程》应运而生,旨在为广大学子提供一扇探索人工智能世界之门,引领他们走进这个充满无限可能和挑战的新时代。

一、时代呼唤与教育使命

习近平总书记关于教育的重要论述,是习近平新时代中国特色社会主义思想的重要组成部分。习近平总书记在党的二十大报告中强调,"教育、科技、人才"是全面建设社会主义现代化国家的基础性、战略性支撑。人工智能作为科技进步的代表,与"教育、科技、人才"一体化建设的关系紧密相连,共同推动新质生产力的发展。在教材编写过程中,作者以习近平新时代中国特色社会主义思想为指导,将"教育、科技、人才"一体化建设的核心理念深刻贯穿于各个章节之中。通过普及人工智能通识教育,致力于培养出既具备创新能力又精通实践技能的高素质人才,这对于发展壮大新质生产力具有重要意义。

当今大家所处的时代是一个信息爆炸、技术革新的时代。人工智能作为这一时代最具代表性的技术之一,其影响力和渗透力正以惊人的速度增长。与此同时,人工智能技术的复杂性和专业性在一定程度上也给普通人带来了认知上的障碍。对于广大非计算机专业的学生来说,如何跨越这道障碍,掌握人工智能的基本原理和应用技能,成了一个亟待解决的问题。

教育,肩负着传授知识、塑造未来的重任,面对人工智能时代的挑战和机遇,大学教育必须与时俱进,将人工智能纳入通识教育的范畴,为广大学生提供系统、全面、深入的人工智能学习体验。《大学人工智能通识教程》正是基于这样的时代呼唤和教育使命而编写的。

二、教材内容与特点

《大学人工智能通识教程》是一本面向非计算机专业学生的人工智能入门教材。它以通俗易懂的语言和生动有趣的案例,概述了人工智能的基本原理、技术发展和应用前景。本教材内容涵盖了机器学习、深度学习、自然语言处理、计算机视觉等多个领域,旨在为学生提供一个全方位的人工智能知识体系。

本教材的特点主要体现在以下几个方面:

通俗易懂:本教材采用浅显易懂的语言和生动的图解,将复杂的人工智能原理和技术呈现得清晰明了,方便学生快速入门。第1章主要讲述人工智能基础、人工智能的未来;第2章主要讲述云计算平台、计算机视觉的应用以及人工智能在医学领域、交通领域、工业领域、工程与建筑领域、虚拟与现实融合领域的应用;第3章主要讲述人工智能生成文本、人工智能生成图、人工智能生成音乐、人工智能生成视频等大模型及与大模型密切相关的提示工程;第4章主要讲述编程语言、数据处理工具、深度学习框架、数据可视化工具、低代码及无代码开发平台。

案例丰富:本教材结合大量的实际应用案例,使学生在真实场景中感受人工智能的魅力和价值,激发其学习兴趣和动力。第6章主要介绍时序预测及表格数据预测两部分内容。新能源发电量时序预测,具体实施步骤包括新能源发电预测数据准备、模型训练及模型部署等;基于表格数据的交通事故预测,具体实施步骤包括交通事故预测数据准备、模型训练、模型部署等。第7章主要内容为基于图像分类的人工智能应用。智能垃圾分类,主要步骤包括垃圾分类数据准备、模型训练、模型部署等。第8章主要内容包括以施工人员安全生产智能检测为例的安全生产智能检测和以钢材表面缺陷智能识别为例的产品质量智能检测等。

实践性强:本教材注重理论与实践的结合,提供了丰富的人工智能实践与应用案例,使学生在动手实践中巩固所学知识,提升技能。第5章主要讲述 EasyDL 安装、飞桨 EasyDL 桌面版测试及 EasyDL 在线测试。

拓展性强:本教材不仅介绍了人工智能的基本原理和技术,还探讨了人工智能的伦理、法律和社会影响等,旨在培养学生的批判性思维和综合素质。同时,提供了每一章的相关文献以拓宽学生的人工智能知识视野,进一步深化其对相关主题的理解。这些文献涵盖了人工智能在各个领域中的应用,具有极高的参考价值。通过阅读这些文献,学生可以更加深入地了解相关主题的背景、发展历程以及当前的研究动态。同时,也可为学生提供新的思考角度和启发,有助于学生拓展其思维广度和深度。

三、学习目标与期望

期望学生通过学习《大学人工智能通识教程》，能够达到以下几个目标：

（1）掌握人工智能的基本原理和核心技术，了解人工智能的发展历程和未来趋势。

（2）熟悉人工智能在各个领域的应用场景和解决方案，具备初步的人工智能应用能力。

（3）培养创新思维和解决问题的能力，能够运用人工智能技术解决实际问题。

（4）树立正确的科技伦理观念，关注人工智能的社会影响和道德挑战。

希望本教材能够成为广大学生开启人工智能学习之旅的引路人，为他们在未来的科技浪潮中立足和发展奠定坚实的基础。同时，也希望本教材能够启发更多教育工作者和学者对人工智能通识教育的关注和思考，共同推动人工智能教育的普及和发展。本教材的作者刘持标具有丰富的人工智能应用研发经历，撰写了本教材的主要内容。辛立明、秦彩杰、郑建城具有丰富的人工智能应用实践经验，分别撰写了本教材的部分内容，并对各章节进行了审核与完善。

感谢上海大学出版社、上海大学计算机工程与科学学院、北京百度网讯科技有限公司对本书编写及出版的支持。感谢三明学院信息工程学院、福建省农业物联网应用重点实验室、物联网应用福建省高校工程研究中心为本教材的顺利完成提供的大力支持。本教材的编写及出版还受到 2023 年福建省技术创新重点攻关及产业化项目（校企联合类）（2023XQ009）、2023 年福建省自然科学基金资助项目（2023J011028）、三明市产学研协同创新重点科技项目（2022 - G - 12）、2019 年省级虚拟仿真实验教学项目——智能农业 3D 虚拟仿真实验教学项目（闽教高〔2019〕13 号）、2021 年省级虚拟仿真实验教学项目——基于物联网的种猪繁育智慧养殖虚拟仿真实验教学项目（闽教高〔2021〕52 号）、2022 物联网工程省级一流本科专业建设点（教高厅函〔2022〕14 号）、福建省现代产业学院"三明学院-中兴通讯 ICT 学院"（闽教高〔2022〕14 号）的支持。限于编著者的水平和经验，在编校过程中难免有不足之处，恳请广大读者提出宝贵意见。

目 录 | CONTENTS

第1篇　人工智能应用基础

第1章　人工智能简述 ·· 003

1.1　引言 ··· 003

　1.1.1　人工智能的定义 ······················ 003

　1.1.2　人工智能的历史 ······················ 004

　1.1.3　人工智能的重要性和影响 ············ 005

1.2　人工智能基础 ····················· 006

　1.2.1　机器学习的基本原理 ················· 006

　1.2.2　神经网络和深度学习 ················· 007

　1.2.3　自然语言处理 ······················· 009

　1.2.4　计算机视觉的基本原理 ··············· 010

1.3　人工智能的未来 ··················· 011

　1.3.1　人工智能带来的社会影响 ············ 011

　1.3.2　人工智能带来的经济变革 ············ 012

　1.3.3　人工智能带来的个人生活便利 ········ 012

　1.3.4　人工智能带来的技术发展 ············ 013

　1.3.5　人工智能带来的伦理和监管 ·········· 014

　1.3.6　人工智能带来的挑战与应对 ·········· 015

1.4　小结 ······························ 015

实践作业 ································· 015

案例 ····································· 015

参考文献 ································· 016

第2章　人工智能的应用 ············ 017

2.1　云计算平台 ······················· 017

2.1.1 百度云 …………………………………………………… 018

2.1.2 腾讯云 …………………………………………………… 019

2.1.3 阿里云 …………………………………………………… 019

2.1.4 华为云 …………………………………………………… 020

2.2 计算机视觉的应用 ………………………………………… 021

2.2.1 图像识别 …………………………………………… 022

2.2.2 图像与视频处理 …………………………………… 026

2.2.3 人脸识别 …………………………………………… 033

2.2.4 无人驾驶 …………………………………………… 036

2.2.5 家用机器人 ………………………………………… 037

2.3 人工智能在医学领域的应用 ……………………………… 038

2.3.1 医疗图像分析 ……………………………………… 038

2.3.2 基因数据分析 ……………………………………… 039

2.3.3 疾病诊断 …………………………………………… 040

2.4 人工智能在交通领域的应用 ……………………………… 040

2.4.1 交通管理 …………………………………………… 041

2.4.2 车辆维护与管理 …………………………………… 041

2.5 人工智能在工业领域的应用 ……………………………… 042

2.5.1 智能化生产 ………………………………………… 043

2.5.2 工业机器人 ………………………………………… 044

2.5.3 供应链管理 ………………………………………… 045

2.5.4 能源管理 …………………………………………… 046

2.5.5 质量控制 …………………………………………… 047

2.5.6 安全监控 …………………………………………… 048

2.6 人工智能在工程与建筑领域的应用 ……………………… 049

2.6.1 设计与规划 ………………………………………… 049

2.6.2 自动化施工 ………………………………………… 050

2.6.3 建筑维护与运营 …………………………………… 051

2.7 人工智能在虚拟与现实融合领域的应用 ………………… 052

2.7.1 数字孪生 …………………………………………… 052

2.7.2 数字人 ……………………………………………… 053

2.7.3 元宇宙 ……………………………………………… 055

2.8 小结 ………………………………………………………… 061

实践作业 ………………………………………………………… 061

案例 ·· 061

参考文献 ·· 062

第 3 章 生成式人工智能 ·· 063

3.1 人工智能生成文本 ·· 064

    3.1.1 ChatGPT ·· 064

    3.1.2 文心一言 ·· 064

    3.1.3 谷歌 Gemini ·· 066

    3.1.4 Kimi ··· 067

    3.1.5 星火认知大模型 ··· 068

    3.1.6 通义千问大模型 ··· 068

    3.1.7 智谱清言 ·· 069

3.2 人工智能生成图 ·· 070

    3.2.1 文心一格 ·· 070

    3.2.2 Midjourney 大模型 ·· 073

    3.2.3 Stable Diffusion 大模型 ·· 073

    3.2.4 美图 WHEE 绘画大模型 ·· 074

3.3 人工智能生成音乐 ·· 074

    3.3.1 MusicLM 大模型 ·· 075

    3.3.2 MusicGen 大模型 ··· 076

    3.3.3 网易天音大模型 ··· 076

    3.3.4 SUNO 大模型 ·· 077

3.4 人工智能生成视频 ·· 077

    3.4.1 Sora 视频大模型 ·· 078

    3.4.2 讯飞智作视频大模型 ··· 079

    3.4.3 GliaCloud 大模型 ··· 079

    3.4.4 VideoPoet 大模型 ··· 080

3.5 行业大模型 ·· 081

    3.5.1 网易有道子曰大模型 ··· 081

    3.5.2 百度灵医大模型 ··· 082

3.6 提示工程 ·· 083

    3.6.1 零样本提示 ··· 084

    3.6.2 一样本提示 ··· 084

    3.6.3 少样本提示 ··· 085

3.6.4 多任务提示 ·································· 085

3.6.5 链式提示 ···································· 086

3.6.6 样例提示 ···································· 087

3.6.7 上下文提示 ·································· 087

3.6.8 角色扮演提示 ······························ 087

3.7 小结 ··· 088

实践作业 ·· 089

案例 ·· 089

参考文献 ·· 090

第 2 篇　人工智能应用工具

第 4 章　人工智能开发工具 ····························· 093

4.1 编程语言 ··· 093

4.1.1 Python 简介 ································ 093

4.1.2 Python 安装及测试 ······················ 094

4.1.3 PyCharm 安装及测试 ···················· 098

4.1.4 Anaconda 安装及测试 ··················· 105

4.1.5 深度学习 GPU 相关软件安装及配置 ······· 113

4.1.6 Python 人工智能编程测试 ··············· 125

4.2 数据处理工具 ····································· 131

4.2.1 NumPy ······································ 131

4.2.2 Pandas ······································ 133

4.2.3 Scikit-learn ································ 134

4.3 深度学习框架 ····································· 136

4.3.1 PyTorch ····································· 136

4.3.2 PaddlePaddle ····························· 152

4.3.3 其他深度学习框架 ······················· 168

4.4 数据可视化工具 ··································· 169

4.4.1 Matplotlib ·································· 169

4.4.2 Seaborn ····································· 170

4.4.3 e-charts ····································· 172

4.4.4 其他数据可视化工具 ····················· 173

4.5 低代码及无代码开发平台 ························· 176

4.5.1　华为云 Astro 低代码平台 ……………………………… 176

4.5.2　宜搭低代码应用开发平台 …………………………… 177

4.5.3　爱速搭低代码应用开发平台 ………………………… 179

4.5.4　机器人流程自动化 ……………………………………… 180

4.6　人工智能 API 应用 …………………………………………… 182

4.6.1　百度智能云人工智能 API 服务 …………………… 183

4.6.2　注册并获取 API 密钥 ………………………………… 183

4.6.3　创建百度人工智能应用 API 并领取免费测试资源 … 184

4.6.4　获取并测试 API 相关 Access Token 应用 ……… 189

4.6.5　创建 Python 程序测试百度文字识别 API 调用 … 192

4.6.6　复制粘贴示例代码测试文字识别 API 调用 …… 194

4.6.7　使用本地图片测试文字识别 API 调用 ………… 196

4.7　小结 …………………………………………………………… 196

实践作业 …………………………………………………………… 196

案例 ………………………………………………………………… 197

参考文献 …………………………………………………………… 197

第 5 章　EasyDL 人工智能应用开发平台 …………………………… 198

5.1　EasyDL 桌面版安装 ………………………………………… 198

5.1.1　下载 EasyDL 安装包 ………………………………… 199

5.1.2　EasyDL 安装过程 ……………………………………… 200

5.2　飞桨 EasyDL 桌面版测试 ………………………………… 207

5.2.1　提前准备训练数据 …………………………………… 207

5.2.2　创建猫狗数据集 ……………………………………… 207

5.2.3　导入猫狗数据 ………………………………………… 208

5.2.4　标注猫狗数据 ………………………………………… 208

5.2.5　创建猫狗模型训练任务 ……………………………… 213

5.2.6　猫狗识别模型校验 …………………………………… 220

5.2.7　发布猫狗识别模型 …………………………………… 221

5.2.8　导出猫狗模型文件及部署猫狗识别 SDK ……… 223

5.3　EasyDL 在线测试 …………………………………………… 227

5.3.1　注册登录 EasyDL 平台 ……………………………… 227

5.3.2　创建苹果与梨识别项目 ……………………………… 228

5.3.3　苹果与梨识别模型训练 ……………………………… 235

    5.3.4 测试苹果与梨识别模型 ………………………… 242

    5.3.5 发布苹果与梨识别模型 246

    5.3.6 创建及测试苹果与梨识别应用 ………………… 249

    5.3.7 EasyDL 在线应用管理 ………………………… 252

  5.4 Paddle X ……………………………………………… 255

    5.4.1 PaddleX 软件下载与安装 ……………………… 255

    5.4.2 PaddleX 通用图像分割模型测试 ……………… 261

    5.4.3 PaddleX 车载路面垃圾检测模型测试 ………… 263

    5.4.4 PaddleX 通用图像分类模型测试 ……………… 265

  5.5 小结 …………………………………………………… 266

实践作业 …………………………………………………… 267

案例 ………………………………………………………… 267

参考文献 …………………………………………………… 268

第3篇 人工智能应用案例

第6章 智能预测 ……………………………………………… 271

  6.1 智能预测简介 ………………………………………… 271

  6.2 时序预测简介 ………………………………………… 272

  6.3 时序预测应用案例 …………………………………… 273

    6.3.1 新能源发电预测背景 …………………………… 273

    6.3.2 创建新能源发电预测数据集 …………………… 274

    6.3.3 发起新能源发电预测训练任务 ………………… 279

    6.3.4 新能源发电预测模型评估与优化 ……………… 282

    6.3.5 新能源发电预测模型部署 ……………………… 295

  6.4 表格数据预测简介 …………………………………… 296

  6.5 表格数据预测应用案例 ……………………………… 297

    6.5.1 交通事故预测业务背景 ………………………… 297

    6.5.2 交通事故预测业务难题 ………………………… 297

    6.5.3 交通事故预测解决思路 ………………………… 297

    6.5.4 创建交通事故预测数据集 ……………………… 298

    6.5.5 发起交通事故预测模型训练任务 ……………… 302

    6.5.6 交通事故预测模型评估与优化 ………………… 304

    6.5.7 交通事故预测模型部署 ………………………… 305

6.6　小结 ··· 309

实践作业 ·· 309

案例 ··· 310

参考文献 ·· 311

第 7 章　智能分类 ·· 312

7.1　智能分类简介 ·· 312

7.2　图像分类简介 ·· 313

7.3　图像分类应用案例 ·· 314

7.3.1　垃圾分类背景 ··· 314

7.3.2　垃圾分类难点 ··· 314

7.3.3　垃圾分类解决方案 ··· 314

7.3.4　垃圾数据采集 ··· 315

7.3.5　垃圾数据导入与标注 ······································· 315

7.3.6　垃圾分类模型训练 ··· 331

7.3.7　垃圾分类模型校验 ··· 335

7.3.8　垃圾分类模型部署 ··· 341

7.3.9　百度智能云在线服务 API 调用步骤 ························· 346

7.3.10　创建应用及准备在线服务接口地址 ························· 347

7.3.11　Python 编程及智能垃圾分类 API 调用测试 ················· 349

7.4　小结 ·· 355

实践作业 ·· 355

案例 ··· 355

参考文献 ·· 356

第 8 章　智能检测 ·· 357

8.1　智能检测简介 ·· 357

8.2　安全生产智能检测简介 ·· 358

8.3　安全生产智能检测应用案例 ·· 358

8.3.1　安全帽检测背景 ··· 359

8.3.2　传统人工检查安全帽难点 ··································· 359

8.3.3　安全帽检测解决思路 ······································· 360

8.3.4　安全帽数据采集与导入 ····································· 360

8.3.5　安全帽数据集标注 ··· 364

8.3.6 安全帽检测模型训练 ･････････････････ 370

8.3.7 安全帽检测模型校验 ････････････････ 374

8.3.8 安全帽检测模型部署 ････････････････ 377

8.3.9 体验 H5 移动客户端安全帽检测应用 ･･････ 379

8.3.10 安全帽智能检测 API 程序调用测试 ･････ 382

8.4 产品质量智能检测简介 ････････････････････ 385

8.5 产品质量智能检测应用案例 ･･････････････････ 386

8.5.1 钢材表面缺陷识别项目背景 ･･････････ 386

8.5.2 钢材表面缺陷识别项目必要性 ････････ 387

8.5.3 钢材表面缺陷识别解决思路 ･･････････ 387

8.5.4 钢材表面缺陷识别数据准备 ･･････････ 387

8.5.5 创建钢材表面缺陷检测模型 ･･････････ 387

8.5.6 钢材表面缺陷数据采集与导入 ････････ 391

8.5.7 钢材表面缺陷数据标注及标注后继续导入数据 ･･ 394

8.5.8 钢材表面缺陷识别模型训练 ･･････････ 404

8.5.9 钢材表面缺陷识别模型校验 ･･････････ 407

8.5.10 钢材表面缺陷识别模型部署与测试 ･････ 412

8.5.11 移动端 H5 钢材表面缺陷识别应用测试 ･･ 412

8.6 小结 ････････････････････････････････ 417

实践作业 ････････････････････････････････ 417

案例 ･･･････････････････････････････････ 417

参考文献 ････････････････････････････････ 418

附录 英文简称 ･･･････････････････････････ 420

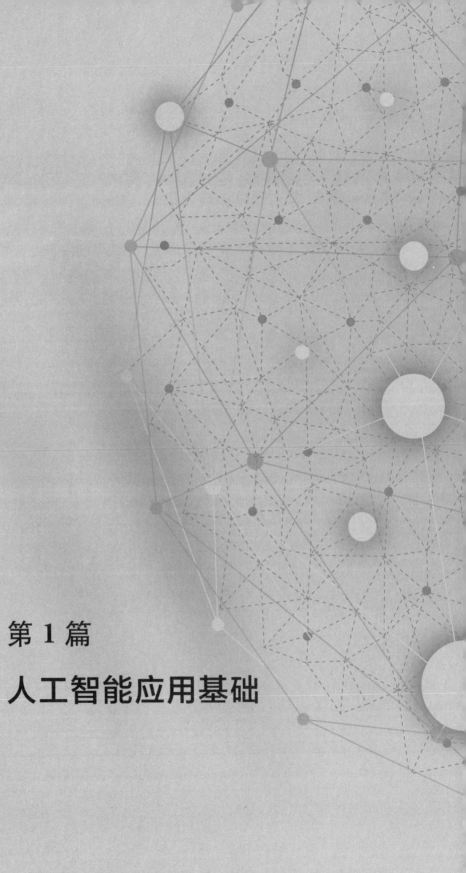

第 1 篇

人工智能应用基础

第 1 章

人工智能简述

1.1 引言

1.1.1 人工智能的定义

人工智能(Artificial Intelligence,AI)是一门研究如何使计算机具备类似于人类智能的学科,包括模拟人类认知、学习、推理、问题解决等方面的技术与方法。人工智能的目标是使计算机能够执行需要智能的任务,如自动化决策、语言理解、图像识别等。人工智能可以分为以下 5 种类型。

1. 狭义人工智能

狭义人工智能(Artificial Narrow Intelligence,ANI)专注于执行特定任务,其能力受到严格限制。其包括机器学习(Machine Learning,ML)和深度学习(Deep Learning,DL),是让计算机从数据中学习并提高性能的技术,例如语音助手或图像识别系统。

2. 感知型人工智能

感知型人工智能(Perceptive Artificial Intelligence,PAI)是指能够感知和理解外部环境的人工智能系统。这种系统通过传感器和感知技术,获取来自现实世界的数据和信息,并将其转化为可理解和可处理的形式。感知型人工智能可以对声音、图像、视频、文本等不同类型的输入源进行处理和分析,从中提取有用的特征和模式,并进行相应的推理和决策。感知型人工智能在许多领域中有广泛的应用,如图像识别、语音识别、自动驾驶等。它的目标是模仿人类感知和认知的能力,以实现更智能和自主的机器系统。

3. 决策人工智能

决策人工智能(Decision-Making Artificial Intelligence,Decision AI)是一种利用人工智能技术来辅助或自动化决策过程的应用。它可以帮助人类在金融、医疗、制造和管理等各个领域做出更明智、基于数据的决策。决策人工智能通常使用大数据分析、机器学习和算法来提供决策支持,优化业务流程并降低风险。这种技术可以帮助组织更好地理解数据、趋势和模式,从而更明智地做出战略性和操作性的决策。

4. 生成式人工智能

生成式人工智能(Generative Artificial Intelligence,GAI)是指具备生成和创造内容

的能力的人工智能系统。这种系统可以生成文本、图像、音频等各种形式的内容,包括文章、绘画、音乐等。生成式人工智能通常基于深度学习和生成模型,通过学习大量的数据和模式,能够生成与人类创造力相似或超越人类创造力的内容。例如,生成式人工智能可以写作、作曲、绘画等。这种技术在创意产业、娱乐产业和辅助创作等领域有广泛的应用潜力。然而,生成式人工智能也面临着一些挑战,如如何保持内容的原创性和质量,以及如何避免不当使用和滥用等问题。

5. 通用人工智能

通用人工智能(Artificial General Intelligence,AGI)是指具备与人类智能相媲美的智能水平,并能在不同领域和任务中灵活应用的人工智能系统。通用人工智能具有高度的智能和自主性,能够理解和处理自然语言、感知和理解环境、进行推理和决策,并具备学习和创造的能力。与狭义人工智能不同,通用人工智能能够跨越不同领域和任务,灵活地适应和应用知识与技能。然而,目前科学界尚未实现真正的通用人工智能,其仍然是一个具有挑战性的研究领域。

1.1.2　人工智能的历史

人工智能的历史可以追溯到 20 世纪 50 年代,以下是一些具有里程碑意义的重要节点。

1. 20 世纪 50 年代初

1950 年,英国数学家艾伦·图灵提出了"图灵测试",这是评判机器是否具备智能的一种方法。1950 年,中国科学家钱学森开始尝试用机器模拟人的语言功能。

2. 20 世纪 50—60 年代

1956 年,达特茅斯会议(Dartmouth Conference)标志着人工智能正式成为一个独立的研究领域,在此会议上,约翰·麦卡锡等人首次正式提出"人工智能"这一术语。1956 年,约瑟夫·鲁波特创建了第一个能够进行机器翻译的程序,中国计算机专家开始研究计算机翻译。1967 年,美国斯坦福大学推出的"斯坦福人工智能实验室",成为人工智能研究的一个重要中心。

3. 20 世纪 70—80 年代

1973 年,英国学者詹姆斯·克莱斯宣告了"人工智能的冬季"的到来,这一时期反映了对于人工智能投入的减少和对其发展前景的怀疑。1978 年,中国科学家开始研究自然语言理解。1980 年代,专注于知识表示和推理的"专家系统"开始兴起,这些系统通过模拟特定领域专家的知识来解决特定问题。1981 年,中国科学家开始研究机器翻译。

4. 20 世纪 90 年代至 2009 年

1997 年,IBM 的"深蓝"(Deep Blue)击败国际象棋世界冠军加里·卡斯帕罗夫,展示了计算机在特定领域的强大能力。进入 21 世纪以来,中国的人工智能研究开始加速发展。2006 年,中国开始实施人工智能国家战略。

5. 21 世纪 10 年代

2011 年,IBM 的"沃森"(Watson)赢得了电视智力竞赛节目《危险边缘》(Jeopardy!),显示了在自然语言理解和推理方面的进步。2012 年,谷歌的"谷歌大脑"(Google Brain)团队使用深度学习技术,在图像识别任务上取得了重大突破。2014 年,Facebook 收购了人工智能公司 Oculus,标志着虚拟现实技术与人工智能的结合。2017 年,中国国务院发布了《新一代人工智能发展规划》。

6. 21 世纪 20 年代

2020 年年末至 2021 年年初,DeepMind 的 AlphaFold 系统在蛋白质结构预测方面取得了突破性进展。该系统能够通过算法准确地预测蛋白质的三维结构,这在生物学和医学研究中具有重要意义。2023 年 3 月 14 日,OpenAI 宣布推出生成型预训练变换模型版本 4(Generative Pre-trained Transformer 4,GPT4),它可以接收图像和文本输入,输出文本。OpenAI 表示,GPT4 能同时解析文本和图像,所以能解读更复杂的输入内容。

2023 年 3 月 16 日,百度正式发布新一代大语言模型文心一言(英文名:ERNIE Bot),这是继文心一格之后,百度推出的又一个生成式人工智能产品。

2023 年 12 月 6 日,谷歌官方宣布发布 Gemini 1.0,其可以处理视频、音频和文本等不同内容形式的信息。针对不同场景,谷歌发布了三种不同版本:Gemini Ultra,规模最大且功能最强大的模型,适用于高度复杂的任务;Gemini Pro,适用于各种任务的最佳模型;Gemini Nano,端侧设备上最高效的模型。

1.1.3　人工智能的重要性和影响

人工智能的重要性和影响日益凸显,其已成为当今科技和社会发展的关键驱动力。人工智能技术的迅猛发展不仅改变了人们的生活方式,在各个领域都产生了深远影响。

第一,人工智能极大地提高了工作效率和生产力。通过自动化和优化复杂流程,人工智能能够执行重复性、烦琐的任务,从而释放人力资源,让人类专注于更具创造性和战略性的工作。这种生产力的提升为企业带来了更高的经济效益和竞争优势。

第二,人工智能在解决问题和决策方面展现了强大的能力。人工智能系统能够处理和分析海量数据,快速准确地识别模式、趋势和关联,为解决复杂问题提供可行的方案。这种数据驱动的决策方式有助于减少人为偏见和错误,提高决策的客观性和准确性。

第三,人工智能在改善人们生活质量方面发挥了重要作用。在医疗领域,人工智能技术能够辅助医生进行疾病诊断和治疗方案制定,从而提高医疗服务的质量和效率。在交通领域,自动驾驶技术的发展有望减少交通事故,提升出行安全。

第四,人工智能的快速发展也带来了一些挑战和问题,如数据隐私、算法偏见、就业市场变化等。

因此,人们需要在推动人工智能发展的同时,关注其伦理和社会影响,制定相应的监管政策和道德准则,确保人工智能技术的可持续发展和带来的社会福祉。

1.2　人工智能基础

深度学习是机器学习的一个子集(图1-1)。深度学习是建立在模拟人脑的人工神经网络上的。人工智能涵盖机器学习,机器学习涵盖深度学习。另外一种说法是,深度学习是机器学习的一部分;而机器学习又是人工智能的一部分。

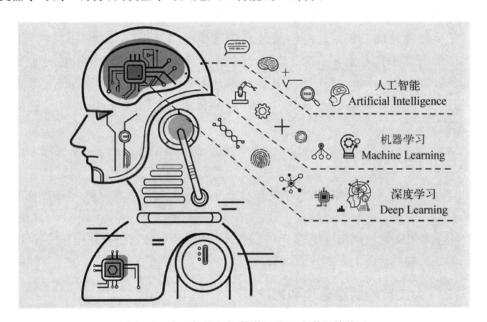

图1-1　人工智能与机器学习及深度学习的关系

1.2.1　机器学习的基本原理

机器学习是一种使计算机从数据中学习并针对现实问题(图1-2)做出决策的方法。实施机器学习的过程主要有8个步骤。

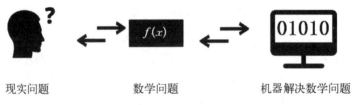

现实问题　　　　数学问题　　　　机器解决数学问题
图1-2　现实问题与机器学习的关系

1. 数据收集与准备

首先,需要收集包含足够多样性和代表性的数据,以便让计算机学习到有关数据的模式和规律。

2. 特征提取与选择

在数据中,需要确定哪些信息是重要的以及如何表示它们。这些信息通常称为"特征"。特征的好坏会直接影响到模型的性能。

3. 选择模型

选择适当的模型是关键一步。模型是一种数学表达式,用于将输入数据映射到输出。常见的模型包括线性回归、决策树、神经网络等。

4. 模型训练

使用训练数据,通过优化算法(如梯度下降)来调整模型的参数,使其能够最好地拟合数据。随着时间推移,数据和问题可能会发生变化。因此,需要定期监控模型的性能,并在需要时进行更新或重新训练。

5. 模型评估

使用测试数据集来评估模型的性能。常用的评估指标包括准确度、均方误差等,具体指标取决于任务类型。

6. 模型调优

根据评估结果,可以对模型进行调整和优化,以提高其性能。

7. 预测与推理

当模型训练好后,可以将新的数据输入模型中,得到相应的预测结果。

8. 部署与应用

将训练好的模型部署到实际应用中,让其能够实时地进行预测和决策。

监督学习是指给算法一个数据集,并且给定正确答案。机器通过数据来学习"正确答案"的计算方法。举个例子,用户准备了一大堆猫和狗的照片,想让机器学会如何识别猫和狗。当使用监督学习时,需要给这些照片打上"猫"或者"狗"的标签。这种通过大量人工打标签来帮助机器学习的方式就是监督学习。这种学习方式效果非常好,但是成本也非常高。

在无监督学习中,给定的数据集没有"正确答案",所有的数据都是一样的。无监督学习的任务是从给定的数据集中,挖掘出潜在的结构。举个例子,把一堆猫和狗的照片给机器,不给这些照片打任何标签,但是希望机器能够将这些照片分类。通过学习,机器会把这些照片分为两类,一类都是猫的照片,一类都是狗的照片。虽然跟上面的监督学习看上去结果差不多,但是两者有着本质的区别:非监督学习中,虽然照片分为了猫和狗,但是机器并不知道哪个是猫、哪个是狗。对于机器来说,相当于分成了 A、B 两类。

总的来说,机器学习是一个迭代的过程,通过不断地收集、准备数据,选择合适的模型,训练和评估模型,最终实现对数据的预测和决策。

1.2.2　神经网络和深度学习

神经网络是一种受人类神经系统启发的计算模型,它用于模拟人脑处理信息的方式。深度学习则是一种基于神经网络的机器学习方法,它通过多层次的神经网络来学习复杂的特征表示。

1. 神经网络

神经元：神经网络由许多个单元组成,每个单元被称为神经元。神经元接受多个输入,通过权重进行加权和求和,然后通过激活函数来产生输出(图1-3)。权重：每个输入和神经元之间都有一个相关的权重,它决定了输入的重要性。激活函数：激活函数将神经元的加权转换为一个非线性的输出,以便网络可以学习非线性的关系。前向传播：信息从输入层经过隐藏层传递到输出层,形成了前向传播过程。反向传播：反向传播是一种训练神经网络的方法,通过计算模型输出和实际目标之间的误差,然后反向传播误差以调整权重。

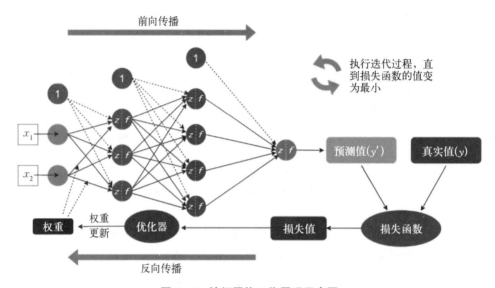

图1-3　神经网络工作原理示意图

2. 深度学习

深度学习的工作原理：通过构建多层次的神经网络模型,自动学习数据的特征表示和模式识别,并利用反向传播算法优化网络参数,以实现对大规模、高维度数据的准确处理和分析。

多层次特征学习：深度学习通过堆叠多个层次的神经网络来实现对复杂特征的学习和从低级特征到高级抽象特征的逐层提取。自动特征提取：深度学习可以自动地从数据中学习到特征,而无须手动提取。大规模数据：深度学习通常需要大量的数据来训练模型,以保证模型的泛化性能。计算资源：深度学习模型通常需要大量的计算资源来训练,因此在实践中通常会使用中央处理器(Central Processing Unit,CPU)、图形处理器(Graphics Processing Unit,GPU)、张量处理单元(Tensor Processing Unit,TPU)等硬件来加速训练过程。

深度学习在图像识别、自然语言处理、语音识别等领域均取得了显著的成就,使其在复杂任务上取得了前所未有的性能水平。如图1-4所示,在传统的机器学习任务中,大部分人工时间都花在提取正确的特征上;而在深度学习中,特征的提取及分类无须人工参与。

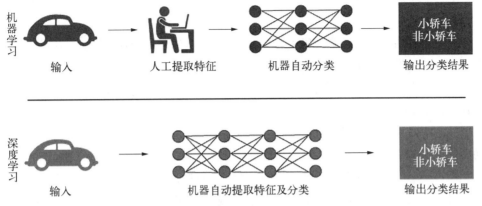

图 1-4 机器学习与深度学习的区别

提取特征不仅指找到正确的变量,还包括以有意义的方式组合这些变量。在计算机视觉等领域,提取特征是非常困难的,但这正是深度学习真正闪光的地方(图 1-5)。

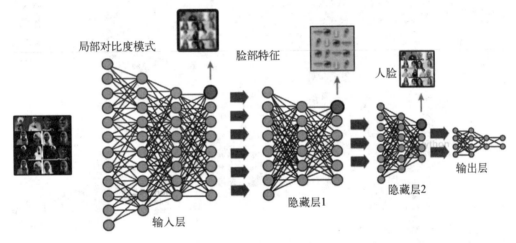

图 1-5 深度学习的工作原理

1.2.3 自然语言处理

自然语言处理(Natural Language Processing,NLP)是人工智能领域的一个重要分支,涵盖了使计算机能够理解、处理和生成自然语言的技术和方法。

智能客服是一种利用人工智能技术来模拟人类客服代表进行客户服务的系统。它能够通过自然语言处理、语音识别、机器学习等技术,与用户进行智能交互,提供自动化、高效、个性化的服务。

智能客服系统通常具备以下功能:

(1)自动回复:智能客服可以根据用户的问题自动回复预设的答案,解决一些常见问题。

（2）智能推荐：根据用户的需求和历史行为，智能客服可以提供个性化的推荐，如产品、服务或解决方案等。

（3）多轮对话：智能客服可以进行多轮对话，理解用户的意图，逐步澄清问题，并提供相应的回答或解决方案。

（4）语义理解：智能客服能够理解用户的语义，而不仅仅是关键词匹配，从而更好地把握用户的真实需求。

（5）自助服务：智能客服可以提供自助服务功能，让用户自行查询信息、办理业务等，从而提高服务效率。

如图1-6所示，智能客服系统可以应用于多个领域，如电商、金融、教育、医疗等，帮助企业降低人力成本、提高用户满意度和服务效率。同时，智能客服也在不断发展中，未来可能会更加智能化、个性化和人性化，为用户提供更好的服务体验。

图 1-6　基于 NLP 的智能客服

1.2.4　计算机视觉的基本原理

计算机视觉（Computer Vision，CV）是使计算机能够理解和解释视觉输入的技术。计算机视觉是人工智能的一个重要分支，它要解决的问题是让机器看懂图像的内容。比如：图片里的人是老人还是年轻人？这张图片中的人在干什么？（图1-7）

在工业领域，裂纹是常见的产品缺陷之一，如果不能及时发现和处理，可能会影响产品的质量和性能。因此，工业产品裂纹智能检测对于提高产品质量、降低生产成本、增强企业竞争力具有重要意义。如图1-8所示，随着人工智能技术的不断发展和应用，工业产品裂纹智能检测将会越来越广泛地应用于各种工业领域。

图 1-7　计算机视觉原理说明

图 1-8　工业产品裂纹智能检测

以下是计算机视觉所包含的几个基本方面：

（1）图像获取：计算机视觉的第一步是通过相机、摄像头等设备获取视觉输入，将现实世界中的场景转换成数字图像。

（2）图像预处理：在处理图像之前，通常需要进行预处理，包括调整图像的大小、图像降噪、增强对比度等操作，以便更好地处理后续步骤。将图像分割成不同的区域或物体，使得每个区域可以单独进行分析和处理。

（3）特征提取：特征是图像中具有信息的局部区域或结构，可以帮助区分不同的对象或场景。常用的特征包括边缘、角点等。

（4）特征匹配：在不同图像中寻找相似的特征点，用于识别和定位物体，也是图像配准、目标追踪等任务的基础。

（5）物体检测与识别：通过训练模型或使用预训练的神经网络，识别图像中的物体或物体的位置，如人脸识别、目标检测等。

1.3　人工智能的未来

人工智能已经渗透到人们生活的方方面面，从智能家居到自动驾驶汽车，从虚拟助手到智能医疗系统。然而，这只是开始。人工智能的未来将远超人们当前的想象，重塑社会、经济和个人生活。以下是对人工智能未来发展的深入探讨。

1.3.1　人工智能带来的社会影响

在未来的社会中，人工智能将成为其不可或缺的一部分，与人们的日常生活紧密相联。例如，AI将在城市管理中发挥重要作用，通过实时数据分析优化交通流量，改善拥堵情况（图1-9）。此外，人工智能也将助力环境保护，通过精确监测和预测气候变化来制定有效的应对策略。

图1-9　人工智能优化城市交通

在社会治理方面，人工智能的决策支持系统将使政府能够更加科学、高效地制定和执行政策。同时，人工智能也将增强公民在城市综合治理中的参与度和监督能力，促进社会的公平和透明。

1.3.2　人工智能带来的经济变革

人工智能的发展将引发一场深刻的经济变革。人工智能将极大地提高生产效率，降低生产成本，从而推动数字经济的快速发展（图1-10）。同时，人工智能也将催生一系列新的产业和就业机会，如数据科学、机器学习工程等。

然而，人工智能的发展也可能带来一些挑战，如就业市场的波动和技能需求的转变。为了应对这些挑战，人们需要采取积极的措施，如加强教育培训、提升劳动力市场的灵活性等。

1.3.3　人工智能带来的个人生活便利

在个人生活方面，人工智能将为人们带来前所未有的便利和体验。智能家居系统将能够自动调节室内温度、光线和湿度，使人们的居住环境更加舒适（图1-11）。人工智能虚拟助手将能够理解人们的需求和偏好，为人们提供个性化的建议和服务。

图 1-10　人工智能促进数字经济发展

图 1-11　人工智能使人们的生活环境更加舒适

此外,人工智能还将在医疗健康领域发挥重要作用。通过精确的数据分析和模式识别,人工智能将能够预测疾病风险、制定个性化的治疗方案,并实时监控患者的健康状况。

1.3.4　人工智能带来的技术发展

人工智能技术的发展将推动多个关键领域的前进,包括算法优化、大数据处理能力提升以及硬件设备的进步(图 1-12)。随着深度学习、强化学习等技术的不断发展,人工智能将能够处理更加复杂、多维度的任务。同时,量子计算等新兴技术也将为人工智能提供前所未有的计算能力。

图 1 - 12　人工智能促进大数据处理能力

此外,人工智能的可解释性和透明度将成为未来的重要研究方向。为了确保人工智能系统的公平性和可靠性,人们需要开发能够解释其决策过程和输出结果的工具和方法。

1.3.5　人工智能带来的伦理和监管

随着人工智能的广泛应用,伦理和监管问题也日益凸显。人们需要制定一系列的原则和准则来指导人工智能的开发和应用,确保人工智能应用符合社会道德和法律规范(图 1 - 13)。同时,人们还需要建立完善的监管机制,对人工智能系统的安全性、隐私保护等方面进行有效的监督和管理。

图 1 - 13　确保人工智能应用符合社会道德和法律规范

1.3.6　人工智能带来的挑战与应对

尽管人工智能的未来充满无限可能,但人们也必须正视其中的挑战。例如,就业市场的变革可能导致部分行业和岗位消失(图1-14);数据安全和隐私问题可能引发社会信任危机;人工智能系统的决策失误可能带来严重的后果等。

为了应对这些挑战,人们需要采取一系列的措施。首先,政府和企业需要加强合作,共同制定和实施人工智能发展战略和政策。其次,需要加强教育和培训,提高公众对人工智能的认知和理解能力。最后,需要推动跨学科的研究和创新,探索人工智能在各个领域的应用潜力和风险。总之,人工智能的未来将是一个充满机遇和挑战的新时代。人们需要以开放的心态和积极的态度迎接这个未来,共同推动人工智能技术的发展和应用,为人类的进步和繁荣作出更大的贡献。

1.4　小结

本章主要讨论了人工智能的定义、人工智能的历史、人工智能的重要性和影响等内容,讲述了人工智能的基础,包括机器学习的基本原理、神经网络和深度学习、自然语言处理、计算机视觉的基本原理。本章还讨论了人工智能的未来发展,包括社会影响、经济变革、个人生活便利、技术发展、伦理和监管、挑战与应对等。

实践作业

1. 通过百度搜索"人工智能产业产值",并查看相关信息。
2. 通过哔哩哔哩网站(https://www.bilibili.com/)搜索"人工智能未来",并查看相关视频。
3. 通过百度搜索"机器学习入门",并查看相关信息。
4. 通过百度搜索"深度学习入门",并查看相关信息。
5. 通过百度搜索"计算机视觉入门",并查看相关信息。

案例

达特茅斯会议(Dartmouth Conference)

1956 年夏季,在美国达特茅斯大学召开了一次特殊的学术会议,会议的组织者是约翰·麦卡锡,一位来自达特茅斯大学的年轻数学家。麦卡锡在会议召开的前几个月就开始四处奔走,力邀各个领域的精英参会,包括明斯基(哈佛大学)、香农(贝尔实验室,信息论的创始人)、所罗门诺夫(拉特格斯大学)、塞尔弗里奇(麻省理工学院)、纽厄尔(兰德公司,计算机逻辑专家)和西蒙(卡内基梅隆大学,政治科学家)等。

　　会议持续了一个多月,虽然大家并没有达成普遍共识,但为会议讨论的内容起了一个名字:人工智能。因此,1956年也被称为人工智能元年。这次会议揭开了人工智能发展的序幕,标志着人工智能这一新兴学科的诞生。从此,对人工智能领域的研究和发展开始迅速推进,对人类社会产生了深远的影响。

参考文献

［1］刘甲楠,邢春冰.人工智能、劳动力需求与人力资本投资[J].人口研究,2024(1):68-84.

［2］鲁传颖.人工智能:一项战略性技术的应用及治理[J].人民论坛,2024(1):72-75.

［3］吴菊华,李俊锋,陶雷.基于知识图谱嵌入与深度学习的药物不良反应预测[J].广东工业大学学报,2024(1):19-26.

［4］栾欣,马超男.人工智能的发展对社会工作中功能代替的影响[J].互联网周刊,2023(23):23-25.

［5］麦伟杰,刘伟莉,钟竞辉.基于机器学习的演化多任务优化框架[J].计算机学报,2024(1):29-51.

第 2 章

人工智能的应用

人工智能的应用是指将人工智能技术应用于各个领域，以实现智能化、自动化和高效化的目标。随着科技的进步和数据资源的丰富，人工智能的应用已经渗透到人们生活的方方面面，并在许多领域取得了显著的成果。

如图 2-1 所示，人工智能与云计算及大数据有着密切的关系。云计算和大数据分别提供了人工智能所需要的算力和数据基础。人工智能是互联网信息系统有序化后的一种商业应用，它离不开大数据，更需要基于云计算平台来完成深度学习进化。人工智能的进步也推动了云计算和大数据技术的发展，三者相辅相成，不可分割。

图 2-1 人工智能与云计算及大数据的关系

2.1 云计算平台

云计算平台为人工智能应用提供了强大的支持。云计算平台作为一个集成的计算服务平台,为很多企业和个人提供了强大的计算资源,能够处理大量的数据和复杂的计算任务。这种强大的计算能力对于人工智能应用至关重要,因为人工智能技术需要大量的数据处理和模型训练。

云计算平台上的各种计算资源,包括 CPU、GPU、TPU,可以进行高效的数据处理、模型训练和推理等操作。通过使用云计算平台,企业可以将数据上传至云端进行模型训练,并利用云计算平台的分布式计算能力加快训练速度。同时,云端的机器学习服务也为企业提供了简单易用的模型推理接口。

此外,云计算平台还可以提供可靠的存储和安全的网络环境等优势,使得人工智能应用在实际生产中更加稳定可靠。这些优势对于人工智能应用的开发和部署至关重要,因为它们确保了数据的安全性和系统的稳定性。

总的来说,云计算平台为人工智能应用提供了全面的支持,包括计算资源、存储、网络环境等方面。通过使用云计算平台,企业可以更加高效地开发和部署人工智能应用,从而更好地利用数据和计算资源,提高生产力和竞争力。

2.1.1　百度云

百度智能云是百度旗下的云计算服务平台(图 2-2),提供全球领先的人工智能、大数据和云计算服务。它是百度在产业智能化领域的输出者和引领者,致力于为企业和开发者提供稳定、可靠、高效的云服务。

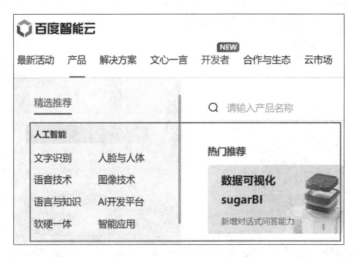

图 2-2　百度智能云提供的相关人工智能服务

百度智能云的核心技术,包括自然语言处理、计算机视觉、机器学习等人工智能技术,以及大规模数据处理和分析。它提供了多种云计算产品和服务,包括对象存储、文件存储、共享访问等存储服务,以及服务器、网络、数据库等基础设施服务。此外,百度智能云还提供了多种行业解决方案,如智能制造、智慧金融、智慧医疗、智慧教育等,帮助企业实现数字化转型和智能化升级。

百度智能云的优势在于其强大的人工智能技术和数据处理能力,以及丰富的应用场景和解决方案。它可以帮助企业提高运营效率、降低成本、创新业务模式,从而获得更大的商业价值。总的来说,百度智能云是一个功能强大的云计算服务平台,为企业和开发者提供了全方位、一站式的云服务解决方案。百度注册用户可以登录使用百度智能云所提供的人工智能服务。

2.1.2　腾讯云

腾讯云是腾讯集团旗下的云计算平台,提供全方位的云计算服务,包括云服务器、云数据库、云存储、视频与内容分发网络(Content Delivery Network,CDN)等基础云服务。同时,也提供各行业解决方案,满足企业和开发者的不同需求。腾讯云的核心优势在于其强大的技术实力和丰富的应用场景。基于腾讯在社交、游戏、金融等领域的深厚积累,腾讯云能够提供更加贴近用户需求的服务。同时,腾讯云也在人工智能、大数据等领域持续投入,不断提升其技术实力和服务水平。对于企业来说,腾讯云可以帮助其实现数字化转型和智能化升级,提高运营效率和降低成本。对于开发者来说,腾讯云则提供了丰富的开发工具和平台,助力其快速开发和部署应用。如图 2-3 所示,用户可以通过注册腾讯云账号来使用腾讯云服务。

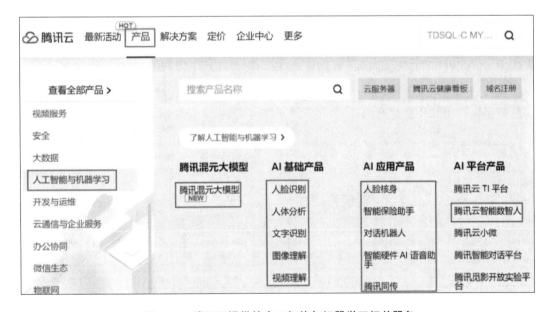

图 2-3　腾讯云提供的人工智能与机器学习相关服务

2.1.3　阿里云

阿里云是阿里巴巴集团旗下的云计算平台,提供云服务器、云数据库、云安全等云计算服务,以及大数据、人工智能服务、精准定制基于场景的行业解决方案(图 2-4)。

图 2-4　阿里云提供的人工智能与机器学习服务

2.1.4　华为云

华为云是华为公司推出的云计算服务平台,致力于为企业和个人用户提供稳定、安全、高效的云服务。作为华为的全栈全场景云服务平台,华为云凭借华为公司在通信和信息技术(Information Technology,IT)领域的技术积累和优势,提供了一系列的云计算产品和解决方案。

华为云的服务涵盖了云服务器、云数据库、云存储、云网络等基础云服务,同时也提供大数据、人工智能等高级云服务(图 2-5)。华为云还针对不同行业和场景,提供了一系列定制化的物联网云服务解决方案(图 2-6),如智能制造、智慧金融、智慧医疗等,帮助企业实现数字化转型和智能化升级。

图 2-5　华为云提供的人工智能服务

图 2-6 华为云提供的物联网云服务

2.2 计算机视觉的应用

计算机视觉和机器视觉是两个相关但又有所区别的概念。计算机视觉和机器视觉是相互依存、相互促进的。计算机视觉技术的发展推动了机器视觉的进步,而机器视觉的实际应用需求也促进了计算机视觉技术的不断创新。计算机视觉为机器视觉提供图像和景物分析的理论基础及算法支持。机器视觉的实现依赖于计算机视觉中的图像处理、模式识别等技术手段。

计算机视觉主要侧重于理论研究和算法开发,关注如何通过算法和技术手段从图像中获取并理解信息。而机器视觉则更偏重于实际应用和工程化,强调自动获取图像并控制相应行为,以满足实际生产和制造的需求。计算机视觉的应用领域非常广泛,包括智能交通、医疗诊断、航空航天、安全监控等。而机器视觉则主要应用于工业制造领域,如自动化生产线上的质量检测、物体识别、定位与抓取等。计算机视觉系统通常包括图像采集、预处理、特征提取、分类器设计等模块,以实现图像的分类、识别和理解。而机器视觉系统则包括图像采集、光源系统、图像数字化模块、数字图像处理模块、智能判断决策模块和机械控制执行模块等,以完成自动化生产线上的各种任务。

开源计算机视觉库(Open Source Computer Vision Library,OpenCV),是一个基于开源发行的跨平台计算机视觉和机器学习软件库(https://opencv.org)。它可以在Linux、Windows、Android 和 Mac OS 操作系统上运行。

　　OpenCV 由一系列 C 函数和少量 C++程序构成，同时提供了 Python、Ruby、MATLAB 等语言的接口，实现了图像处理和计算机视觉方面的很多通用算法。OpenCV主要关注实时图像处理，如摄像头输入、图像识别、视频分析等，并可用于执行复杂的实时计算机视觉任务。此外，OpenCV 也提供了机器学习模块，包括一些常用的分类和聚类算法。OpenCV 的应用领域非常广泛，如智能视频监控、人脸识别、物体识别、运动跟踪、机器人视觉等。

　　Halcon(https://www.mvtec.com/products/halcon/)是德国 MVtec 公司开发的一套完善的、标准的机器视觉算法包(图 2-7)，它节约了产品成本，缩短了软件开发周期。

　　Halcon 灵活的架构便于机器视觉、医学图像和图像分析应用的快速开发，在欧洲以及日本的工业界已经是公认的具有最佳效能的 Machine Vision 软件。Halcon 拥有应用广泛的机器视觉集成开发环境，源自学术界，有别于市面上一般的商用软件包。它是一套image processing library，由一千多个各自独立的函数以及底层的数据管理核心构成，其中包含了各类滤波、色彩，以及几何、数学转换，形态学计算分析、校正、分类辨识、形状搜寻等基本的几何及影像计算功能。这些功能大多并非针对特定工作而设计，因此只要用得到图像处理的地方，就可以利用 Halcon 强大的计算分析能力来完成工作。其应用范围几乎没有限制，涵盖医学、遥感探测、监控、工业上的各类自动化检测等。Halcon 的主要功能包括二进制类型的大对象(Binary Large Object，BLOB)分析、形态学、图像转换等图像运算，以及利用傅里叶变换实现图像的空间域和频域之间的变换。此外，Halcon 还有标定、匹配、测量、条形码识别等功能，可以实现高效的机器视觉处理。总的来说，Halcon 是一款功能强大、应用广泛的机器视觉软件，适用于各种需要进行图像处理的场景。

图 2-7　Halcon 官网界面

2.2.1　图像识别

　　人工智能图像识别技术在多个领域都有广泛的应用，以下是其中一些主要的应用。

安全防护与监控：在安全防护领域，人工智能图像识别技术可以用于人脸识别、行为识别等，帮助监控摄像头自动识别异常行为、犯罪嫌疑人等，从而提高安全防护水平。

自动驾驶：在自动驾驶领域，人工智能图像识别技术可以帮助车辆识别交通信号灯、行人、车辆等，从而实现自动驾驶功能。

医疗诊断：在医疗领域，人工智能图像识别技术可以辅助医生进行疾病诊断。例如，通过分析医学影像数据，自动识别出肿瘤、病变等异常情况，提高诊断的准确性和效率。

智能制造：在智能制造领域，人工智能图像识别技术可以用于质量检测、产品分类等。例如，应用在生产线上，可自动识别产品缺陷，从而提高生产效率和产品质量。

智慧农业：利用图像识别技术，可以监测农田作物的生长情况、病虫害状况等，使用训练好的目标检测模型来识别图像中的物体，为精准农业提供数据支持。图2-8展示了人工智能识别花卉的基本原理和步骤。图2-8分为几个部分：第一部分是高科技设备或机器人拍摄花园中的花卉，第二部分展示图像处理阶段，人工智能分析图像的颜色、形状和纹理等特征。第三部分演示比较阶段，人工智能将分析的特征与花卉特征数据库进行匹配。第四部分显示输出结果，AI正确识别每种花的名称，具有很高的准确率。在实际应用中，花卉识别结果如图2-9所示。

图2-8 人工智能识别花卉的基本原理和步骤

光学字符识别（Optical Character Recognition，OCR）是一种将图片中的文字转换成可编辑和可搜索的文本格式的技术。OCR技术广泛应用于各种场景，如文档数字化、车

图 2-9　花卉自动识别服务

牌识别、票据识别等。

OCR 的基本流程分为预处理、文字检测和文字识别三个步骤：

第一步，预处理：对输入的图像进行数据降噪、二值化、倾斜校正等处理，以提高后续处理的准确性和稳定性。

第二步，文字检测：通过图像处理技术（如边缘检测、连通域分析等）定位图像中的文字区域，以便进行后续的文字识别。

第三步，文字识别：对检测到的文字区域进行字符切割和特征提取，然后利用分类器将字符映射到对应的文字符号上，从而得到最终的识别结果。

目前，有许多 OCR 引擎和应用程序编程接口（Application Programming Interface，API）可供使用，如 Google Cloud Vision API、Microsoft Azure、Cognitive Services、Tesseract OCR 等。这些 OCR 引擎通常都提供了丰富的功能和灵活的接口，可以满足不同场景下的文字识别需求（图 2-10、图 2-11、图 2-12）。

此外，随着深度学习技术的发展，基于神经网络的 OCR 技术也得到了广泛应用。这类技术可以利用大量的标注数据进行训练，从而实现更高精度的文字识别和更复杂场景的处理能力。例如，卷积神经网络（Convolutional Neural Network，CNN）、循环神经网络（Recurrent Neural Network，RNN）的结合可以在一定程度上解决传统 OCR 技术在处理弯曲文字、模糊文字等复杂情况下遇到的问题。

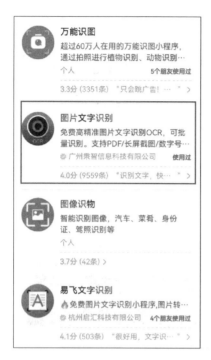

图 2 - 10　图片文字识别微信小程序

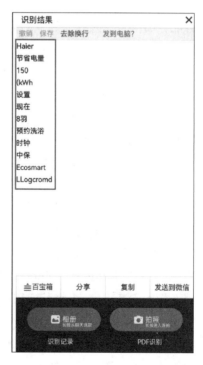

图 2 - 11　基于照片的文字识别服务

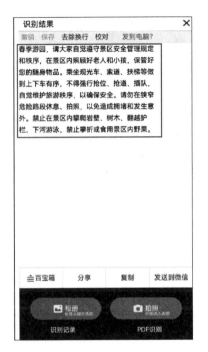

图 2-12 文字图片识别服务

2.2.2 图像与视频处理

人工智能在图像与视频处理领域的应用也非常广泛,主要体现在以下几个方面。

在图像处理方面,人工智能可以进行图像分类,例如,将图像分为不同的类别,如狗、猫、鸟等。此外,还可以进行图像分割,将图像中的每个对象分成独立的区域,或者进行图像风格迁移,将一幅图像的风格迁移到另一幅图像上。同时,人工智能还可以用于图像增强,这是一种将低质量的图像转换为高质量图像的技术,通过降噪、锐化、增强对比度等操作,使图像变得更清晰和更易于分析。此外,还有图像修复和场景文字识别等应用。

在视频处理方面,人工智能同样发挥了重要作用。例如,人工智能可以进行视频分类,将视频分为新闻、电影、电视节目等不同类别。同时,还可以进行视频生成,使用深度学习模型生成新的、从未见过的视频。此外,通过智能算法可以对监控视频进行自动分析和判断,对异常行为进行预警并及时处理,这既能够提高监控效率,又能够降低人力成本。另外,人工智能还可以将视频转化为文本,以便对视频进行文本检索。

总的来说,人工智能在图像与视频处理领域的应用正在不断深化和拓展,随着技术的进步和应用场景的不断丰富,未来其应用前景将更加广阔。

1. 人工智能拼图

人工智能拼图是指利用人工智能技术来解决拼图问题,包括传统的拼图游戏以及更复杂的图像重建任务。图 2-13 展示了人工智能解决拼图的原理和步骤。这一过程分为几个部分:第一部分展示高科技设备或机器人在分析散落的拼图;第二部分展示图像处理阶段，AI 识别每个拼图块，分析其形状、颜色和边缘；第三部分演示比较和匹配阶段，AI 根据分析的特征将拼图块拼在一起；第四部分显示完成的拼图，展示了 AI 的成功。

图 2-14 展示了人工智能将玫瑰花与海棠花拼在一起的步骤。这一过程分为几个部分：第一部分展示高科技设备或机器人扫描玫瑰和海棠花的图像；第二部分展示图像处理阶段，AI 分析两朵花的形状、颜色和纹理；第三部分展示融合阶段，AI 将玫瑰和海棠的元素结合在一起，创造出一个无缝融合的图像；第四部分显示完成的杂交花，展示了拼接的成功。

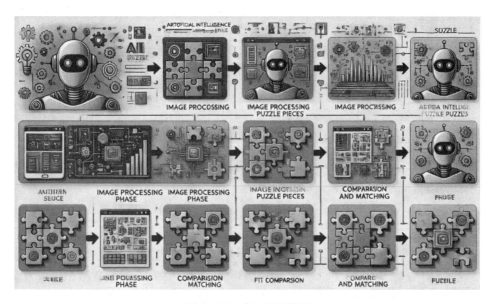

图 2-13　人工智能拼图

图 2-14　人工智能将玫瑰花与海棠花拼在一起的步骤

2. 图像生成

图像生成是指利用人工智能技术生成全新的、非人类艺术家创作的图像。这种技术可以生成现实或抽象的图像，并可以传达特定的主题或信息。

人工智能图像生成的工作原理通常涉及训练神经网络，特别是深度学习模型。这些模型通过分析大量的图像数据来学习图像的特征和模式，然后能够生成与训练数据类似的新图像。一种常见的方法是使用生成对抗网络（Generative Adversarial Network，GAN），其中两个神经网络相互竞争，一个生成新的图像，另一个试图区分生成的图像和真实图像。通过这种竞争过程，生成器网络逐渐学会生成更逼真、更符合要求的图像。

人工智能图像生成技术在许多领域都有应用。例如，它可以用于艺术和设计领域，生成独特的艺术作品、图案和纹理。在娱乐产业中，它可以用于游戏开发、电影特效和虚拟现实。此外，它还可以应用于广告、建筑和汽车工业等领域，帮助创意人员快速生成和测试新的视觉概念。

需要注意的是，尽管人工智能图像生成技术已经取得了显著的进展，但它仍然面临一些挑战和限制。例如，生成的图像可能缺乏创造性和独特性，有时可能难以控制生成结果的质量和多样性。此外，对于特定领域的图像生成任务，可能需要大量的训练数据和计算资源来获得满意的结果。

图像生成是利用计算机程序生成图像的，而不是通过拍摄或扫描现实世界中的物体来获得图像。传统的图像生成方法包括使用数学模型、图形学技术或者随机过程来生成图像，例如，使用分形算法、噪声生成、参数化模型等。近年来，基于深度学习的图像生成技术取得了巨大的突破，使得生成高质量图像成为可能。例如，文心一言的图像生成在艺术、游戏、设计等领域都有广泛的应用，在图像修复、增强、合成等任务中也起到重要作用（图 2-15）。

总的来说，人工智能图像生成是一个充满潜力和机遇的领域，随着技术的不断发展和改进，人们可以期待在未来看到更多令人惊叹的生成结果和应用场景。

3. 图片内容分析

图片内容分析是指利用计算机视觉和人工智能技术来解读和理解图像中的信息。这种分析可以涵盖从简单的物体识别到复杂的场景理解，涉及多个层次的处理和解析。

在基本的图片内容分析中，计算机可以识别图像中的边缘、颜色、纹理等低级特征。这些特征有

图 2-15　文心一言图像合成服务

助于区分不同的物体和区域。例如,在计算机视觉中,边缘检测算法可以帮助识别物体的轮廓,而颜色直方图则可以用于区分不同的颜色区域。

　　进一步的分析可能涉及识别图像中的具体物体,通常通过使用预训练的深度学习模型来实现,这些模型已经在大量图像上进行了训练,学会了识别各种物体。例如,在图像分类任务中,模型可以将图像分类为"猫""狗""汽车"等类别。

　　更高级的图片内容分析可能包括场景理解,即识别图像中发生的情境、活动以及物体之间的关系。这要求模型具备更复杂的推理能力,能够解析图像中的空间布局、动作和意图。例如,在自动驾驶汽车中,场景理解是至关重要的,因为它需要识别行人、车辆、交通信号以及它们之间的交互。

　　此外,图片内容分析还涉及文字检测和识别,特别是在处理包含文本的图像时。OCR技术可以用于提取图像中的文本信息,并将其转换为可编辑和搜索的文本格式。总的来说,图片内容分析是一个多层次、多领域的任务,旨在从图像中提取有意义的信息。随着人工智能和计算机视觉技术的不断发展,人们可以期待在未来看到更加精确和深入的图片内容分析应用。图 2-16 所示为百度智能云提供的图片内容分析服务。依托百度智能云,可实现"MCA 媒体内容分析"(图 2-17)。首先,创建图片内容分析(图 2-18),导入图片在线地址(图 2-19),然后,百度智能云完成图片分析列表(图 2-20)。最后,通过百度智能云,可获得图片分析详细结果(图 2-21)。

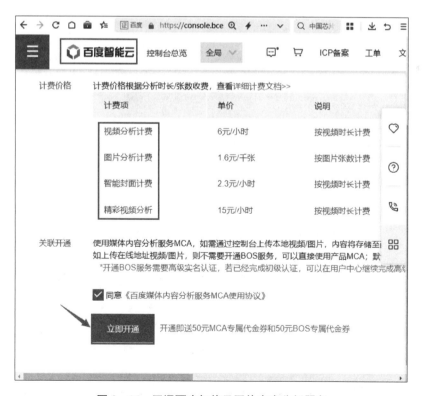

图 2-16　开通百度智能云图片内容分析服务

图 2 - 17 百度智能云"MCA 媒体内容分析"

图 2 - 18 创建图片内容分析

图 2 - 19 图片分析使用图片在线地址

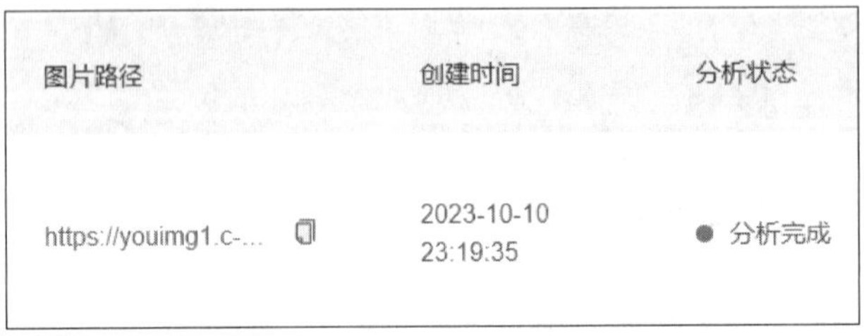

图片路径	创建时间	分析状态
https://youimg1.c-...	2023-10-10 23:19:35	● 分析完成

图 2 - 20 百度智能云完成图片分析列表

详细结果

图像分类：　建筑-天安门

物体识别：　桥梁　　北京天安门　　城楼

地标识别：　天安门城楼

文字识别：　中华人民共和国万岁（99.72%）
世界人民大团结万岁（99.95%）
2015/6/18（99.98%）

图 2‑21　百度智能云图片分析详细结果

4. 视频内容分析

视频内容分析是指利用计算机视觉和机器学习技术对视频进行分析，从中提取各种信息，如物体、动作、场景、情感等。通过物体检测算法识别视频中的物体，并通过跟踪算法在视频帧之间追踪它们的运动轨迹。分析物体的运动模式，识别特定的动作或行为，比如人的行走、跑步等。视频内容分析是计算机视觉领域的重要研究方向，对于实现许多自动化和智能化的应用具有关键作用。

图 2‑22 所示为百度智能云提供的视频内容分析服务。通过百度智能云所提供的服务，可以创建视频分析任务，视频内容可以使用在线地址（图 2‑23）。使用百度智能云视频分析完成任务（图 2‑24），不但可以查看视频分析结果（图 2‑25），还可以进一步查看视频分析场景分类（图 2‑26）。

图 2‑22　百度智能云创建视频分析任务

创建视频分析   ×

▌ 视频导入

导入方式   本地文件   BOS地址   **在线地址**

* 视频地址   https://www.w3schools.com/html/movie.mp4

▌ 视频分析

视频分析模版   demo   ∨
             视频分析使用【视频分析模板】

选择通知   不使用通知   ∨

                                            取消   确定

图 2-23   视频内容分析使用在线地址

视频分析数据仅保存30天，同一路径的分析（重新分析）覆盖历史分析结果

➕ 创建视频分析

视频预览	视频名称/路径	创建时间	分析状态 ▽
▶ 00:12	https://www.w3schools.c... 📄	2023-10-10 23:37:22	● 分析完成

图 2-24   百度智能云视频分析任务完成列表

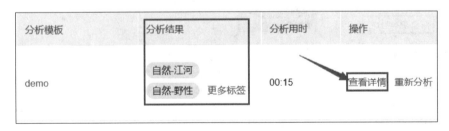

分析模板	分析结果	分析用时	操作
demo	自然-江河 自然-野性 更多标签	00:15	查看详情 重新分析

图 2-25   百度智能云视频分析结果

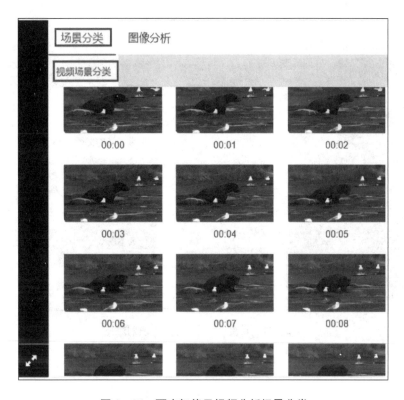

图 2-26　百度智能云视频分析场景分类

2.2.3　人脸识别

人脸识别是一种利用计算机视觉技术来自动识别和验证人脸的技术。它基于人脸的生物特征，通过分析图像或视频中的人脸，识别出其中的个体，并将其与事先存储的人脸信息进行比对。以下是人脸识别技术的一些主要特点和应用。① 人脸检测：人脸识别系统会在图像或视频中检测出人脸的位置。② 特征提取：系统会对检测到的人脸进行特征提取，将人脸的各种特征如眼睛、鼻子、嘴巴等转化为数字化的数据。③ 特征比对：系统将提取的特征与事先存储在数据库中的人脸特征进行比对，找出最匹配的个体。④ 身份验证和识别：在身份验证场景中，人脸识别系统将提取的特征与特定个体的特征进行比对，确定是否匹配。在识别场景中，系统会将提取的特征与数据库中的所有人脸特征进行比对，找到最匹配的个体。⑤ 活体检测：为了避免对抗性攻击，人脸识别系统还可以采用活体检测技术来确认被检测的人脸是活体而不是静态图像或模型。

百度大脑 AI 开放平台 AI 能力体验中心（https://ai.baidu.com/experience）提供了一些应用案例演示，包括人脸与人体识别服务（图 2-27）、人脸识别服务（图 2-28）、人脸对比服务（图 2-29）、人体识别服务（图 2-30）。

图 2-27 百度 AI 人脸与人体识别服务

图 2-28 百度 AI 人脸识别服务

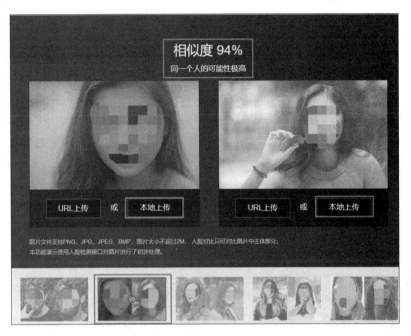

图 2 - 29　百度 AI 人脸对比服务

图 2 - 30　百度 AI 人体识别服务

2.2.4　无人驾驶

即时定位与地图构建(Simultaneous Localization and Mapping,SLAM)是机器人技术领域的一个重要问题。它指的是机器人在未知环境中,通过自身的传感器(如激光雷达、摄像头等)获取环境信息,并同时估计自身的位置和姿态,以及构建环境的地图的过程。

SLAM技术是实现机器人自主导航、路径规划、环境感知等功能的基础。通过SLAM技术,机器人可以在未知环境中进行自主探索,并实时更新自身的位置和姿态信息,以及构建出环境的地图。这样,机器人就可以利用地图进行路径规划和导航,完成各种复杂的任务。

SLAM技术涉及多个学科领域的知识,包括计算机科学、机器人学、控制理论、概率统计等。目前,SLAM技术已经在机器人、无人机、自动驾驶等领域得到了广泛的研究和应用。随着深度学习等人工智能技术的不断发展,SLAM技术也将不断改进和优化,为机器人的智能化和自主化提供更加强有力的支持。

不过,SLAM技术与大模型(如文心一言等)的联系可能不是非常直接。大模型主要在自然语言处理、计算机视觉等领域有广泛应用,它们可以用于处理和理解大量的文本或图像数据。而SLAM技术则更多地关注于机器人的实时定位和地图构建问题。当然,在某些场景中,大模型可能会为SLAM技术提供辅助信息或上下文知识,但这通常需要结合具体的应用场景进行设计和实现。

如图2-31所示,自动驾驶,也称无人驾驶或自动驾驶技术,是一种利用先进的传感器、计算机视觉、人工智能和控制系统来使汽车在无须人类干预的情况下,自动进行行驶、导航和避免碰撞的技术。

图2-31　人工智能自动驾驶服务

百度无人驾驶技术,也被称为百度 Apollo,是百度公司研发的一套完整的自动驾驶解决方案。这项技术综合运用了传感器、计算机、人工智能、通信、导航定位、模式识别、机器视觉、智能控制等多门前沿学科的知识。百度无人驾驶技术的核心是"百度汽车大脑",包括高精度地图、定位系统、感知系统、智能决策与控制系统四大模块。其中,高精度地图由百度自主采集和制作,能记录完整的三维道路信息,并在厘米级精度实现车辆定位。感知系统则依托国际领先的交通场景物体识别技术和环境感知技术,以实现高精度车辆探测识别、跟踪、距离和速度估计、路面分割、车道线检测等功能,为自动驾驶的智能决策提供依据。百度无人驾驶汽车通过与第三方汽车厂商的合作制造,已经完成了从初代车到六代车的不断迭代,每次迭代都让无人车的成本降低、能力提升。同时,百度无人驾驶技术还使用了 64 线激光雷达、毫米波雷达、视频感应器以及北斗定位系统,随时采集车辆周边数据,精确识别路面交通线、红绿灯、各种交通标识,可准确接收车辆的定位信息。

例如,A 公司的无人驾驶技术是其自主研发的一套先进的自动驾驶系统,旨在提供安全、高效、便捷的出行体验。该技术通过搭载多种传感器和高精度地图,实现了对周围环境的全面感知和精准定位。同时,借助强大的计算平台和先进的算法,无人驾驶技术能够实时处理海量数据,作出准确的驾驶决策。在具体功能上,无人驾驶技术包括了自动泊车、自动变道、自动超车、自动巡航等多种功能,能够实现从起点到终点的全程自动驾驶。此外,该技术还具备车联万物(Vehicle to Everything,V2X)能力,可以与道路基础设施和其他交通参与者进行实时通信,提高驾驶安全性和效率。

又例如,B 公司的无人驾驶技术是其自主研发的一套综合性自动驾驶解决方案,其采用了"车—路—云"协同的架构,整合了智能驾驶计算平台、感知系统、算法以及 5G＋V2X 通信网络等前沿技术。该技术不仅具备高精度地图定位、环境感知、智能决策与控制等核心功能,还能通过云端大数据分析和处理,实现全局态势感知和智能调度。在具体应用上,华为无人驾驶技术可广泛应用于矿区、物流园区、机场、港口等场景,实现无人驾驶车辆的自动化作业和智能管理。这些车辆无须人工干预,即可完成装载、运输、卸载等任务,大幅提高了作业效率和安全性。同时,这些无人驾驶车辆采用了先进的智能驾驶计算平台和感知系统,能够实时处理复杂的交通环境和作业场景。车辆还配备了多种传感器和高精度地图,以确保在各种恶劣天气和路况下都能实现稳定、精准的自动驾驶。

2.2.5　家用机器人

家用机器人是一类能够在家庭环境中执行各种任务的自动化机器人设备,它们通常集成了人工智能、计算机视觉和自动控制等技术,旨在为家庭提供更便捷、舒适、智能化的生活体验。

以下是一些家用机器人的主要功能和应用。① 清洁机器人:例如,扫地机器人和拖地机器人,能够自动清扫地板,提升家庭清洁效率。② 服务型机器人:能够执行简单的家务任务,如端茶送水、收拾杂物等。③ 智能厨房设备:例如,智能厨房机器人,可以帮助做菜、烘焙等,提供烹饪支持。④ 智能家居控制:家用机器人可以与智能家居设备集成,通过语音或手机应用来控制灯光、温度、安防等。⑤ 老人护理机器人:提供监测和辅助功能,帮助老年人保持健康和安全(图 2-32)。⑥ 送餐机器人:能够将烹制好的食物送到特定的位置,提供餐食服务。

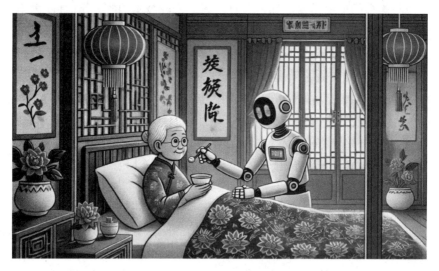

图 2-32 老人护理机器人

2.3 人工智能在医学领域的应用

2.3.1 医疗图像分析

如图 2-33 所示,人工智能医疗图像分析是指利用人工智能技术对医学影像,比如 X 射线、计算机断层扫描(Computed Tomography,CT)、磁共振成像(Magnetic Resonance

图 2-33 人工智能医疗图像分析服务

Imaging，MRI)等，进行分析和诊断，以辅助医生进行疾病诊断和治疗规划。以下是人工智能医疗图像分析的一些主要特点和应用。① 疾病检测与诊断：人工智能可以通过分析医学影像，识别病变、肿瘤、骨折等疾病迹象，提供辅助诊断。② 病灶分割：将医学影像中的病灶分割出来，使医生能够更清晰地看到病变的位置和范围。③ 远程医疗：通过互联网，医生可以利用人工智能技术对患者上传的医学影像进行远程诊断和咨询。

人工智能在医疗图像分析领域的应用，可以提升医疗诊断的准确性和效率，同时也有助于解决医学影像数据处理的瓶颈问题，为医疗行业带来了新的可能性和机遇。然而，这也需要确保医疗数据的隐私和安全性，以及人工智能算法的临床验证和可靠性。腾讯数智医疗影像平台是一个依托腾讯云存储和技术能力，专注于数字医疗影像数据的云端管理和应用的平台。该平台集医疗影像应用、科研服务、人工智能临床诊断于一体，能够为医疗行业提供产、学、研、管一体化的解决方案。

2.3.2　基因数据分析

如图 2 - 34 所示，人工智能在基因数据分析领域发挥着重要作用，它可以帮助科研人员和医学专业人员处理、解释和利用大规模的基因数据。以下是人工智能基因数据分析的一些特点和应用。① 基因组序列分析：人工智能可以帮助识别基因组中的特定区域、编码区域和非编码区域，为研究基因功能提供支持。② 变异和突变分析：通过分析基因组的变异和突变信息，可以帮助研究人员了解与疾病等相关的遗传变异信息。③ 遗传疾病诊断：利用人工智能可以帮助医生和遗传学家诊断遗传疾病，辅助制订治疗和管理计划。④ 表观遗传学研究：人工智能可以分析基因组中的表观遗传学信息，如 DNA 甲基化等，了解其与疾病和生理过程的关联。

图 2 - 34　人工智能基因数据分析

人工智能在基因数据分析领域的应用,可以加速科学研究的进程,为个性化医疗和药物研发提供了新的可能性。同时,也需要注意保护个体的隐私和遵守相关的法规和伦理规范。

2.3.3 疾病诊断

如图 2-35 所示,人工智能在疾病诊断方面具有重要的应用潜力,它可以通过分析医疗数据和图像,辅助医生进行准确的疾病诊断和治疗规划。以下是人工智能在疾病诊断方面的一些特点和应用。① 症状分析:利用自然语言处理技术,人工智能可以分析患者的症状描述,为医生提供可能的诊断建议。② 医学文献分析:人工智能可以帮助医生查阅大量的医学文献和研究论文,提供最新的医学信息和诊疗方案。③ 快速诊断:人工智能可以实时处理大量的医疗数据,提供快速的初步诊断建议,缩短诊断时间。④ 个性化医疗:根据患者的个体特征和历史数据,人工智能可以为每位患者提供个性化的诊断和治疗方案。⑤ 医疗决策支持:人工智能可以为医生提供科学依据和参考意见,帮助他们作出更准确的诊断和治疗决策。

人工智能在疾病诊断领域的应用,可以提升医生的诊断准确性、效率和治疗效果,同时也可为患者提供更及时、个性化的医疗服务。然而,需要注意保护患者的隐私和数据安全,并保持医生的专业判断和决策权。

图 2-35 人工智能疾病诊断

2.4 人工智能在交通领域的应用

人工智能在交通领域也有较多应用,不仅可以提高交通管理效率,还有助于提升交通安全性和可持续性。尽管人工智能在交通领域具有巨大的应用潜力,但也存在许多挑战和问题,比如,数据隐私、安全性和道德伦理问题等。为了确保这些技术的安全和高效运作,相应的规章制度和标准也需要不断地更新和完善。以下是一些主要的应用场景。

2.4.1　交通管理

随着城市化进程的加快和智能交通技术的不断发展,基于人工智能的车路协同管理系统正逐渐成为现代城市交通管理的重要组成部分。这一系统利用人工智能、大数据、物联网等先进技术,实现了车辆与道路基础设施之间的全面互联和智能协同,有效提升了城市交通的效率和安全性。如图 2-36 所示,基于人工智能技术的交通管理利用先进的人工智能算法和数据分析方法来优化和改进城市交通系统的运行和监管。

图 2-36　智能交通管理

2.4.2　车辆维护与管理

如图 2-37 所示,基于人工智能技术的车辆维护与管理是指利用先进的人工智能算法和数据分析方法,通过实时监测、分析车辆的运行状态和健康状况,以优化车辆维护计划和提升车辆运行效率的技术应用。① 实时监测车辆状态:利用传感器和监测设备实时获取车辆的各项运行参数,包括引擎状态、油耗、刹车系统等。② 预测性维护:基于人工智能算法分析车辆运行数据,提前预测可能出现的故障,制订合理的维护计划,减少突发故障的发生;及时发现和解决车辆安全隐患,保障驾乘人员的安全。③ 远程诊断与支持:人工智能可以通过远程监控和诊断系统,帮助技术人员快速定位和解决车辆故障。④ 车辆健康报告:利用人工智能技术生成车辆健康报告,为维护人员提供详细的车辆状态和维护建议。

图 2 – 37   智能车辆维护及管理

2.5 人工智能在工业领域的应用

人工智能在工业应用中具有广泛的潜力,可以提升生产效率、改善产品质量、降低成本,并推动工业数字化转型。新型工业化是当今世界经济发展的必然趋势,也是中国实现经济高质量发展的重要路径。它以高端化、智能化、绿色化和先进性为核心特征,代表着产业结构的优化升级和经济发展方式的根本转变。

高端化:新型工业化强调产业的高端化发展。这意味着制造业要向高技术、高附加值方向迈进,不断提升产品的技术含量和品质水平。通过研发创新、技术引进和品牌建设,推动产业链向高端延伸,实现由传统制造向智能制造、绿色制造、高端制造的转型升级。

智能化:智能化是新型工业化的重要特征。借助互联网、大数据、人工智能等现代信息技术,实现制造过程的自动化、智能化和柔性化。智能化生产不仅提高了生产效率和产品质量,还能降低能耗、减少排放,推动制造业向绿色、低碳、循环方向发展。

绿色化:绿色化是新型工业化的必然要求。它强调在工业生产中坚持生态优先、资源节约、环境友好的原则,推动产业绿色发展。通过采用环保材料、节能技术和循环经济模式,降低工业对环境的负面影响,实现经济效益和生态效益的双赢。

先进性:先进性是新型工业化的综合体现。它要求工业发展要与时俱进,紧跟科技革命和产业变革的步伐,保持技术、管理和模式的先进性。通过持续创新、开放合作和人才培养,构建具有国际竞争力的现代产业体系,引领全球工业发展的新潮流。

综上所述,新型工业化以高端化、智能化、绿色化和先进性为引领,代表着现代工业发展的方向和目标。通过深入推进新型工业化,人们可以加快转变经济发展方式,提升产业竞争力,实现经济社会的全面协调和可持续发展。

2.5.1　智能化生产

基于人工智能技术的工业生产设备预测性维护是指利用先进的人工智能算法和数据分析方法,通过实时监测和分析工业设备的运行状况,提前预测可能发生的故障并制订相应的维护计划,以降低设备故障率,提高生产效率的技术应用。① 预测性维护:通过分析机器运行的数据,人工智能可以预测哪些设备需要维护或可能面临故障。基于人工智能技术的工业生产设备预测性维护有望在提升生产效率和降低成本方面发挥重要作用。② 实时监测设备状态:利用传感器和监测设备实时获取工业设备的各项运行参数,包括温度、压力、振动等。③ 数据分析与模型预测:基于人工智能算法,对收集到的设备数据进行分析,建立预测模型,预测可能发生的故障。预测性维护可以提前发现和处理潜在故障,避免了高额费用的突发维修。④ 故障诊断与维护建议:人工智能技术可以快速定位设备故障,提供相应的维修建议,以减少停机时间。⑤ 维护计划优化:根据设备状态和预测结果,制订合理的维护计划,最大限度地保证设备的正常运行。通过定期维护和及时处理故障,延长了设备的使用寿命。预测性维护可以避免由于设备故障导致的生产中断,保证生产连续性。预测性维护可以减少设备停机时间,提高了生产效率。⑥ 远程监控与支持:可以通过远程监控系统实时监测设备运行状况,提供远程支持和指导。

如图 2 - 38 所示,智能化工厂是现代工业制造领域的一种高度自动化、智能化的生产模式,它借助先进的信息技术和工业物联网,实现了生产流程的数字化、网络化和智能化。智能化工厂代表着制造业转型升级的重要方向,也是实现工业 4.0 和智能制造的核心载

图 2 - 38　智能化工厂生产线

体。在智能化工厂中,各种智能设备、传感器和执行器被广泛应用于生产线上的各个环节,它们通过实时数据采集和交换,实现了生产过程的可视化、可控制和可优化。同时,借助云计算、大数据分析和人工智能等技术,智能化工厂能够对海量数据进行高效处理,从中提取有价值的信息,为生产决策提供科学依据。智能化工厂具有高度的自动化程度,生产线上的机器人和自动化设备能够自主完成复杂的生产任务,大幅提高了生产效率和产品质量。此外,智能化工厂还注重资源的合理利用和环境的保护,通过节能降耗、减少排放等措施,实现了绿色、低碳、可持续的生产方式。

2.5.2　工业机器人

工业元宇宙(图 2-39),作为元宇宙的一个重要分支,是指将元宇宙的相关技术、理念和应用模式引入到工业领域,构建一个虚拟与现实高度融合、协同创新的工业数字空间。它是数字技术与实体经济深度融合的一种应用模式,代表着工业数字化转型的高级阶段和未来方向。在工业元宇宙中,通过运用虚拟现实、增强现实、混合现实、数字孪生等先进技术,可以实现工业设备的虚拟化、工业场景的数字化和工业流程的智能化。这种虚拟与现实的融合,使得工业生产过程中的设计、研发、生产、管理、服务等各个环节都能够实现高度协同和智能化。工业元宇宙的出现,不仅改变了传统工业的生产方式和流程,也为企业带来了全新的商业模式和竞争优势。它能够实现工业生产的可视化、可控制和可优化,提高生产效率和产品质量。同时,通过实时数据采集和分析,工业元宇宙还能够为企业提供精准的市场预测和决策支持,帮助企业快速响应市场变化。

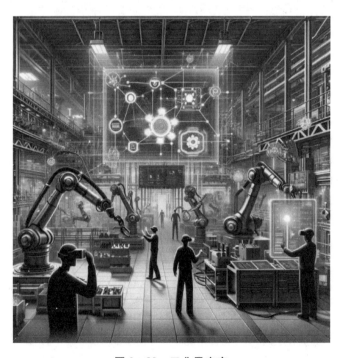

图 2-39　工业元宇宙

工业机器人是工业元宇宙的重要组成部分。基于人工智能技术的工业机器人是指在工业生产领域中使用具备智能化能力的机器人,通过先进的人工智能算法和数据处理技术,使机器人能够自主感知、决策和执行任务,从而实现自动化、灵活化的生产。机器人能够通过机器学习技术不断优化自身的工作方式,适应不同的任务和环境。可以根据不同任务和需求灵活调整机器人的工作方式。机器人可以精准地执行任务,减少了人为因素对产品质量的影响。机器人可以承担一些危险或高风险的任务,保障了工人的安全。

如图 2-40 所示,基于人工智能技术的工业机器人将在工业生产中发挥越来越重要的作用,提升生产效率和产品质量,同时也带来了更高的灵活性和安全性。工业机器人在汽车制造业、电子制造业、物流和仓储业等产业中具有良好的应用。

图 2-40 汽车制造工业机器人

2.5.3 供应链管理

如图 2-41 所示,基于人工智能技术的供应链管理是指利用先进的人工智能算法和数据分析方法,对整个供应链生态系统进行实时监控、预测和优化,以提高供应链的效率、适应性和可靠性。

人工智能技术可以对供应链实行实时监控与数据分析。利用人工智能技术实时收集、分析供应链各环节的数据,包括订单处理、库存状况、运输等。通过分析历史数据和市场趋势,人工智能可以更准确地预测产品需求。通过实时监控和优化,提高整个供应链的运作效率,减少生产周期和交付周期。

图 2 - 41　智能供应链管理

　　人工智能技术可以对供应链实行需求预测与规划优化。基于历史数据和市场趋势，人工智能可以预测未来需求，帮助优化库存和生产计划。人工智能可以自动进行供应链各环节的协调，如订单处理、运输安排等。人工智能可以记录供应链各环节的表现，并提供反馈，以便持续改进。基于需求预测，AI 可以优化库存水平，减少了库存成本和资金占用。

2.5.4　能源管理

　　如图 2 - 42 所示，基于人工智能技术的工业能源管理是指利用先进的人工智能算法和数据分析方法，对工业生产过程中的能源使用进行智能化监控、优化和控制，以提高能源利用效率、降低成本，推动工业生产的可持续发展。

　　基于人工智能技术的工业能源管理的优势主要包括五个部分。① 能源效率：人工智能可以监控和分析能源使用情况，提供节能建议。通过人工智能算法优化能源的利用方式，提高能源利用效率，降低消耗。通过智能化的能源管理，可有效提高能源的利用效率，减少浪费。② 可再生能源集成：人工智能可以优化可再生能源如太阳能和风能等的生产和存储。人工智能可以根据天气、气象等因素，优化可再生能源的利用方式，提高能源利用率。通过优化能源利用方式，减少对环境的负面影响，降低碳排放。③ 实时监测与数据分析：利用传感器和监测设备实时采集工业生产中的能源数据，通过人工智能算法进行实时分析。人工智能技术可以自动进行能源消耗的调度，使之达到最优状态。通过优化能源的利用和调度，降低能源采购和消耗的成本。④ 能源消耗预测与规划：基于历史数据和未来趋势，人工智能可以预测未来能源需求，帮助优化能源供应和使用。

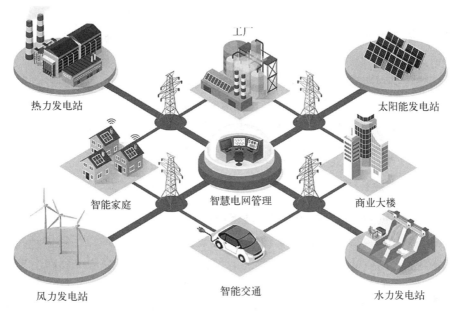

图 2 - 42　智慧能源管理

　　基于人工智能技术的工业能源管理有望在提高能源利用效率、降低成本、减少碳排放等方面发挥重要作用。其在化工制造业、钢铁行业、石化行业、电力行业中的应用具有重要意义,与传统的能源管理手段相结合,可共同推动工业能源管理的智能化和优化。

2.5.5　质量控制

　　如图 2 - 43 所示,基于人工智能技术的产品缺陷检测是指利用先进的人工智能算法和图像处理技术,通过对产品外观、特征等进行自动化分析,快速准确地识别出可能存在的缺陷或质量问题。

图 2 - 43　基于人工智能技术的产品缺陷检测

基于人工智能技术的图像处理能够高精度地识别产品表面的各种细节和特征,帮助检测缺陷,可避免次品流入市场。实时检测和自动化处理可以提高生产线的运行效率,减少生产周期;能够准确、快速地发现产品表面的缺陷,提升产品的质量水平。同时,基于人工智能技术的产品表面缺陷检测,减少了对人工检验的依赖,降低了人力成本,提高了检测效率。基于人工智能技术的产品缺陷检测有望在提升产品质量和生产效率方面发挥重要作用。在电子制造业,该技术可用于检测电子产品外壳的划痕、变形等缺陷。在汽车制造业,该技术可用于检测汽车外观的缺陷,如漆面问题、变形等。

2.5.6 安全监控

基于人工智能技术的工业安全监控是指利用先进的人工智能算法和数据分析方法,对工业生产过程中的各个环节进行全面、实时地监测、分析和控制,以保障生产过程的稳定性、高效性和产品质量。如图 2-44 所示,智能化工作安全监控是一种利用现代科技手段对工作场所进行全方位、实时、精准安全监测与控制的系统。它通过引入人工智能、物联网、大数据分析等先进技术,实现了对工作环境的全面感知、智能分析和预警处理,有效提升了工作安全水平。智能化工作安全监控系统能够实时监测工作场所的温度、湿度、气体浓度、风速风向等关键环境参数,并通过数据分析和模型预测,及时发现潜在的安全隐患。

图 2-44 基于人工智能技术的工业安全监控

2.6　人工智能在工程与建筑领域的应用

人工智能与建筑信息模型(Building Information Modeling,BIM)之间的关系密切,两者相互促进,共同推动了建筑行业的数字化转型和智能化升级。

BIM 是一种应用于建筑设计、施工和管理的数据化工具。它通过参数模型整合各种项目的相关信息,在项目策划、运行和维护的全生命周期过程中进行信息共享和传递,使工程技术人员对各种建筑信息作出正确理解和高效应对,为设计团队以及包括建筑运营单位在内的各方建设主体提供协同工作的基础,在提高生产效率、节约成本和缩短工期方面发挥了重要作用。

BIM 为人工智能在建筑领域的应用提供了丰富的数据基础。BIM 模型包含了建筑物的几何信息以及材料信息、设备信息、施工进度等非几何信息,这些信息以数字化的形式进行表达,便于人工智能算法进行处理和分析。通过对 BIM 数据的挖掘和利用,人工智能可以实现建筑设计优化、施工方案模拟、施工进度预测等功能,提高建筑项目的效率和质量。

人工智能技术可以进一步提升 BIM 的智能化水平。传统的 BIM 技术主要依赖于设计师和工程师的经验和判断,而人工智能技术可以通过机器学习和深度学习等算法,自动学习和识别建筑项目中的规律和模式,为 BIM 模型提供更加准确和智能的决策支持。例如,人工智能可以通过对已有 BIM 数据的分析,预测建筑项目在不同设计方案和施工条件下的性能和成本,帮助设计师和工程师作出更加明智的决策。

2.6.1　设计与规划

如图 2-45 所示,基于人工智能技术的设计与规划是指利用先进的 AI 算法和数据处理技术,对工程与建筑项目进行智能化的设计、规划和管理,以提高设计质量、减少成本,推动建筑行业的可持续发展。人工智能可以辅助建筑师和工程师在设计阶段,通过算法优化结构和资源使用;为设计师提供智能化的设计建议,优化设计方案,提高设计效率;通过人工智能算法对建筑材料、结构等进行优化,以降低成本,提高资源利用效率;加速设计过程,提供快速且高质量的设计方案。

基于人工智能技术,可以实现对建筑从设计、施工到运营的全生命周期的管理。通过人工智能优化设计和资源利用,可以降低建筑项目的总体成本;辅助设计师进行优化和改进,提高设计的质量和性能;对建筑结构进行优化,提高稳定性和安全性;考虑环保因素,推动绿色建筑及其可持续发展;对施工过程进行智能化监控和优化。

基于人工智能技术的工程与建筑领域设计与规划将为建筑行业带来新的发展机遇,提升设计和规划的效率和质量,同时也推动着建筑行业向更加环保、智能和可持续的方向发展。

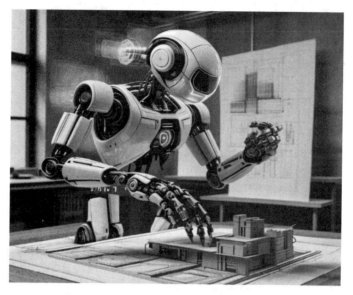

图 2-45　基于人工智能技术的建筑设计与规划

2.6.2　自动化施工

如图 2-46 所示,基于人工智能技术的自动化施工是指在建筑工程领域中利用先进的 AI 算法和自动化技术,使施工过程更加智能化、高效化,减少人力投入,提升施工质量和安全性。基于人工智能技术的自动化施工有望在提高施工效率、降低成本、提升施工质量等方面发挥重要作用。

图 2-46　基于人工智能的自动化建筑施工

1. 建筑自动化施工

使用人工智能控制的机器人或无人机进行精准施工,如混凝土浇筑、砖墙建造等;使用自动化设备如无人机、机器人等进行施工,减少人力劳动;借助人工智能技术进行施工质量的自动检测和评估。同时,自动化设备和智能化规划可以提高施工速度和效率。

2. 施工现场实时监控与安全检查

通过人工智能系统进行施工现场的实时监控,以预防和识别安全隐患。人工智能可以识别施工过程中的潜在危险,提前预警,降低安全风险。

3. 建筑质量检测

使用计算机视觉技术自动检测建筑材料和工程质量。借助人工智能进行自动化质量检测,可有效减少人为因素对施工质量的影响。

2.6.3　建筑维护与运营

如图 2 - 47 所示,基于人工智能技术,可以实时监测建筑状态,利用先进的人工智能算法和数据分析方法,对建筑设施的各项指标进行实时监测和分析,以提前发现潜在问题并采取措施,从而延长建筑设施的使用寿命,降低维护成本。可利用人工智能技术对工业厂房、公共设施、住宅小区及大型基础设施,进行实时监测和预测性维护。

图 2 - 47　建筑异常监测与预测

1. 建筑实时监测与数据分析

利用传感器和监测设备实时采集建筑设施的各项数据,通过人工智能算法进行实时分析。基于分析结果,可以确定维护工作的优先级,提高维护效率;可以保证设施处于良好的运行状态,从而提高设施的运行效率。

　　2. 建筑异常监测与预测

　　基于人工智能技术的建筑预测性维护有望在保障建筑设施安全、降低维护成本、提升设施利用效率等方面发挥重要作用。基于历史数据和人工智能模型,可以预测设施可能出现的问题,提前采取维护措施;可以利用机器人或者无人机等设备进行定期巡检,提供更全面的数据支持。通过预测性维护,可以提前发现问题,降低紧急维护的成本;可以减少因设施故障而产生的安全隐患,保障建筑设施的安全性;可以降低突发性故障的发生频率,提升设施的稳定性。

2.7　人工智能在虚拟与现实融合领域的应用

2.7.1　数字孪生

　　数字孪生是充分利用物理模型、传感器来更新、运行历史数据等,并集成多学科、多物理量、多尺度、多概率的仿真过程,在虚拟空间中完成映射,从而反映相对应的实体装备的全生命周期过程。数字孪生是一种超越现实的概念,可被视为一个或多个重要的、彼此依赖的装备系统的数字映射系统。数字孪生是个普遍适应的理论技术体系,可以在众多领域应用,在产品设计、产品制造、医学分析、工程建设等领域应用较多。在国内应用最深入的是工程建设领域,关注度最高、研究最热的是智能制造领域。

　　数字孪生成熟度分为六个等级,具体如下:

　　以虚仿实(Level0):这是数字孪生成熟度的第零等级。在这一级,数字孪生模型主要用于对物理实体进行描述和刻画。这种描述可以从几何、物理、行为和规则的一个或多个维度进行,从而在一定程度上能够代替物理实体进行仿真分析或实验验证。然而,在这一阶段,数字孪生模型与物理实体之间无法通过直接的数据交换实现实时交互,主要依赖人的介入实现间接的虚实交互。

　　以虚映实(Level1):这是数字孪生成熟度的第一等级。在这一级,数字孪生模型能够实时复现物理实体的实时状态和变化过程。这意味着数字孪生模型与物理实体之间可以实现一定程度的数据交换和实时交互。

　　以虚控实(Level2):这是数字孪生成熟度的第二等级。在这一级,数字孪生模型已经具备了相对完整的运动和控制逻辑,能够接收输入指令,并在信息空间中实现较为复杂的运行过程。同时,数字孪生模型可以间接控制物理实体的运行过程。

　　以虚预实(Level3):这一级指的是利用数字孪生模型对物理实体的未来状态进行预测,并基于预测结果对物理实体进行干预。然而,该等级的具体定义和实现方式可能因不同的研究和应用背景而有所不同。

　　以虚优实(Level4):在这一级,数字孪生模型被用来优化物理实体的设计、制造、运维等过程。通过持续的数据分析和模型优化,可以实现物理实体的性能提升、成本降低等目标。

虚实共生(Level5)：这是数字孪生成熟度的最高等级。在这一级，数字孪生模型与物理实体之间实现了深度的融合和共生。数字孪生模型不仅能够实时反映物理实体的状态和变化，还能够对物理实体的全生命周期进行管理和优化。同时，物理实体也可以通过与数字孪生模型的交互，实现自身的智能化升级和持续改进。

这六个等级构成了数字孪生成熟度的完整框架，从低到高逐步展现了数字孪生技术在不同方面的应用和发展程度。

如图 2-48 所示，基于人工智能技术的数字孪生在工业制造、智能建筑与城市规划、能源、医疗等领域具有良好的应用，为实体系统的设计、优化和运行提供了强大的工具。同时，也在教育培训、远程操作等方面具有重要价值。

图 2-48　数字孪生在工业生产中的应用

2.7.2　数字人

数字人是指利用先进的数字技术、人工智能和计算机图形学等技术手段，将人类的外貌、行为、声音等要素数字化，创建出一个高度仿真的虚拟实体，该虚拟实体通常具备与人类进行自然交流的能力。数字人在广义上指数字技术在人体解剖、物理、生理及智能各个层次，各个阶段的渗透；在狭义上，指利用信息科学的方法对人体在不同水平的形态和功能进行虚拟仿真，其研究过程包括四个交叉重叠的发展阶段，即"可视人""物理人""生理人""智能人"，最终建立多学科和多层次的数字模型并达到对人体从微观到宏观的精确模拟。

数字人具备理解和应答自然语言的能力,可以进行对话、回答问题等;具备一定的情感识别和表达能力,可以模拟情感的表达和理解;具备图像识别技能,能模拟人类表情和面部表达;具备一定程度的学习能力,可以根据环境和任务作出智能决策;能够实现全天候、无时差的交流,提供实时的服务;能够同时处理多个用户的请求,提高工作效率;可以作为企业内部的智能助手,提供办公支持、培训等服务。

1. 曦灵

曦灵(https://cloud.baidu.com/product/baidudigitalhuman.html)是百度推出的数字人平台,集数字人生产、内容创作、业务配置服务于一体。在曦灵平台上传一张照片,就能快速生成一个可被人工智能驱动的 2D 数字人像,以前需要两三个月时间做出来的 3D 数字人,现在可以压缩到小时级,同时还可以通过一句话语音描述或简单捏脸等多种形式快速生产数字人。如图 2-49 所示,百度智能云曦灵——智能数字人平台,致力于打造智能的服务型和演艺型数字人,面向金融、媒体、运营商、多频道网络(Multi-Channel Network,MCN)、互娱等行业,提供全新用户体验及服务。

图 2-49　百度智能云曦灵——智能数字人平台

2. 华为云 AI 数字人

如图 2-50 所示,华为云 AI 数字人,基于华为自研的数字人大脑,通过分钟级训练,可实现数字人应用小时级上线。支持基于文本或语音驱动数字人,应用于行业播报、电商直播等场景,也可基于数字人大脑构建知识系统,实现数字人的实时交互。

3. 腾讯云智能数智人

如图 2-51 所示,腾讯云智能数智人(Tencent Cloud AI Digital Human,TCADH)是一款采用多项人工智能技术,包括语音交互、虚拟形象模型生成等功能的产品。这款产品可以实现唇形语音同步和表情动作拟人等效果,广泛应用于虚拟形象播报和实时语音交互两大场景。

图 2-50　华为云 AI 数字人官网界面

图 2-51　腾讯云智能数智人官网简介

在功能方面,腾讯云智能数智人支持文本驱动和声音驱动两种方式,满足数字员工在不同场景下的需求。同时,产品功能的扩展性好,可以适应中、英、俄等多语种场景。在应用方面,腾讯云智能数智人可以打造有智能、有形象、可交互的"数智员工",助力企业服务智慧升级和数智化转型。它可以提升企业沟通效率和服务温度,拉近用户与企业的距离,增强用户对产品服务的信赖感。此外,数智人还可以根据需求定制形象,并应用于新闻播报、游戏讲解、电视导播等媒体场景,化身为虚拟主播为用户提供服务。

从技术层面看,腾讯云智能从数据这一核心要素资源出发,以全流程视角综合应用人工智能、大数据、云计算和物联网等技术,完成了从"单点智能"到"全局智能"的升级。其基础底座层提供了领先的算力和丰富的存储等资源,而智能平台层则为行业开发者提供了一站式平台服务,包括人工智能、物联网和大数据三大平台。

总的来说,腾讯云智能数智人是一款功能强大、应用广泛的人工智能产品,有助于企业实现数智化转型并提升其服务质量。

2.7.3　元宇宙

元宇宙(Metaverse)是一个虚拟的数字世界,通常由多个虚拟现实(Virtual Reality,

VR)和增强现实(Augmented Reality,AR)环境组成,旨在模拟现实世界,提供给人们一个可以交互、沉浸式、多维度的虚拟空间。在元宇宙中,用户可以创建、定制虚拟角色、环境,进行社交互动、娱乐、工作等各种活动。元宇宙是利用科技手段进行链接与创造的,是与现实世界映射与交互的虚拟世界,是具备新型社会体系的数字生活空间。元宇宙本质上是对现实世界的虚拟化、数字化过程,需要对内容生产、经济系统、用户体验以及实体世界内容等进行大量改造。

1. 元宇宙六大技术

如图 2-52 所示,构建元宇宙的技术包括物联网技术、人工智能技术、网络及运算技术、区块链技术、交互技术及游戏技术。

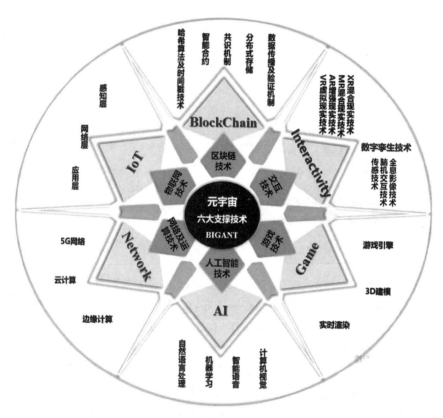

图 2-52 元宇宙六大技术

(1) 区块链技术。区块链技术是支撑元宇宙经济体系的基础,通过分布式账本、智能合约、共识机制等技术,建立元宇宙去中心化的清结算平台和价值传递机制,保障价值归属与流转。通过非同质化通证(Non-Fungible Token,NFT)、去中心化自治组织(Decentralized Autonomous Organization,DAO)、智能合约、去中心化金融(Decentralized Finance,DeFi)等区块链技术和应用,激发创作者经济时代,催生海量内容创新。

(2) 交互技术。基于人机交互技术实现更高维度的交互体验,提供沉浸式的用户体验。诸如 VR、AR、混合现实(Mixed Reality,MR)等技术,使用户能够在元宇宙中得到更真实、更自然的交互体验。

（3）游戏技术。游戏技术为元宇宙提供了丰富的娱乐内容和互动体验。游戏引擎、3D 建模、物理模拟等技术使得元宇宙中的场景、角色和物体更加逼真，用户可以在其中进行各种游戏和活动。

（4）人工智能技术。人工智能技术在元宇宙中发挥着重要作用，包括语音识别、图像识别、自然语言处理等。通过这些技术，元宇宙可以实现更智能化的交互和个性化的服务，提升用户体验。

（5）网络及运算技术。网络及运算技术是构建元宇宙基础设施的关键技术之一。高速、低延迟的网络连接和强大的计算能力是实现元宇宙中大规模用户交互、实时渲染和数据处理的必要条件。

（6）物联网技术。物联网技术使得现实世界中的物体能够与元宇宙进行连接和交互。通过物联网技术，用户可以将现实世界中的信息与元宇宙进行同步和共享，实现虚实结合的数字生活空间。

这些技术共同构成了元宇宙的技术支撑体系，使得元宇宙能够为用户提供更加丰富、真实和个性化的体验。随着这些技术的不断发展和完善，元宇宙将会在未来发挥更加重要的作用。

2. 网易元宇宙

如图 2-53 所示，网易瑶台是网易研发的元宇宙活动平台。网易瑶台通过游戏和人工智能生成内容（Artificial Intelligence Generated Content, AIGC）技术，打破了线上活动的空间限制，在虚拟空间中为用户提供了更加有趣和多样的交互体验。网易瑶台体验元宇宙的主要步骤，包括申请体验网易瑶台元宇宙（图 2-54）、配置网易瑶台元宇宙相关音视频设备（图 2-55）、免费体验网易瑶台元宇宙服务（图 2-56）、熟悉网易瑶台元宇宙的相关功能键（图 2-57）、网易瑶台元宇宙用户相关数字人形象选择（图 2-58）、使用网易瑶台元宇宙用户预设形象（图 2-59）、设置网易瑶台元宇宙用户预设形象（图 2-60）、用户进入网易瑶台元宇宙活动空间（图 2-61）。

图 2-53　网易瑶台元宇宙官网界面

图 2-54　申请体验网易瑶台元宇宙

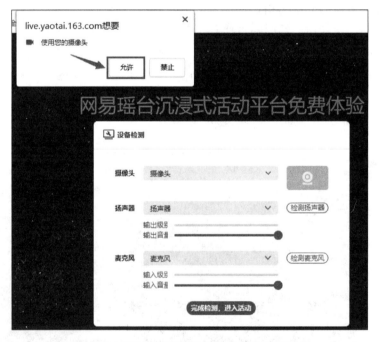

图 2-55　配置网易瑶台元宇宙相关音视频设备

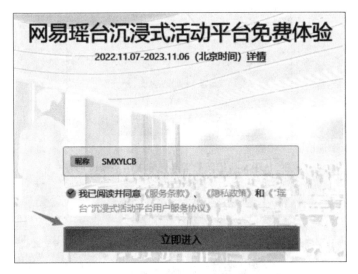

图 2－56 免费体验网易瑶台元宇宙服务

图 2－57 网易瑶台元宇宙的相关功能键

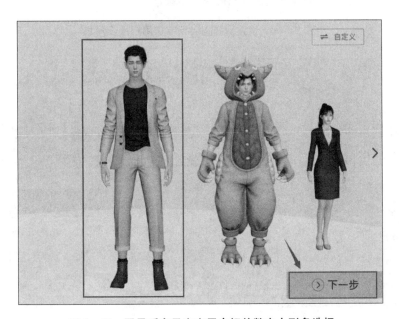

图 2－58 网易瑶台元宇宙用户相关数字人形象选择

图 2 - 59　使用网易瑶台元宇宙用户预设形象

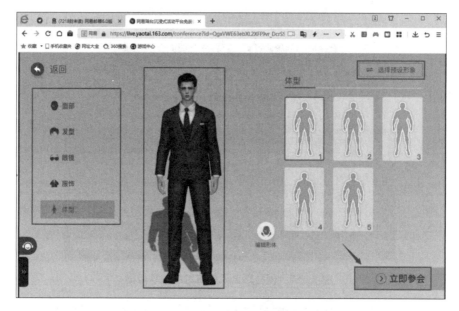

图 2 - 60　设置网易瑶台元宇宙用户预设形象

图 2 - 61　用户进入网易瑶台元宇宙活动空间

2.8 小结

本章讨论了人工智能应用,包括云计算平台、计算机视觉应用、医学领域应用、云计算平台、百度云、腾讯云、阿里云、华为云等。计算机视觉应用主要包括图像识别、图像与视频处理、人脸识别、自动驾驶、家居机器人等;医学领域应用主要包括医疗图像分析、基因数据分析、疾病诊断等;交通领域应用主要包括自动驾驶、交通管理、交通安全监控、车辆维护与管理、绿色交通等;工业领域应用主要包括智能化生产、质量控制、供应链管理、能源管理、安全监控、工业机器人等;工程与建筑领域应用主要包括设计与规划、自动化施工、建筑维护与运营等;虚拟与现实融合应用主要包括数字孪生、数字人、元宇宙等。

实践作业

1. 访问百度智能云网站(https://cloud.baidu.com/),注册账号,登录百度智能云并查看百度智能云所提供的相关人工智能服务。

2. 访问腾讯云官方网站(https://cloud.tencent.com/),注册账号,登录腾讯云并查看腾讯云提供的人工智能与机器学习相关服务。

3. 访问阿里云官网(https://www.aliyun.com/),注册账号,登录阿里云并查看阿里云提供的人工智能与机器学习服务。

4. 访问华为云官网(https://activity.huaweicloud.com/),注册账号,登录华为云并查看华为云提供的人工智能与机器学习服务。

5. 注册账号,登录腾讯觅影开放实验平台(https://cloud.tencent.com/product/taop)。它能满足各类医学影像数据的安全管理和高效标注,内置近百种临床常用算法模型,加速临床影像科研和产品研发,助力医学人工智能产学研创新合作与成果转化。

案例

智慧物流仓库

近年来,随着电商行业的迅猛发展和物流需求的不断增加,A 公司面临着巨大的物流挑战。为了提高物流效率和准确性,A 公司决定引入人工智能技术来优化其仓库管理系统。

A 公司与一家业内领先的人工智能公司合作,共同开发了一套基于机器学习和计算机视觉的智能仓库管理系统。这套系统能够通过图像识别技术自动检测仓库中商品的种类、数量和位置,并实时更新库存信息。

在一次重要的促销活动中,A 公司的一座大型物流仓库迎来了巨大的订单量。为了确保订单能够准确且高效地处理,A 公司决定全面启用这套智能仓库管理系统。

当系统首次在仓库中运行时,仓库的工作人员怀着既紧张又期待的心情观察着。开始时,系统似乎有些吃力,处理速度并没有预期中那么快。但随着系统的不断学习和优化,其性能逐渐提升,处理速度也越来越快。

令人印象深刻的是,在一个交易高峰期,系统成功地处理了大量订单,并准确地将商品从仓库中挑选出来,进行打包和发货。整个过程中,几乎没有出现任何错误或延误,大大提高了物流效率和顾客满意度。

这个应用实践不仅展示了我国在人工智能工业应用领域的实力,也为 A 公司带来了巨大的商业价值和竞争优势。如今,A 公司的物流仓库已广泛采用各种人工智能技术,不断推动着我国物流行业的发展和创新。

参考文献

［1］朱红梅,马金连,王欢等.人工智能定量肺结节参数与肺腺癌浸润程度的相关性分析[J/OL].临床肺科杂志,2024(1):7-10+17.

［2］李悦鹏,罗汶鑫,汪周峰等.人工智能技术在肺癌诊断中的研究进展和应用[J].生物医学转化,2023(4):54-59.

［3］周冠博,钱奇峰,许映龙.基于人工智能的台风强度突变判别技术的应用[J].自然灾害学报,2023(6):96-103.

［4］王俊,邓一荣,李德安等.人工智能数据挖掘在土壤环境科学中的应用——基于文献知识图谱的分析[J].土壤通报,2023(5):1248-1260.

［5］白婷,邓实权,熊花等.基于人工智能和遥感技术的城市更新单元识别方法研究及应用[J].自然资源学报,2023(6):1517-1531.

第3章

生成式人工智能

生成式人工智能(Generative artificial intelligence)也被称为人工智能生成内容(AI Generated Content, AICG),是一种能够创建新的内容的人工智能技术。与传统的分析和预测型人工智能不同,生成式人工智能可以生成全新的文本、图像、音频、视频或其他类型的数据。它使用机器学习算法和大量训练数据来模拟人类的创造力和想象力,从而生成独特的内容。

生成式 AI 在多个领域都有应用,包括但不限于自然语言处理、计算机视觉和图形学。例如,在自然语言处理(Natural Language Processing, NLP)领域,生成式人工智能可以用于文本生成、机器翻译、对话系统等方面;在计算机视觉领域,生成式人工智能可以用于图像生成、图像修复、风格迁移等方面。

生成式人工智能的技术基础主要包括深度学习、生成对抗网络(Generative Adversarial Network, GAN)、变分自编码器(Variational auto-encoder, VAE)等。其中,深度学习是生成式人工智能的核心技术之一,其使用神经网络模型来学习和模拟数据的分布和特征。GAN 和 VAE 则是两种常见的生成式模型,它们通过对抗学习或变分推断来生成新的数据。

GAN 是一种深度学习模型,由生成器(Generator)和判别器(Discriminator)组成。生成器的任务是生成尽可能逼真的数据,试图"骗过"判别器。而判别器则需要判断输入的数据是来自真实的数据集,还是由生成器生成的。GAN 在很多领域都有广泛的应用,比如:① 图像生成:生成逼真的图像,如人脸、风景等,如生成不存在的人物肖像。② 数据增强:为现有的数据集生成新的数据,以增加数据的多样性。③ 音乐创作:创作出新的音乐片段。GAN 的优势在于它能够自动学习数据的潜在分布,从而生成具有高度真实性的数据。但 GAN 也存在一些挑战,例如训练不稳定、模式崩溃等问题。总的来说,GAN 是一种非常有前景的技术,为人工智能的发展带来了新的思路和方法。

变换模型(Transformer)是一种在自然语言处理和其他领域中广泛应用的架构。Transformer 架构摒弃了传统的循环神经网络(RNN)和卷积神经网络(CNN)的一些限制,通过使用注意力机制来对输入序列中的关系进行建模。其主要特点包括:① 并行处理能力:能够同时处理输入序列的各个部分,大大提高计算效率。② 多头注意力机制:允许模型同时关注输入序列的不同位置和方面,从而捕捉更丰富的信息。Transformer 在机器翻译、文本生成及问答系统方面表现出色。

生成式人工智能的发展前景非常广阔。随着技术的不断进步和应用场景的不断拓展,生成式 AI 将会在更多领域发挥重要作用。例如,在娱乐、艺术、教育、医疗等领域,生成式人工智能可以创造出更加丰富、多样化和个性化的内容和服务,为人们的生活带来更多便利和乐趣。同时,生成式人工智能也面临着一些挑战和问题,如对数据隐私、版权保护、伦理道德等方面的考虑,需要在实际应用中加以注意和解决。

3.1 人工智能生成文本

ChatGPT 是由美国人工智能实验室 OpenAI 开发的一个大型语言模型,于 2022 年 11 月推出。它基于人工神经网络和自然语言处理技术,通过处理大量的自然语言数据,学习自然语言的规则和模式,并能够生成与给定输入相匹配的响应。ChatGPT 可用于各种应用场景,包括自动问答系统、聊天机器人、语言翻译、文本摘要等,它可以从各种来源中获取知识,并能够根据输入的问题或请求提供相关的答案或响应。

ChatGPT 的训练数据包括互联网上的大量文本,如新闻文章、社交媒体帖子、电子邮件等。这些数据的广泛性和多样性,为 ChatGPT 提供了广泛的语言知识和语言使用场景。对于开发者和用户来说,使用 ChatGPT 非常简单,只需输入问题或请求,ChatGPT 就可以提供自然、流畅、准确的响应。

与 ChatGPT 类似的国外大型语言模型还有微软 Turing NLGa 和谷歌 Gemini。这些大型语言模型将会在更多的领域得到应用,为人类提供更加智能的服务。然而,这些模型也存在一些挑战,如数据隐私、计算资源需求等问题,需要继续探索和优化。

3.1.1   ChatGPT

ChatGPT 的工作原理是基于变换模型架构———一种基于注意力机制的神经网络的,这使 ChatGPT 可以处理任何长度的序列数据。当用户输入一条消息时,ChatGPT 会将输入的消息与之前的对话历史拼接起来,并将这个“输入序列”传递给 Transformer 模型。Transformer 模型会对输入序列进行编码,并使用这些编码来生成输出序列。最后,ChatGPT 会将输出序列解码为文本输出,即 ChatGPT 的回答。

如图 3-1 所示,ChatGPT4(https://openai.com/chatgpt)是 OpenAI 开发的大型语言模型,是 ChatGPT 系列的一员。与之前的版本相比,ChatGPT4 在理解能力、生成文本的多样性和准确性方面都有显著提升。它能够理解和回应更广泛的主题和场景,可以接受图像和文本输入,提供文本输出。同时,与之前的版本相比,ChatGPT4 能够生成更加自然和流畅的文本。

3.1.2   文心一言

文心一言(ERNIE Bot)是一个基于人工智能技术的语言模型,其工作原理主要基于深度学习技术。该模型通过对大量文本数据的学习,理解了语言的语法、语义和上下文信

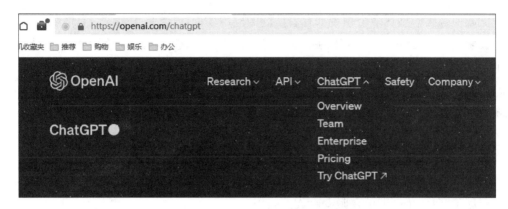

图 3-1 ChatGPT 大型语言模型使用界面

息,从而能够回答各种问题、生成文本、完成语言任务等。文心一言的训练过程涉及大量的文本数据,通过不断的训练和优化,模型能够逐渐提高其理解和生成文本的能力。在训练过程中,模型通过对输入的文本进行分词、词向量表示、构建语法树等处理,理解了文本的语义信息。同时,模型还利用上下文信息,通过记忆网络等机制,能够根据上下文内容生成合理的回答或文本。文心一言是基于百度强大的飞桨深度学习平台和文心知识,通过增强大模型进行构建的。

如图 3-2 所示,文心一言是百度研发的知识增强大语言模型,能够与人对话互动,回答问题,协助创作,高效便捷地帮助人们获取信息、知识和灵感。

图 3-2 百度文心一言使用界面

　　文心一言大模型在多个领域都有着广泛的应用场景,以下是主要5个具体的例子。

　　搜索引擎:文心一言可以作为搜索引擎的核心技术之一,通过理解用户的搜索意图和上下文信息,提供更加准确、相关的搜索结果。

　　智能客服:在智能客服领域,文心一言可以根据用户的提问自动生成回答或建议,提高客服效率和用户体验。

　　内容创作:文心一言还可以应用于内容创作领域,如自动写作、新闻生成、广告文案创作等,通过自动生成高质量的文本内容,提高内容生产效率和质量。

　　智能推荐:在智能推荐领域,文心一言可以利用用户的历史数据和偏好信息,为用户提供更加个性化、精准的推荐服务。

　　其他领域:文心一言可以应用于金融、医疗、教育等领域,为各行各业的智能化升级提供技术支持。

　　总的来说,文心一言大模型通过深度学习和知识增强技术,实现了对自然语言的深入理解和高效生成,为多个领域的应用提供了强大的技术支持。

　　我国已有许多与百度文心一言(ERNIE Bot)类似的大型自然语言处理模型。这些模型通常具有数百亿甚至千亿级别的参数量,能够处理各种自然语言任务,如文本生成、语言理解、问答、对话等。与文心一言相似,这些大模型也是基于深度学习技术构建的,采用了大量的语料库进行训练,以便学习语言的规律和模式。通过这种方式,它们可以生成自然、流畅的语言,并在处理各种语言任务时表现出色。这些大模型在多个领域都有着广泛的应用前景,比如,自然语言处理、智能客服、智能家居、教育等。它们可以为用户提供更加智能、高效、便捷的服务,帮助企业提高效率和降低成本,推动人工智能技术的广泛应用和发展。

3.1.3　谷歌 Gemini

　　如图 3 - 3 所示,谷歌 Gemini(https://gemini.google.com/)大型语言模型是谷歌公司推出的一款多模态 AI 模型,旨在与 OpenAI 的 GPT 系列模型进行竞争。谷歌将其原

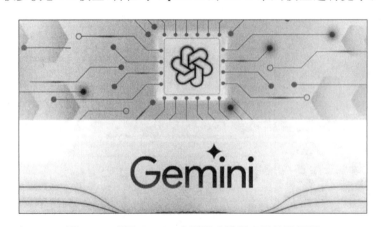

图 3 - 3　谷歌 Gemini 大型语言模型官网使用界面

有的人工智能工具 Bard 更名为 Gemini，并推出适用于 Android 的独立应用等。这一举措可能是谷歌为了提前应对 OpenAI 可能推出的新模型而做出的重大更新。

3.1.4 Kimi

如图 3-4 所示，Kimi 语言大模型（https://kimi.ai）是一款功能强大的人工智能工具，具备文件处理、信息检索、代码生成、创意写作、数据分析、长文本处理等多方面的能力。

图 3-4 Kimi 官网界面

Kimi 能够阅读和理解不同格式的文件，如 TXT、PDF、Word、PPT、Excel 等。用户可以将这些文件发送给 Kimi，它会阅读文件内容并提供相关的回答，从而极大地方便了用户进行资料整理和信息查询。Kimi 拥有出色的信息检索能力，它像一个无所不知的智者，能够快速准确地从海量数据中筛选出用户所需的信息。无论是新闻、论文还是图片，Kimi 都能以简洁明了的方式呈现给用户。对于程序员来说，Kimi 是一个得力的助手，它可以自动生成各种代码，覆盖 Python、Java、C++等多种编程语言。此外，Kimi 还能帮助编写复杂的结构化查询语言（Structured Query Language，SQL）和轻松提取数据库中的数据，甚至可以将用户的想法自动转化为格式优美的 Markdown 文档。Kimi 在创意写作方面也极具才华，它可以帮助用户完成各种类型的文学作品创作，如诗歌、小说、剧本等。同时，Kimi 还能协助用户撰写广告文案、产品说明等商业文案，以及邮件、信件等日常写作任务。Kimi 还可作为数据分析专家，帮助用户分析各种类型的数据。例如，在销售数据分析方面，Kimi 能够找出影响销售额的因素，并协助用户制定有效的销售策略。值得一提的是，Kimi 在大模型长上下文窗口技术上取得了新的突破。它已支持 200 万字超长无损上下文,这使得它在处理长文本时具有显著优势。据报道,Kimi 的"智商"已经达到了与人类相当的水平。它不仅可以自主生成内容,还能进行复杂的逻辑推理和理解任务。

3.1.5　星火认知大模型

如图 3-5 所示,星火认知大模型(https://xinghuo.xfyun.cn/)是科大讯飞发布的一个智能大模型,具有 7 大核心能力,包括文本生成、语言理解、知识问答、逻辑推理、数学能力、代码能力和多模交互。它能够自然对话,结合上下文语境流畅准确地回答各种问题,同时能够理解超长文本,从复杂文档中提取和概括信息。

图 3-5　科大讯飞星火认知大模型使用界面

当把认知大模型与学习工具结合,在理解需求的情况下可以完成各种任务,比如机器翻译、吟诗作词、逻辑推算、文案创作等。星火认知大模型已迭代至 V3.5 版本,处于国内领先水平,通过了中国信通院组织的 AIGC 大模型基础能力(功能)评测及可信 AI 大模型标准符合性验证,并获得 4+级评分。此外,星火认知大模型还是一种基于深度神经网络的大规模预训练语言模型,能够为各种自然语言处理任务提供强大的支持。科大讯飞的T20 Pro 学习机升级后搭载了星火认知大模型,使学习机的人工智能交互能力和自然语言理解能力得到进一步提升。

3.1.6　通义千问大模型

如图 3-6 所示,通义千问大模型(https://tongyi.aliyun.com/)是阿里云推出的一款超大规模语言模型,具备多种强大功能,包括多轮对话、文案创作、逻辑推理、多模态理解及多语言支持。这个模型能够与人类进行多轮交互,并能理解多种形式的知识,包括文字、图像等。它还能进行文案创作,如续写小说、编写电子邮件等。"通义"意味着该模型具有广泛的知识和普适性,可以理解和回答各种领域的问题。

作为一个大型预训练语言模型,通义千问大模型在训练过程中学习了大量的文本数据,从而具备了跨领域的知识和语言理解能力。"千问"代表了模型可以回答各种问题,包

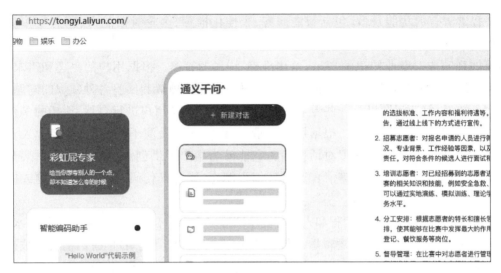

图3-6 通义千问大模型使用界面

括常见的、复杂的甚至是少见的问题,致力于满足用户在不同场景下的需求。此外,通义千问大模型也全面提升了自然语言处理的效率和准确性,为用户提供了一种新的、简便的工具。在实际应用中,通义千问大模型可以广泛应用于各种领域,如智能客服、智能家居、教育、医疗等,为用户提供更加智能、高效、便捷的服务。

3.1.7 智谱清言

如图3-7所示,智谱清言(https://chatglm.cn/)是北京智谱华章科技有限公司推出的生成式人工智能助手,其基于智谱人工智能自主研发的中英双语对话模型ChatGLM2构建,并经过了万亿字符的文本与代码预训练,采用了有监督微调技术。

图3-7 智谱清言大模型使用界面

　　智谱清言的功能众多,包括智能问答、个性化推荐、多轮对话能力、创意写作支持及代码生成与解答等。智谱清言具备强大的智能问答模块,能随时解答用户对生活琐事的疑问或对专业知识的探求,给出准确、详尽的答案。根据用户的兴趣和需求,智谱清言能推荐最新的新闻、热门的电影和音乐。它能够理解和回答各种领域的问题,包括常见知识、复杂问题以及一些专业话题。智谱清言能与用户进行自然、流畅的多轮对话,并提供有针对性的回答。根据用户需求,智谱清言能扮演不同角色,如专业人士或故事角色,提供沉浸式的虚拟对话体验。它能够为用户提供创意、灵感、内容框架及高质量的文案,助力写作。智谱清言还具备编程能力,能解释代码、解答编程问题或提供编程建议。

　　智谱清言在数学计算、编程和人工智能绘图等多方面综合测试中均表现出较高水平,对话过程流畅自然。虽然在逻辑思维与推导能力方面还有待提高,但智谱清言已被视为一款前景广阔的国产大模型。总的来说,智谱清言是一款功能全面、性能出色的生成式人工智能助手,能够满足用户在多个领域的知识问答、信息检索和文本生成等需求。

3.2　人工智能生成图

　　人工智能生成图是通过人工智能技术自动生成的图像。这些图像可以基于特定的文字描述、风格或者概念来创建。人工智能生成图通常依赖于深度学习模型,尤其是生成对抗网络(GAN)和变分自编码器(VAE)。这些模型通过大量图像数据学习生成图像的方式,模仿不同的艺术风格或实际物体的外观。用户提供文字描述如场景、物体、风格等,人工智能通过解析这些描述,生成与之匹配的图像。例如,用户需要“穿着中世纪盔甲的骑士在森林里骑马”的图像,人工智能则根据这一描述生成相应的视觉内容。

　　人工智能生成图广泛应用于娱乐、广告、艺术创作和教育等多个领域。它能帮助艺术家快速原型设计,为广告提供创意视觉效果,或者作为教学工具展示复杂概念。人工智能生成图提供了无限的创意可能性,可以在极短的时间内产生高质量图像,大大减少了传统绘图所需的时间和资源。尽管人工智能生成图带来了许多便利,但它也面临着一些挑战,如版权问题、生成的图像质量不一,以及无法完全理解复杂的人类创意等。人工智能生成图为创意产业带来了前所未有的变革,使得个人和企业都能以前所未有的方式探索视觉艺术的世界。

3.2.1　文心一格

　　如图3-8、图3-9所示,文心一格是百度推出的人工智能作画产品。它是基于百度文心大模型技术,推出的人工智能艺术和创意辅助平台。用户输入文字描述,选择图片的尺寸和风格,即可生成符合要求的图片。文心一格可以生成多种艺术形式的作品,如插画、漫画、动画等。

图 3-8 百度文心一格浏览器使用界面

图 3-9 百度文心一格绘画创作示例

文心一格可以根据用户输入的语言描述自动创作不同风格(如水彩、粉笔画、卡通、油画、蜡笔画、儿童画等)的图像。文心一格是基于百度功能强大的飞桨深度学习平台和文心知识增强大模型,利用大规模知识和海量无结构数据的融合深度学习技术而构建的。其工作过程主要包括以下几个步骤。

1. 数据预处理与知识融合

文心一格会对输入的数据进行预处理,并与知识图谱中的知识进行融合。这一步骤中,模型从整个互联网世界自动挖掘知识,并突破了从无结构数据中挖掘大规模结构知识的技术瓶颈,使得模型能够更好地理解和处理输入的信息。

2. 特征提取与表示学习

模型会对融合后的数据进行特征提取,通过深度学习算法自动学习输入数据的内在规律和表示方式。这一步骤中,文心一格不断吸收文本数据中词汇、结构、语义等方面的知识,以提升其理解能力和生成能力。

3. 模型训练与优化

在特征提取的基础上,文心一格利用大规模语料库进行模型训练,通过不断调整模型参数,使其能够更好地拟合训练数据,并学习自然语言的语法、语义等信息。同时,模型还会根据实际应用场景进行持续优化,以提升其性能和效果。

4. 推理生成与创意应用

当模型训练完成后,文心一格就根据输入的上下文信息或用户需求,通过推理生成相应的内容或建议。这一步骤中,模型会综合考虑输入信息的语义、语法、上下文等多个因素,以生成更加准确、流畅且具有创意的输出。

文心一格可以理解用户输入的自然语言文本,并从中提取关键信息,用于生成艺术作品;

文心一格使用计算机视觉技术来生成符合用户要求的图像,使用深度学习模型,如生成对抗网络,来生成艺术作品;

文心一格使用大数据技术来学习不同风格的艺术作品,并从中提取特征,这使得它可以生成具有不同风格特点的艺术作品;

文心一格使用人工智能技术来提高生成艺术作品的质量和效率,使用各种机器学习算法,如迁移学习、强化学习等,来优化生成过程。

总之,文心一格是依托百度文心大模型技术推出的 AI 艺术和创意辅助平台,它可以根据用户输入的自然语言文本自动生成符合要求的艺术作品。

文心一格大模型在多个领域都有着广泛的应用场景。

1. 艺术创作

在艺术创作领域,文心一格可以应用于绘画、设计等任务。通过输入简单的文字描述或草图,模型可以自动生成高质量的艺术作品,为艺术家提供创作灵感和辅助工具。

2. 内容创作

在内容创作领域,文心一格可以应用于写作、新闻生成、广告文案创作等任务。通过输入相关主题或需求,模型可以自动生成具有创意和吸引力的文本内容,提高内容生产效率和质量。

3. 智能推荐

文心一格还可以应用于智能推荐系统,如电商平台的商品推荐、视频网站的影视推荐等。通过分析用户的历史数据和偏好信息,模型可以为用户提供更加个性化、精准的推荐内容。

4. 教育辅导

在教育领域,文心一格可以作为智能辅导工具,帮助学生解答问题、提供学习建议等。

通过理解学生的问题和需求,模型可以给出清晰的答案和解释,提高学生的学习效率和成绩。

5. 其他领域

文心一格还可以应用于金融、医疗、工业等领域,为各行各业的智能化升级提供技术支持和创新应用。

总的来说,文心一格大模型通过深度学习和知识增强技术,实现了对自然语言和视觉信息的深入理解和高效生成,为多个领域的应用提供了强大的技术支持和创新动力。

类文心一格大模型是指与百度文心一格相似的大型深度学习模型,主要用于图像生成和处理任务。这些模型基于深度学习技术,特别是生成对抗网络或类似的结构,能够学习从大量图像数据中提取的特征和模式,进而生成新的、具有艺术美感和创意的图像内容。类文心一格大模型具备强大的图像生成能力,可以根据用户提供的文字描述、参考图像或其他输入信息,生成符合要求的图像作品。这些作品在风格、主题、构图等方面都具备较高的艺术性和审美价值,可以应用于广告设计、艺术创作、娱乐产业等多个领域。此外,类文心一格大模型还具备图像修复、风格迁移、图像超分辨率等扩展功能,可以对已有的图像进行美化和优化处理,提升图像的质量和观感。这些功能在图像处理软件、在线编辑工具等应用中具有广泛的应用前景。

3.2.2　Midjourney 大模型

Midjourney(http://www.midjourny.cn/)是一款基于深度学习的人工智能绘图工具,它采用了类似于 GPT 的生成对抗网络和扩散模型(diffusion model)技术。

Midjourney 大模型是一种基于扩散过程的生成模型,属于机器学习领域中的深度学习范畴,广泛应用于图像生成和处理任务中。该模型由 Midjourney 公司设计并训练,其核心原理是通过模拟物理扩散过程来生成新的图像。

具体来说,它将图像视为一个物理系统,其中每个像素都相互作用和扩散,初始分布由随机数据生成,并通过扩散过程逐渐变化,最终形成一个新的图像。Midjourney 大模型的创新之处在于其采用了可逆的扩散过程,这意味着可以通过反向扩散来恢复原始图像,从而实现一些特殊的效果和处理任务。

此外,该模型还结合了 Discord(https://discord.com/)上积累的庞大用户反馈数据,进行针对性训练,以满足不同用户的需求。这使得 Midjourney 大模型在图像生成和处理方面具有更高的灵活性和适应性。在实际应用中,Midjourney 大模型可以用于各种场景,如创意设计、艺术创作、图像处理等。用户可以通过输入文字提示或上传参考图像来生成符合要求的图像,从而实现快速、高效的图像生成和处理。此外,Midjourney 大模型还支持多种参数和风格的调整,用户可以根据自己的需求进行灵活的设置和调整。

3.2.3　Stable Diffusion 大模型

Stable Diffusion(https://stablediffusionweb.com/zh-cn)是一种基于潜在扩散模型

(Latent Diffusion Model,LDM)的文本到图像生成方法。

Stable Diffusion 大模型是一个深度学习文本到图像的生成模型,由 CompVis、Stability AI 和 LAION 共同开发。它主要用于根据文本的描述产生详细图像,也就是常说的"txt2img"(文本到图像)的应用。此外,它也可以应用于其他任务,如内补绘制、外补绘制,以及在提示词(英语)指导下产生图生图的翻译等。

从技术角度来看,Stable Diffusion 是基于 LDM 模型来构建的。扩散模型是一类机器学习模型,它们通过模拟物理扩散过程来生成新的数据样本。在 Stable Diffusion 中,这个过程被应用于图像的生成:模型从随机数据开始,逐渐学习并生成与给定文本描述相匹配的图像。Stable Diffusion 的训练过程需要大量的图文对数据,它通过 LAION - 5B 子集的大量 512×512 像素图文对进行训练。这使得模型能够学习到从文本到图像的复杂映射关系。在训练完成后,用户只需输入一段简单的文本描述,Stable Diffusion 就可以迅速将其转换为相应的图像。此外,Stable Diffusion 还具有较强的稳定性和可控性。这主要得益于其可在潜在空间(而非像素空间)中进行运算的特点,以及训练过程中使用的各种技巧和优化方法。这些特性使得 Stable Diffusion 能够生成高质量、高分辨率的图像,并且在各种应用场景中表现出色。

3.2.4　美图 WHEE 绘画大模型

WHEE 绘画大模型是美图公司基于其视觉大模型 MiracleVision 最新推出的人工智能图片和绘画创作平台的重要组成部分(https://www.whee.com/)。作为一个绘画大模型,WHEE 具有强大的图片生成和编辑能力,可以根据用户输入的提示词或上传的参考图,快速生成符合要求的精美图片。

在功能方面,WHEE 绘画大模型支持多种模式的图片创作,包括文生图、图生图、风格模型训练和创作提示词库等。其中,文生图是指用户只需输入相应的提示词,即可生成与之相关的图片;图生图则是用户上传一张参考图,WHEE 能够根据该图片的风格和特点,生成类似但又不完全相同的图片,实现风格的迁移和拓展。此外,用户还可以选择预设的风格或上传自己的作品进行风格模型训练,从而得到更加个性化和独特的创作结果。

在技术方面,WHEE 绘画大模型依托于美图强大的底层人工智能模型能力及多年美学沉淀,结合独特的创作者生态,能够实现高质量的图片生成和编辑功能。通过不断学习和优化,该模型可以逐渐提高生成图片的质量和准确性,满足用户不断增长的需求。

3.3　人工智能生成音乐

音乐生成大模型是一种使用深度学习技术,来生成新的音乐作品的大模型。这种模型可以根据输入的音乐特征、结构或文本描述等信息,自动地创作出具有特定风格、情感或内容的音乐。近年来,随着深度学习技术的不断发展,音乐生成大模型在音乐创作领域的应用也越来越广泛。例如,谷歌发布的 MusicLM 模型可以从文本甚至图像中生成高保真音乐,将一段文字、一幅画转化为歌曲;Meta 发布的 MusicGen 模型可以根据文本或图像生成不同风格的音乐,如古典、爵士、摇滚等。这些模型为音乐家、作曲家和音乐爱好者提供了全新的创作工具和灵感来源。

3.3.1　MusicLM 大模型

如图 3‐10 所示,MusicLM(https://musiclm.com/)是谷歌人工智能团队于 2023 年 1 月发布的一个音乐生成模型。

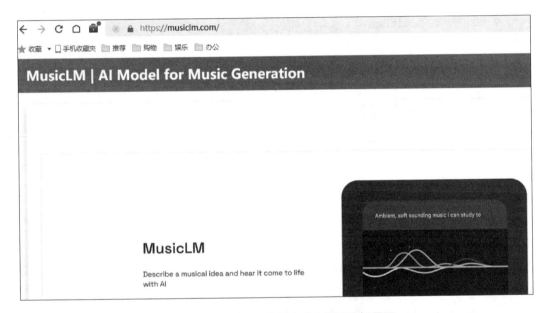

图 3‐10　MusicLM 音乐生成大模型官网界面

MusicLM 拥有超过 20 亿个参数,是全球参数量最大的音乐生成模型之一。MusicLM 可以根据文本描述生成逼真的音乐,这些音乐可以是各种风格的,包括古典音乐、爵士乐、流行音乐、摇滚音乐等。MusicLM 的训练数据来自谷歌庞大的音乐数据库,其中包含了数百万首歌曲。MusicLM 通过学习这些歌曲的曲调、和声、节奏等音乐元素,掌握了音乐创作的规律。MusicLM 可以根据文本描述生成多种形式的音乐,包括旋律、和声、节奏、歌词等。

MusicLM 还可以根据用户的喜好生成个性化的音乐。例如,用户可以指定音乐的风格、情绪、节奏等,MusicLM 会根据这些要求生成相应的音乐。DeepMusic 大模型是谷歌人工智能团队于 2023 年 5 月发布的一个音乐生成模型,也是谷歌迄今为止发布的最大的音乐生成模型,它拥有超过 100 亿个参数,可以生成各种风格的音乐,包括古典音乐、爵士乐、流行音乐、摇滚音乐等。

3.3.2　MusicGen 大模型

如图 3-11 所示，MusicGen(https://huggingface.co/spaces/facebook/MusicGen)是 Meta 推出的一项技术，它是一种单一语言模型，在多个压缩离散音乐表示流上运行。MusicGen 可以根据文本描述生成高质量的音乐作品，这使得用户可以通过输入一段文字描述来生成符合要求的音乐。此外，MusicGen 还可以结合一段音频和文本描述来生成音乐，为用户提供了更多的创作灵活性。

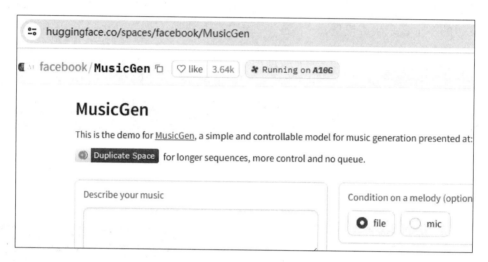

图 3-11　MusicGen 音乐生成大模型官网界面

MusicGen 模型在生成音乐时表现出很高的多样性和灵活性，能够适应不同的音乐风格和主题。这主要得益于其使用了 Meta 自家的 EnCodec 编译器对音频数据进行处理和分解，将音频信号转换为一系列的数学参数，以便模型能够更好地理解和学习音频特征。这种方法提高了模型的准确性和效率，同时减少了计算资源的需求。

总的来说，MusicGen 是一项非常有前途的技术，它可以帮助人们更加轻松地创作出高质量的音乐作品，并且在电影、游戏等领域也有着广泛的应用前景。与其他音乐创作软件相比，MusicGen 具有更高的匹配度和可信度，能够根据用户的需求生成更加符合要求的音乐作品。

3.3.3　网易天音大模型

如图 3-12 所示，网易天音(https://tianyin.music.163.com)是网易公司推出的一款一站式 AI 音乐创作平台。它是一种集词曲编唱为一体，为用户提供全链路的人工智能音乐创作工具。用户只需在"网易天音"手机客户端中输入祝福对象、祝福语，10 秒内即可产出词曲编唱完整的音乐作品，也可以选择平台内的 AI 歌手进行演唱。

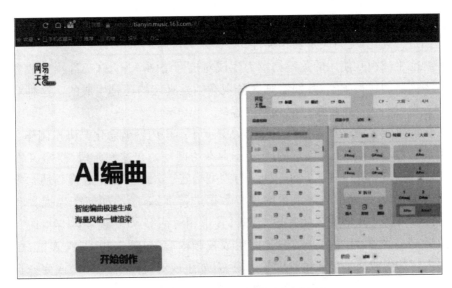

图 3-12 网易天音大模型官网界面

3.3.4 SUNO 大模型

SUNO 是一个基于人工智能的音乐创作平台。它可以根据用户输入的简单提示词生成带有伴奏和人声的音乐。SUNO 中的 chirp 是其"文本生成音乐"模型,目前已进化到 chirp v2 版本。该平台具备四个特点:① 操作方便。用户无需具备专业的音乐知识和复杂的技能,就能轻松上手。无论是音乐小白还是资深创作者,都能在这个平台上自由地发挥创意,实现音乐梦想。② 多种语言支持。能自动检测并使用正确的语言进行演唱。③ 风格提示。用户可在提示框中输入完整的句子,或用逗号隔开一系列乐器、音乐元素、流派、风格词汇等作为风格提示词。不过,写好风格提示词需要一定的技巧和注意事项。④ 歌词提示。通过元标签引导后面的歌词、歌曲结构和音乐风格,一定程度上为歌词提示功能减负。创作者需要了解一些基本的歌词结构知识,如 intro(引子或前奏)、verse(诗歌部分/主歌)、chorus(合唱部分/副歌)、bridge(桥接部分)、outro(尾奏)、pre-chorus(前副歌,可选)、间奏(interlude,可选)等。

3.4 人工智能生成视频

人工智能生成视频是利用人工智能技术自动创建或编辑视频内容的过程。人工智能生成视频的核心工作原理依赖于机器学习和深度学习技术,尤其是生成对抗网络(GAN)和变分自编码器(VAE)。首先,模型需要大量的视频数据供其学习,这些数据帮助模型理解视频内容的结构、风格和动态变化。然后,通过训练,人工智能模型学会从输入数据中提取特征和模式,如场景组成、颜色使用、物体动作等。最后,训练完成后,模型可以基于文本描述、图像或模型自身的创意生成的视频。生成的视频内容可以通过用户反馈或自动化评估进行优化,提高质量和相关性。

人工智能生成视频使用的关键技术为生成对抗网络(GAN)。GAN 由生成器和鉴别器组成。生成器创建视频帧,鉴别器则区分视频帧是真实的还是生成的。这种竞争机制促使生成器学习如何创建越来越逼真的内容。

人工智能生成视频通常包括以下几个关键步骤:① 内容概念化与脚本制作。这是整个视频生成过程的起点,涉及创意的构思和脚本的撰写。在这一阶段,将定义视频的主题、情节和所需表达的信息。② 数据训练与模型构建。人工智能生成视频通常需要基于机器学习的模型,这些模型通过大量的视频数据进行训练,学习如何产生视觉和听觉内容。这可能涉及特定风格的视频片段、音效、音乐和对话等。③ 视频内容生成。在模型训练完成后,人工智能可以根据脚本自动生成视频内容,包括人物动作、表情、场景变化等。这些内容的生成通常是通过深度学习模型,如生成对抗网络(GAN)或变分自编码器(VAE)来完成的。④ 音频合成。音频也是视频不可或缺的一部分。人工智能可以生成或合成对应的语音、背景音乐和其他音效。例如,使用文本到语音(Text To Speech,TTS)技术生成人物对话,以及使用人工智能音乐生成工具来创作背景音乐。⑤ 编辑与后期处理。生成的视频可以进一步经过人工智能工具进行编辑和优化,比如调整色彩、剪辑、添加特效等,以提高视频的整体质量和观赏性。⑥ 渲染与输出。完成所有编辑和优化工作后,视频需要被渲染成最终的格式,这可能包括不同的分辨率和编码设置,以适应不同的播放平台和设备要求。

人工智能生成视频可用于动画短片制作及短视频创作。例如,AIGC 动画短片《犬与少年》完全通过人工智能技术绘制,并在 Netflix 上线,这被视为 AIGC 在商业动画电影制作中的里程碑。随着数据、算力和算法的不断提升,人工智能视频技术有望在影视制作、广告营销、教育培训等领域发挥重要作用,为相关行业带来全新的变革和创新机遇。这些技术不仅可以大幅度降低传统视频制作的时间和成本,而且能够在创意表达上提供前所未有的灵活性和创新可能。

3.4.1　Sora 视频大模型

Sora 是由美国人工智能研究公司 OpenAI 发布的人工智能文生视频大模型。Sora 这一名称源于日文"空"(そら),意为天空,象征着其无限的创造潜力。Sora 于 2024 年 2 月 15 日正式对外发布。Sora 所采用的技术是以 OpenAI 的文本到图像生成模型 DALL-E 为基础进行研发构建的。Sora 可以根据用户的文本提示创建最长 60 秒的逼真视频。这一功能显著超越了之前行业内平均只有 4 秒的视频生成长度的限制。该模型能深度模拟真实物理世界,生成具有多个角色、包含特定运动的复杂场景。其了解物体在物理世界中的存在方式,可以生成逼真的动态场景。Sora 继承了 DALL-E 3 的画质,能生成高分辨率的视频输出。Sora 能理解用户在提示中提出的要求,并根据这些要求生成符合期望的视频内容。

对于需要制作视频的艺术家、电影制片人或学生来说,Sora 提供了无限的创作可能。他们可以通过简单的文本提示,快速生成高质量的视频内容。Sora 的发布标志着人工智能在理解真实世界场景并与之互动的能力方面实现了飞跃。这将对视频制作、动画、游戏等多个行业产生深远影响。

虽然,Sora 等人工智能工具为创作带来了便利,但也被警示可能存在被滥用以欺骗和误导公众的风险。因此,在使用这类工具时需要谨慎并负起相应的社会责任。总的来说,Sora 作为一款领先的人工智能文生视频大模型,以其强大的视频生成能力和对物理世界的深度模拟而备受瞩目。它的发布不仅为创作者提供了功能强大的工具,也预示着人工智能在未来创意产业中的巨大潜力。

3.4.2 讯飞智作视频大模型

如图 3-13 所示,讯飞智作(https://www.xfzhizuo.cn/)是科大讯飞推出的一款 AIGC 内容创作平台。该平台依托科大讯飞先进的语音合成等人工智能技术以及丰富的音视频资源,通过输入文稿或录音、选定虚拟主播等简单操作,即可一键完成音视频的输出。讯飞智作提供了"AI 配音""虚拟人音视频播报"等服务,广泛应用于媒体、教育、短视频等领域,大大提高了各种场景下音视频内容的生产效率。

图 3-13 讯飞智作视频大模型官网界面

讯飞智作作为一款智能化的音视频生产工具,解决了传统音视频制作过程中找主播难、生产效率低、制作成本高等问题。通过该平台,用户可以轻松获得高质量的音视频内容,提升内容创作的效率和质量。此外,讯飞智作还提供了多种人工智能技术和服务,如语音合成、声音定制、形象定制等,为用户提供了更加个性化的音视频创作体验。这些功能使得讯飞智作成为一个综合性的人工智能音视频创作平台,满足了用户在各种场景下的创作需求。

3.4.3 GliaCloud 大模型

如图 3-14 所示,GliaCloud 大模型(https://www.gliacloud.com/zh-hans/)可以广泛应用于自然语言处理、语音识别、图像处理、自动驾驶等多个领域。此外,该模型还具备多模态交互能力,可以支持文本、图像、音频等多种输入方式,并输出视频内容。

GliaCloud 的视频生成功能非常强大和灵活,可以广泛应用于媒体、教育等多个领域。例如,新闻媒体可以使用 GliaCloud 来快速生成新闻报道视频,以提高其传播效率和吸引力;教育机构可以使用 GliaCloud 来制作教学视频,以帮助学生更好地理解和掌握知识;个人用户也可以使用 GliaCloud 来制作自己的个性化视频,并分享到社交媒体上,以吸引更多的关注和产生积极的互动。

图 3 - 14　GliaCloud 视频生成大模型

3.4.4　VideoPoet 大模型

如图 3 - 15 所示,VideoPoet(https://sites.research.google/videopoet/)是一个大型语言模型,主要用于零样本视频生成。该模型集成多种视频生成能力于一个模型中,具备理解和处理多模态信息的能力,可以根据文本描述生成视频,将静态图片转换为动态视频,并且理解及生成音频内容。

图 3 - 15　VideoPoet 视频生成大模型官网界面

VideoPoet 还能编写视频处理代码，为视频内容创作带来多样性和创造力。VideoPoet 采用了仅解码器的 Transformer 架构，可以处理多模态输入，包括图像、视频、文本等。该模型运用语言模型的能力，将多种视频生成任务集成在一个模型中，而非依赖于针对每个任务分别训练的组件。这使得 VideoPoet 在视频生成时具有更高的灵活性和效率。此外，VideoPoet 还具备控制长视频、互动式视频编辑和图像到视频控制等功能，为用户提供了更加丰富的视频编辑和创作工具。VideoPoet 的这些功能使用户可以根据自己的需求对生成的视频进行更加精细地调整和编辑，从而获得更加满意的作品。

3.5　行业大模型

行业大模型是指针对特定行业或领域构建的大型预训练模型。这些模型基于深度学习技术，通过在海量的行业数据中进行训练，学习行业的知识和模式，从而能够对该行业内的各种任务进行高效处理。

行业大模型的出现，极大地推动了人工智能技术在各行业的应用。它们不仅能够理解行业术语和概念，还能模拟行业专家的思维方式，为用户提供更为精准和智能的决策支持。此外，行业大模型还具有较强的泛化能力，可以适应行业内不断变化的环境和需求。

目前，行业大模型已经广泛应用于金融、医疗、教育、制造等多个领域：在金融领域，可用于风险评估、投资决策等任务；在医疗领域，可用于疾病诊断、药物研发等；在教育领域，可以辅助个性化教学和学习资源推荐等；在制造领域，可以优化生产流程，提高产品质量等。

行业大模型的优势在于其深度整合了行业知识和人工智能技术，为行业内的各种复杂问题提供了高效的解决方案。未来，随着技术的不断进步和行业数据的持续积累，行业大模型将会更加精准、智能和可靠，为各行业的数字化转型和智能化升级提供有力支持。

3.5.1　网易有道子曰大模型

如图 3-16 所示，网易有道子曰大模型是网易有道计算机系统有限公司在教育领域推出的一款垂直大模型，旨在通过人工智能技术助力教育创新，实现因材施教的教育理想。网易有道于 2023 年 7 月 26 日正式发布了子曰教育大模型。2024 年 1 月 3 日，网易有道在北京举行子曰教育大模型创新成果发布会，正式推出子曰教育大模型 2.0。2024 年 5 月 29 日，网易有道对外披露了子曰教育大模型的最新技术进展，并发布了三大人工智能创新应用：人工智能全科学习助手"有道小 P"App、新一代虚拟人口语教练 Hi Echo 3.0 和新一代知识库问答引擎 QAnything。

相比于通用大模型，子曰大模型从一开始就定位为是一个"场景为先"的教育垂直大模型。它能够作为基座模型支持诸多下游任务，为所有下游场景提供语义理解、知识表达

图 3 - 16　网易有道子曰大模型官网界面

等基础能力。大模型能为学生提供个性化的分析和指导,实现引导式学习,提出问题并引导学生自行探索答案。通过连接多模态知识库、跨学科整合知识内容,大模型能随时满足学生的动态需求,帮助学生培养综合能力。

网易有道基于子曰大模型研发了六大创新应用,包括"LLM 翻译""虚拟人口语教练""AI 作文指导""语法精讲""AI Box"以及"文档问答",覆盖了口语训练、作文批改、习题答疑等多个教育细分领域。其中,虚拟人口语教练 Hi Echo 尤为引人注目,其面部表情和口型生动自然,发音地道,能够像真人老师一样进行启发式对话引导,并提供实时反馈,有效解决了英语口语学习者面临的诸多问题。

3.5.2　百度灵医大模型

如图 3 - 17 所示,百度灵医大模型是百度公司推出的一款面向医疗行业的人工智能大模型,它在安全性、逻辑性、理解力等方面表现出色,并在准确性和稳定性上取得了显著的领先优势。这款模型具有数据和算法的优势,通过与诸多药企、医院、医生的合作,以及百度健康自身多年沉淀的健康数据,确保了数据的准确性和多样化。

灵医大模型在预训练时使用了千亿 token 的医疗类训练语料,并与业内权威医学知识库如人卫智数、爱思唯尔(Elsevier)等进行深度合作,以保证循证 AI 的基因。此外,灵医大模型还整合了 800 多家医院、2 000 多家药企、4 000 多家基层诊疗机构的智慧医疗服务经验,积累了近 100 类的医疗人工智能机器学习任务。

灵医大模型的发布,标志着国内首个医疗大模型的诞生,主要面向医疗场景提供临床决策支持、眼底筛查、智慧病案、智能审方、慢病管理、医疗大数据服务等人工智能医疗解决方案,服务于医院、政府机关、患者及医药器械企业等。它有三个主要特征:重循证、多层次能力、全链条赋能。

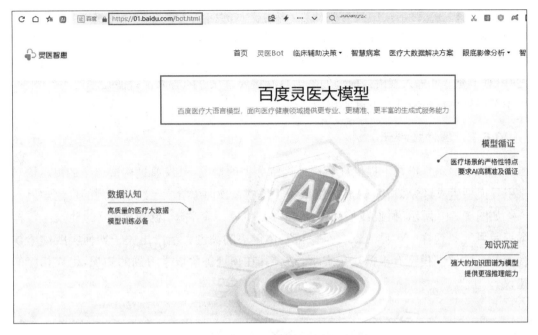

图 3-17　百度灵医大模型官网界面

百度灵医大模型还推出了 Lite 版、旗舰版和定制版三个版本,以满足不同需求和应用场景。旗舰版作为千亿规模的参数模型,主要以公有云服务方式提供服务;Lite 版面向对私有数据较为重视的客户提供私有化部署;定制版则针对有高质量数据和研发能力的客户,提供定制化模型训练或调优服务。

灵医大模型的应用场景广泛,不仅能作为医生的助手,提高诊疗效率,还能作为患者的健康管家,提供个性化的健康服务。同时,它还能帮助药企提升生产效率,完成数字化转型。

百度灵医大模型的发布,不仅推动了医疗行业的数字化和智能化进程,也为医疗健康行业带来了变革性的推动,具有巨大的发展潜力。

3.6　提示工程

提示工程旨在开发和优化提示,以有效地使用语言模型完成各种应用和研究课题。提示是传递给语言模型的信息,可以是指令、问题或其他诸如输入或示例的细节。提示工程有助于更好地理解大型语言模型的能力和局限性,改善模型在各种任务中的性能。提示工程涉及设计有效的提示技术,这对于提高人工智能模型在特定任务上的性能至关重要。设计具有相关性、具体性、明确性和结构良好的提示,可以帮助模型更好地理解上下文并生成更准确的响应。此外,通过设计具有多样性和包容性的提示,还可以确保模型不会偏向于特定组或视角,从而提高模型的公平性并减少偏差。

提示工程在实际应用中具有挑战性,因为提示的构建通常需要经验和直觉。不同的提示可能会导致模型产生截然不同的输出,因此,设计最佳提示以指导模型完成任务是一项需要精细调整和艺术感的工作。总的来说,提示工程是优化语言模型性能的关键技术之一,对于充分发挥大型语言模型的潜力具有重要意义。随着人工智能技术的不断发展,提示工程将在更多领域发挥重要作用。

3.6.1 零样本提示

零样本提示是指在不提供任何额外训练数据的情况下,仅通过构造合适的提示语句来引导模型生成目标文本。这种方法依赖于模型在预训练阶段已经学习到的广泛知识。

如图3-18所示,假设我们要用文心一言生成一个关于"健康饮食"的建议。零样本提示可能是这样的:"健康饮食是保持身体健康的关键。请给出关于如何实践健康饮食的几点建议。"模型会根据这个提示,结合其在预训练阶段学习到的知识,生成相应的建议。

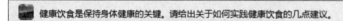

图3-18 文心一言的零样本提示

3.6.2 一样本提示

一样本提示是指提供一个示例来指导模型生成类似的文本。这种方法通常用于那些需要一定创意或特定风格的文本生成任务。

如图3-19所示,如果我们想让文心一言生成一个类似于"海子风格"的现代诗歌,我们可以先给它一个海子的诗歌示例,如:"我有一所房子,面朝大海,春暖花开。"然后构造提示:"请模仿以下诗歌的风格,创作一首关于'自然'的现代诗歌:示例诗歌[……]。"模型会根据提供的示例和风格来生成新的诗歌。

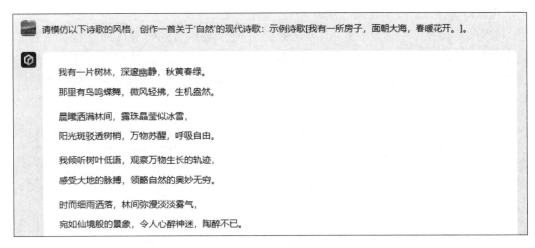

图3-19 文心一言的一样本提示

3.6.3 少样本提示

少样本提示是指提供少量的训练样本来指导模型完成任务。这些样本可以帮助模型更好地理解任务要求和数据分布。

如图3-20所示,假设要用文心一言进行情感分析任务,可以给它几个带有情感标签的句子作为训练样本,如:"这部电影真好看!(正面情感)""这场比赛真令人失望。(负面情感)"等。然后构造提示:"请根据以下句子的情感进行分类:'这部电影让我感动落泪。'是[正面情感/负面情感]。"模型会根据提供的样本和情感标签来对新的句子进行情感分析。

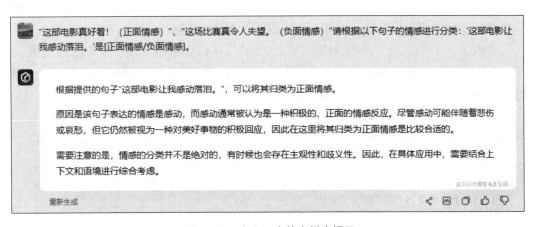

图3-20 文心一言的少样本提示

3.6.4 多任务提示

多任务提示是指在一个提示中融合多个任务,让模型能够同时处理多个任务。这种方法可以提高模型的效率和灵活性。

如图 3-21 所示,可以构造一个多任务提示,让文心一言同时进行翻译和摘要生成。提示可能是这样的:"请将以下英文段落翻译成中文,并生成摘要:'[英文段落]……'中文翻译:'[空]'摘要:'[空]'"。模型会首先进行翻译,然后基于翻译结果生成摘要。

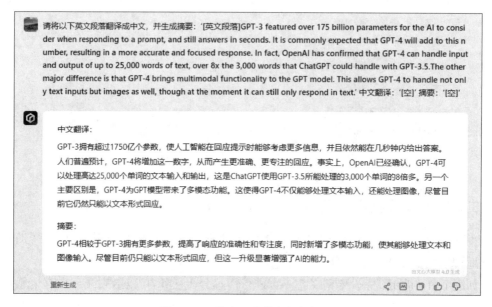

图 3-21 文心一言的多任务提示

3.6.5 链式提示

链式提示是一种特殊的提示方法,它要求模型在生成答案之前,先产生一系列中间推理步骤。这种方法有助于提高模型在复杂推理任务上的性能。

如图 3-22 所示,对于数学问题"5+3×2=?",可以构造链式提示:"首先计算乘法:3×2=[空]。然后将结果加到 5 上:5+[上一步的结果]=[空]。"模型会按照这个步骤逐步计算出答案。

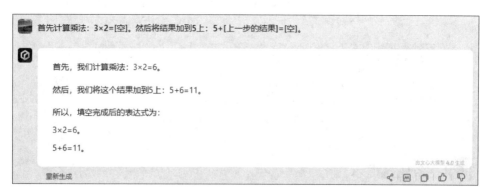

图 3-22 文心一言的链式提示

3.6.6　样本提示

如图 3-23 所示,样本提示(Shot Prompting)是一种用于引导人工智能模型生成特定类型内容的方法。该方法可让模型学习应该怎么根据你的要求来生成,一般会给一个或多个示例,即"单样本"或"少样本"学习。通常采用一问一答的格式,通过示例更好地使模型根据当前要求做出响应。

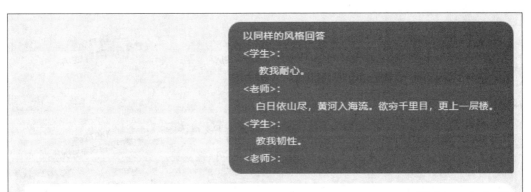

图 3-23　文心一言的样本提示

3.6.7　上下文提示

如图 3-24 所示,上下文提示是 Prompting 技术中的另一个关键概念。上下文提示基于那些能够提供的、关于任务信息的文本。这些文本可以是一种指示,告诉模型什么是相关的信息,什么不是相关的信息。通过提供正确的上下文提示来提高模型的性能。

3.6.8　角色扮演提示

如图 3-25 所示,角色扮演提示是一种特殊的文本提示,用于引导语言模型在对话或文本生成中扮演特定的角色或人物。这种提示通常包含对角色的描述、背景信息、性格特征、说话风格等,以便模型能够产生符合该角色特点的响应。

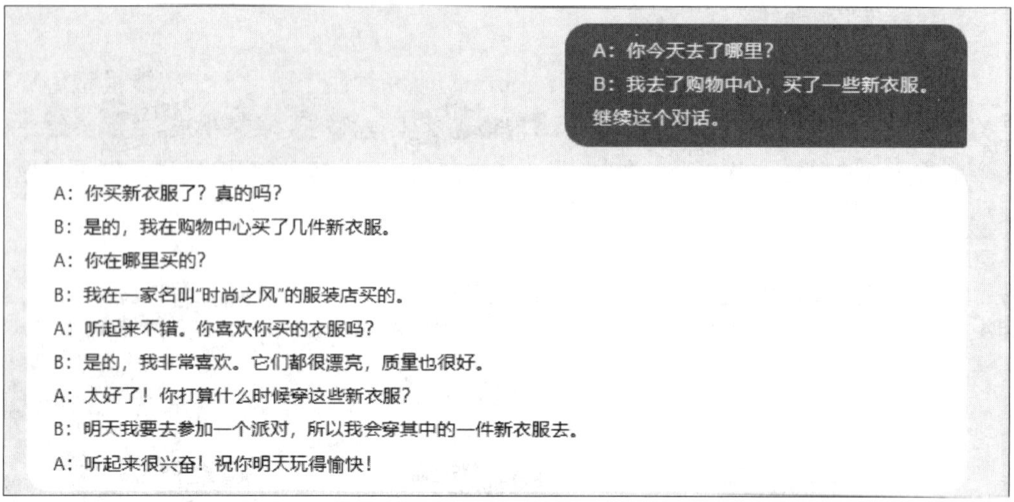

图 3 - 24   文心一言的上下文提示

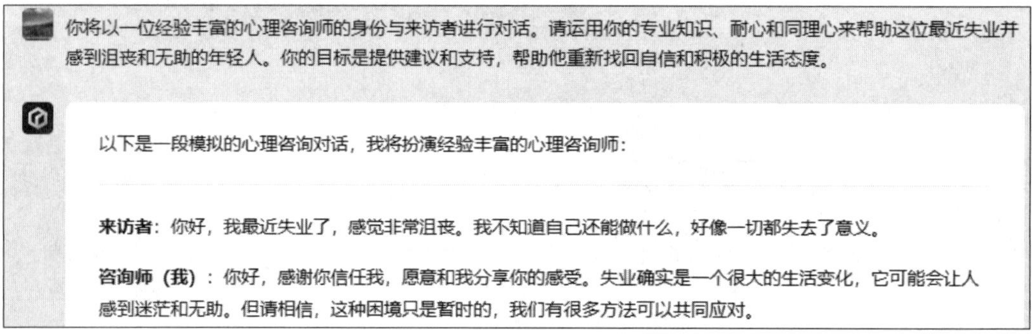

图 3 - 25   文心一言的角色扮演提示

3.7   小结

　　本章主要介绍了 ChatGPT、谷歌 Gemini、文心一言、文心一格等主要生成式人工智能大模型的工作原理及应用场景。同时,也介绍了包括网易有道子曰与百度灵医的行业大模型。生成式人工智能大模型是一类能够生成全新的、有创造性内容的人工智能模型。这类模型通常基于深度学习技术,通过大量的训练数据来学习数据的内在规律和特征,从而能够生成与训练数据类似但全新的内容。生成式人工智能大模型的应用非常广泛,具体来说,这些应用包括但不限于自然语言生成、图像生成、音频生成、视频生成等。其中,自然语言生成作为其核心应用领域之一,已广泛应用于机器翻译、智能问答、自动摘要、文本生成等多个方面。在生成式人工智能大模型中,最具代表性的是 ChatGPT、文心一言等语言模型。

实践作业

1. 注册用户并登录，测试网易有道子曰大模型（https://ziyue-media.youdao.com/♯/home）。

2. 注册用户并登录，测试百度灵医模型（https://01.baidu.com/bot.html）。

3. 注册用户并登录，测试文心一格 AI 作画大模型（yige.baidu.com/）。

4. 注册用户并登录，测试 WHEE 绘画大模型（https://www.whee.com/）。

5. 注册用户并登录，测试讯飞智作 AI 视频生成大模型（https://www.xfzhizuo.cn/）。

案例

钢铁工业的智能转型案例

在浩瀚的工业海洋中，钢铁行业一直以其坚韧和力量著称。然而，随着时代的变迁和技术的进步，即使是这个行业的巨头也需要适应新的浪潮。

一家拥有百年历史的钢铁企业曾以其卓越的产品质量和强大的生产能力闻名于世，然而，随着环保法规的日益严格和市场竞争的加剧，企业面临着巨大的压力。为了保持领先地位，企业决定探索一条智能转型的道路。

在这个过程中，企业遇到了一个关键的挑战：如何预测和优化生产过程中的能源消耗和排放。这个问题对于企业提高生产效率和降低成本至关重要，但传统的方法已经无法满足需求。

正陷入困境时，企业接触到了行业大模型的概念。通过深入了解和学习，意识到这种模型有可能帮助他们解决这个难题。于是，企业决定与一家领先的人工智能公司合作，共同开发一个适用于钢铁行业的预测模型。

经过几个月的辛勤工作和无数次的试验，企业终于开发出了一个强大的行业大模型。这个模型能够实时分析企业生产过程中的各种数据，包括原料质量、设备状态、能源消耗等，并准确预测未来的发展趋势。

有了这个模型，企业仿佛拥有了一双"慧眼"。企业可以根据模型的预测结果，及时调整生产参数和设备配置，以降低能源消耗和排放。这不仅提高了生产效率，还为企业节省了大量成本。

更令人惊喜的是，这个模型还帮助企业发现了一些之前被忽视的问题和机会。例如，发现某种特定类型的原料在特定条件下，可以产生更高的生产效率。这个发现为企业带来了新的竞争优势。

　　如今,这家钢铁巨头已经成功实现了智能转型,不仅提高了生产效率和产品质量,还降低了成本并减少了对环境的影响。而这一切,都得益于他们勇敢地迈出那一步,探索并运用行业大模型的力量。

参考文献

［1］王衍虎,郭帅帅.基于大语言模型的语义通信:现状,挑战与展望[J].移动通信,2024(2):16-21.

［2］钟新龙,渠延增,王聪聪,等.国内外人工智能大模型发展研究[J].软件和集成电路,2024(1):80-92.

［3］范德志,于水.生成式人工智能大模型助推实体经济高质量发展:理论机理、实践基础与政策路径[J].云南民族大学学报(哲学社会科学版),2024(1):152-160.

［4］秦涛,杜尚恒,常元元,等.ChatGPT 的工作原理、关键技术及未来发展趋势[J].西安交通大学学报,2024(1):1-12.

［5］赖丽娜,米瑜,周龙龙,等.生成对抗网络与文本图像生成方法综述[J].计算机工程与应用,2023(19):21-39.

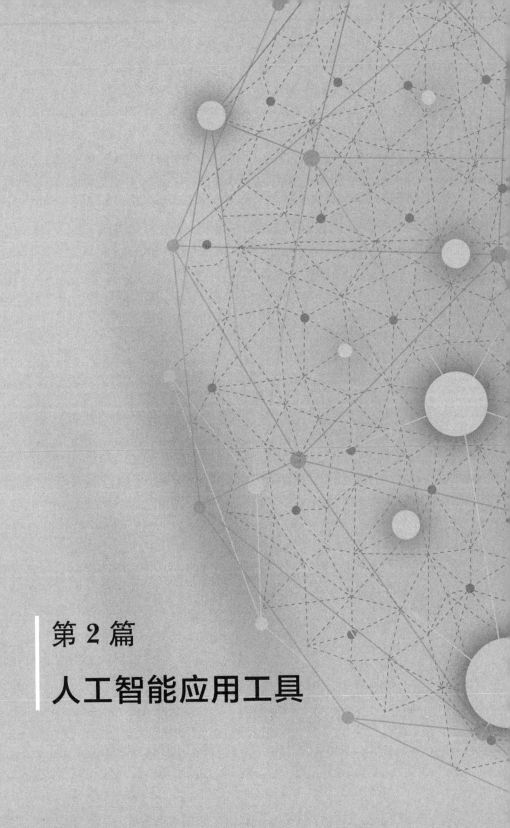

第 2 篇

人工智能应用工具

第4章

人工智能开发工具

　　人工智能开发工具是指一系列用于构建、训练、部署和管理人工智能模型的软件和平台。这些工具涵盖了从数据处理到模型评估的各个环节，帮助开发者高效地实现人工智能项目。以下是一些常见的人工智能开发工具类别及其代表性工具：编程语言和框架，包括Python、TensorFlow与PyTorch；集成开发环境（Integrated Development Environment，IDE），包括JetBrains开发的Python IDE——PyCharm；数据处理和分析工具，包括Pandas、NumPy等。

4.1 编程语言

4.1.1 Python简介

　　Python是一种高级编程语言，由Guido van Rossum在1989年创造并于1991年发布。Python支持面向对象、函数式，以及过程式编程范式，拥有强大的标准库，涵盖了从网络编程到数据分析等各个领域。它被广泛应用于Web开发、科学计算、人工智能、自动化等领域。Python的流行和社区活跃度使得它成了一个多才多艺的编程语言，适用于各种项目和任务。

　　Python因其简洁、易学、丰富的库和框架以及强大的社区支持，成为人工智能领域的首选编程语言之一。Python在人工智能领域拥有广泛的应用，是机器学习领域的主流编程语言，拥有丰富的机器学习库和框架，如Scikit-learn、TensorFlow、PyTorch等，这些库提供了丰富的算法和工具，用于构建、训练和评估各种类型的机器学习模型。Python在深度学习领域的优势尤为突出，拥有强大的深度学习框架，如TensorFlow、PyTorch、Keras等，这些框架使得实现复杂的神经网络模型变得更加容易。Python在自然语言处理领域非常受欢迎，拥有许多优秀的库和工具，如自然语言处理工具包（Natural Language Toolkit，NLTK）、spaCy、Gensim等，可以应用于文本分析、情感分析、语言翻译等任务。Python也是计算机视觉领域的首选语言之一，拥有强大的图像处理和分析库，如OpenCV、Python图像库（Python Image Library，PIL）、Scikit-image等，可以应用于图像识别、对象检测、图像生成等任务。以下介绍在Windows系统环境下安装和测试

Python 的详细步骤。

4.1.2　Python 安装及测试

1. 下载安装程序

如图 4-1 所示,访问 Python 官方网站(https://www.python.org/downloads/windows/)。

图 4-1　从官网下载 Python 软件安装包

在页面中,可看到一个可供下载的版本列表。通常推荐下载最新版本,可以根据用户的系统选择 32 位或 64 位的安装程序。

2. 运行安装程序

双击下载的安装程序文件(通常是以.exe 结尾的文件)以运行安装程序。

如图 4-2 所示,在安装程序窗口中,务必勾选"Add python.exe to PATH"选项(这样可以让用户在命令行中使用 python 命令)。同时,选择需要安装的相关模块并点击"Next"按钮(图 4-3)。如图 4-4 所示,选择高级安装选项并设置安装路径,然后点击"Install"开始安装。

如图 4-5 所示,程序开始安装。如图 4-6 所示,安装过程可能需要一段时间,等待直到成功完成安装。

3. 验证安装

如图 4-7 所示,打开命令提示符(在开始菜单中搜索"cmd"并打开)。如图 4-8 所示,输入 python -- version 或者 python3 -- version。如果显示了安装的 Python 版本号,那就表示已安装成功。

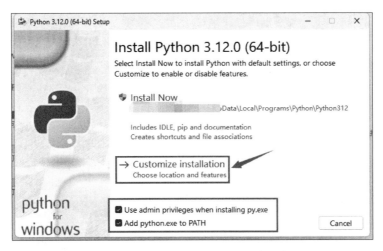

图 4 - 2　选择"Customize installation"安装选项

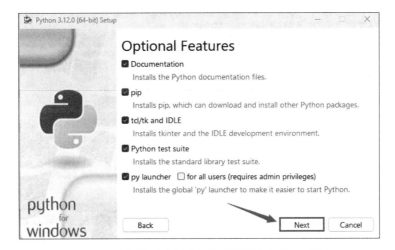

图 4 - 3　选择需要安装的相关模块并点击"Next"按钮

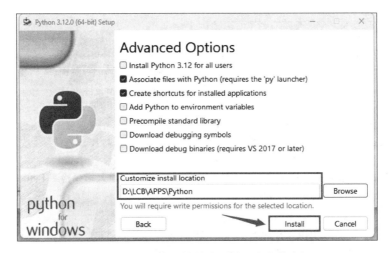

图 4 - 4　选择高级安装选项并设置安装路径

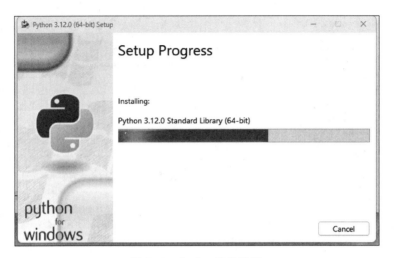

图 4-5 Python 安装进度

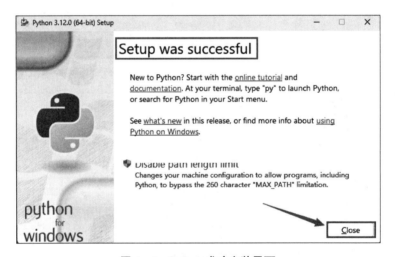

图 4-6 Python 成功安装界面

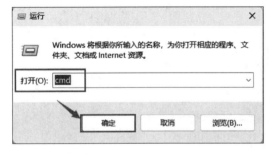

图 4-7 打开命令提示符

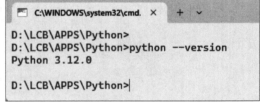

图 4-8 输入指令检测 Python 版本信息

4. 测试 Python

创建并运行一个简单的 Python 程序。如图 4-9 所示,打开文本编辑器(如 Notepad)并输入"print("Hello, Python!")",将文件保存为"hello.py"(保存类型应选择"所有文件")。

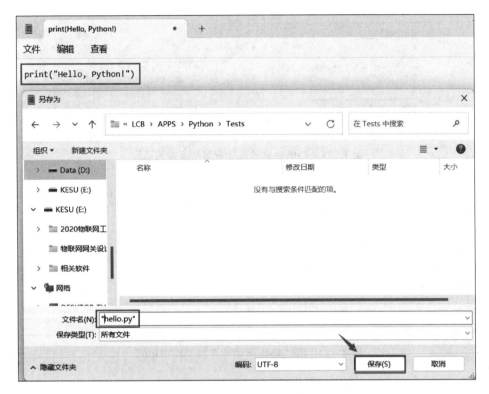

图 4-9 利用文本编辑器创建并保存"hello.py"文件

如图 4-10 所示,打开命令提示符。使用 cmd 命令切换到保存"hello.py"文件的目录。输入"python hello.py"或者"python3 hello.py"并按下 Enter。如果看到输出了"Hello,Python!",那就表示 Python 已经成功安装并运行了。

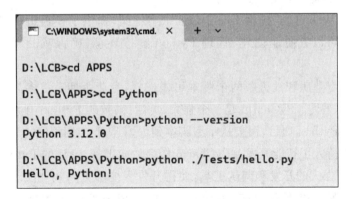

图 4-10 Python 运行"hello.py"

如图 4-11 所示,成功地安装 Python 后,电脑的"开始"界面会出现 Python 相关的新安装的软件项目,可以打开集成开发和学习环境(Integrated Development and Learning Environment,IDLE)进行 Python 编程开发工具测试(图 4-12)。

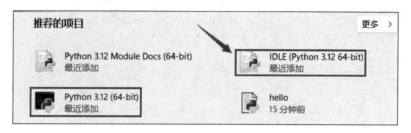

图 4‑11　Python 软件成功安装所添加的项目

```
IDLE Shell 3.12.0                                    —    □    ×
File  Edit  Shell  Debug  Options  Window  Help
Python 3.12.0 (tags/v3.12.0:0fb18b0, Oct  2 2023, 13:03:39) [MSC v.1935 64 bit (
AMD64)] on win32
Type "help", "copyright", "credits" or "license()" for more information.
>>> print("Hello, Python!")
Hello, Python!
>>> exit
Use exit() or Ctrl-D (end-of-file) to exit
>>>
```

图 4‑12　测试 Python 软件开发工具"IDLE"

4.1.3　PyCharm 安装及测试

PyCharm 是由 JetBrains 公司开发的集成开发环境（Integrated Development Environment, IDE），专门用于 Python 编程语言的开发。PyCharm 提供了丰富的功能集，包括代码编辑、调试、版本控制、代码分析、测试、内置终端等。PyCharm 具有强大的代码智能提示功能，可以根据上下文和已有的代码来提供准确的代码补全建议。PyCharm 也支持 Web 开发，包括 Django、Flask 等框架，提供了模板编辑、数据库连接等功能。PyCharm 可以方便地创建、管理 Python 虚拟环境，确保项目的独立性和依赖关系。

PyCharm 有专业版和社区版两个版本可供选择，专业版拥有更多高级功能，如科学计算、数据分析等工具。PyCharm 是一个强大、灵活、高效的 Python 开发工具，适用于各种规模和类型的 Python 项目，覆盖从小型脚本到大型 Web 应用程序。

PyCharm 支持人工智能开发。PyCharm 作为功能丰富、灵活的 Python IDE，在人工智能领域，提供了强大的开发和调试工具，使得开发者能够更高效地实现、测试和部署人工智能算法和模型。以下介绍在 Windows 系统环境下安装和测试 PyCharm 的详细步骤。

1. 下载安装程序

如图 4‑13 所示，前往 PyCharm 官方网站，并下载适合用户操作系统的版本（Community）（图 4‑14）（https://download.jetbrains.com/python/pycharm-community-2023.2.2.exe）。

图 4 - 13　从官网下载 PyCharm 软件安装包

图 4 - 14　保存 PyCharm 软件安装包

2. 安装 PyCharm

　　如图 4 - 15 所示,双击安装社区版 PyCharm。在安装 PyCharm 启动界面,点击"Next" (图 4 - 16)。

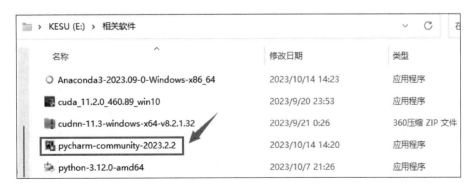

图 4 - 15　双击 PyCharm 软件包启动安装

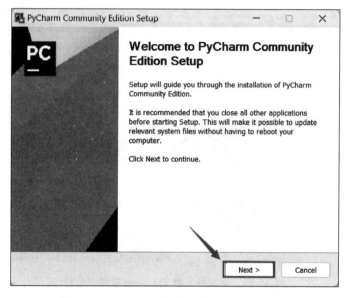

图 4 - 16　PyCharm 软件安装界面点击"Next"

　　如图 4 - 17 所示,一般而言,PyCharm 需要安装在系统盘(C 盘),默认调用硬盘为虚拟内存。安装在其他盘,由于没有配置虚拟内存,或者不能配置使用虚拟内存,当PyCharm 运行大型人工智能相关程序时,因内存不够,可能会导致 PyCharm 程序闪退。如图 4 - 18 所示,完成 PyCharm 安装配置后,点击"Next"。进一步地,选择启动项文件夹"JetBrains"(图 4 - 19)。最后,密切关注 PyCharm 安装进度(图 4 - 20),直至 PyCharm 安装完成(图 4 - 21)。

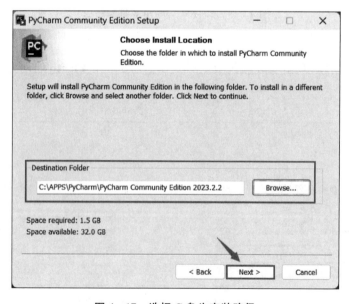

图 4 - 17　选择 C 盘为安装路径

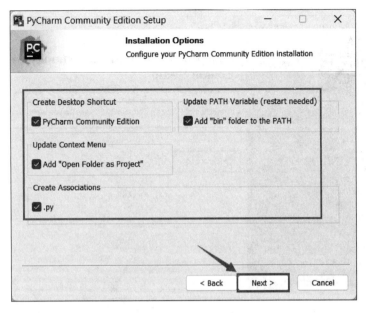

图 4 - 18　PyCharm 安装配置

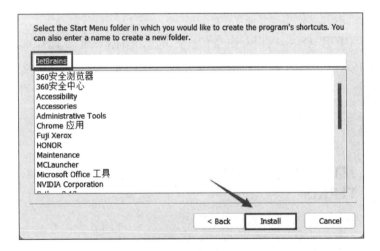

图 4 - 19　选择启动项文件夹"JetBrains"

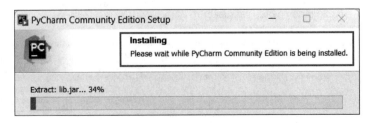

图 4 - 20　PyCharm 安装进度

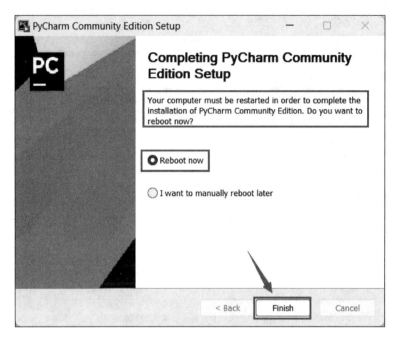

图 4 - 21   完成 PyCharm 安装

安装完成后,重启电脑。可以双击桌面 PyCharm 图标来启动 PyCharm,并接受用户协议(图 4 - 22),并确认是否接受 PyCharm"Data Sharing"条款(图 4 - 23)。

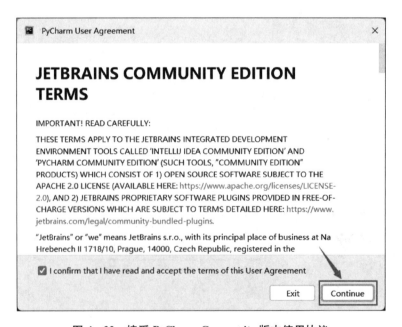

图 4 - 22   接受 PyCharm Community 版本使用协议

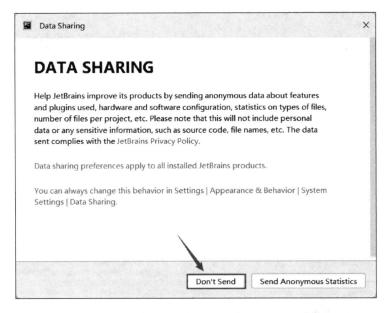

图 4 - 23　确认是否接受 PyCharm"Data Sharing"条款

3. 测试 PyCharm

如图 4 - 24 所示,打开 PyCharm 后,可以创建一个新的项目或者打开一个已有的项目。在创建新项目界面,完成相关配置设定并执行"Create"操作(图 4 - 25)。

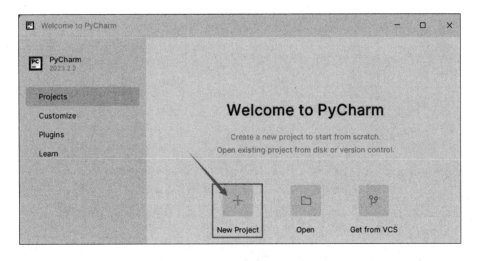

图 4 - 24　PyCharm 启动界面点击创建"New Project"

在项目中,可以开始编写 Python 代码。如图 4 - 26 所示,在新建项目所产生的一个 Python 文件"main. py"中,编写相应的代码,保存文件,并执行运行"main. py"操作(图 4 - 27)。

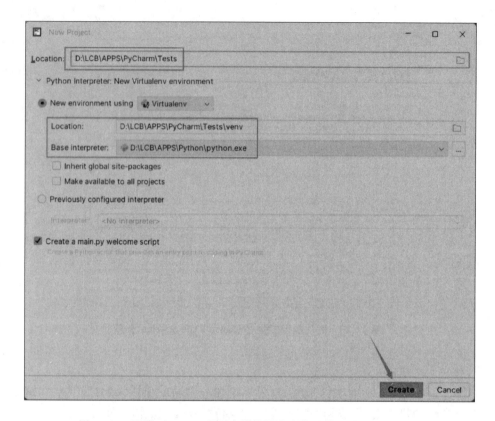

图 4-25　配置 PyCharm 项目存储位置及所使用的 Python 运行环境

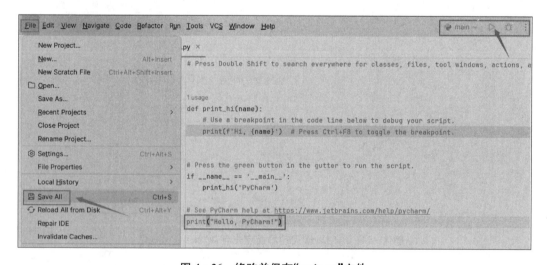

图 4-26　修改并保存"main.py"文件

在编辑器中选择 Python 文件,然后点击工具栏上的运行按钮(图 4-27)执行代码。如果用户看到输出"Hello,PyCharm!",那就表示 PyCharm 已安装成功(图 4-28)。

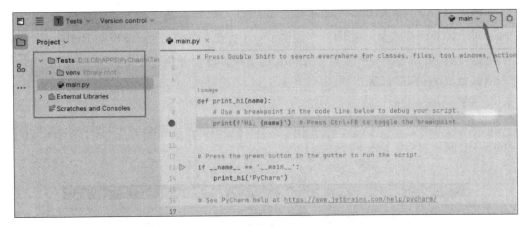

图 4‑27　PyCharm 运行所编辑的"main.py"文件

```
D:\LCB\APPS\PyCharm\Tests\venv\Scripts\python.exe D:\LCB\APPS\PyCharm\Tests\main.py
Hi, PyCharm
Hello, PyCharm!

Process finished with exit code 0
```

图 4‑28　测试文件输出"Hello，PyCharm！"

4.1.4　Anaconda 安装及测试

Anaconda 是一个开源的 Python 和 R 语言的发行版本,用于数据科学和机器学习任务。它包括了许多常用的数据科学库和工具,并提供了一个方便的环境管理系统。Anaconda 提供了一个集成的开发环境,包括 Python 解释器、数据科学库(如 NumPy、Pandas、Matplotlib 等)、开发工具(如 Jupyter Notebook)等。Anaconda 可以在多个操作系统上运行,比如 Windows、Mac OS 和 Linux。

Anaconda 在人工智能领域扮演了重要的角色,它为人工智能工程师、研究人员和数据科学家提供了一个强大的开发环境,使他们能够更高效地进行人工智能相关的工作。Anaconda 是一个在人工智能领域非常受欢迎的工具,它提供了一个完整的开发环境和丰富的工具集,使得从数据准备、特征工程、模型训练到部署等整个人工智能开发过程更加顺畅和高效。因此,Anaconda 成为许多人工智能工程师和数据科学家的首选开发环境之一。

Anaconda 允许创建和管理多个独立的 Python 环境。这对于在不同项目中使用不同版本的库非常有用,同时避免了版本冲突问题。Anaconda 预装了许多常用的数据科学库,包括 NumPy、Pandas、SciPy、Scikit-learn 等,使得数据分析和机器学习任务更为方便。

Anaconda 附带了一个名为 conda 的包管理器,可以方便地安装、更新、卸载各种 Python 库和工具。Anaconda 提供了与大数据生态系统(如 Hadoop 和 Spark)的集成,使得处理大规模数据更加容易。

　　总的来说,Anaconda 是一个功能非常强大的工具,特别适合数据科学家、机器学习工程师和科学计算研究人员等使用。它提供了一个完整的生态系统,使得在 Python 环境中进行数据分析、机器学习和科学计算变得更加便捷。以下介绍在 Windows 系统环境下安装和测试 Anaconda 的详细步骤。

　　1. 下载 Anaconda

　　如图 4-29、图 4-30 所示,前往 Anaconda 官方网站并下载适合用户操作系统的版本 (Windows、Mac OS 或 Linux)。

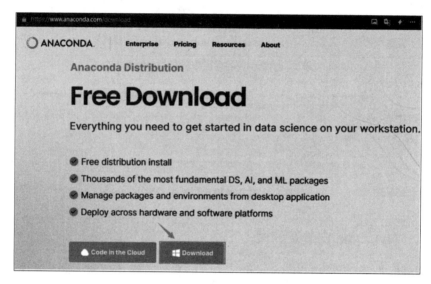

图 4-29　从官网下载 Anaconda 软件安装包

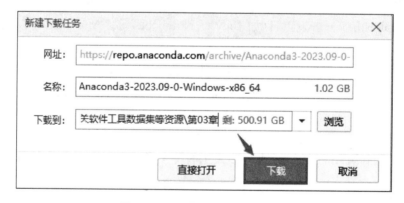

图 4-30　保存 Anaconda 软件包

　　2. 安装 Anaconda

　　如图 4-31 所示,根据用户的操作系统,执行相应的安装程序。在安装过程中,进入安装界面(图 4-32),在许可协议界面,请务必阅读并接受许可协议(图 4-33),并进一步选择安装用户(图 4-34)。

图 4 - 31　双击 Anaconda 安装包

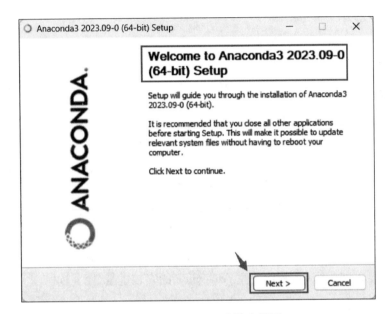

图 4 - 32　Anaconda 安装主界面

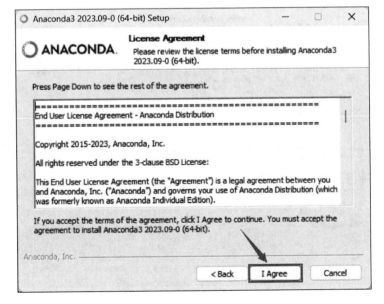

图 4 - 33　接受 Anaconda 使用协议

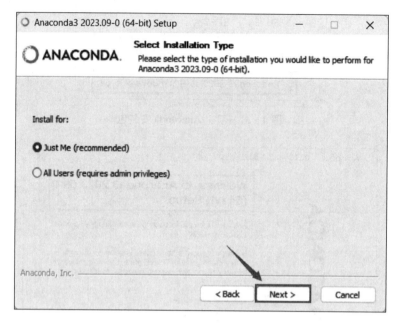

图 4 - 34　选择 Anaconda 安装用户

　　进一步地,选择 Anaconda 安装路径(图 4 - 35),并确认 Anaconda 高级选项(图 4 - 36)。在安装过程中,密切关注 Anaconda 的安装进度(图 4 - 37)。

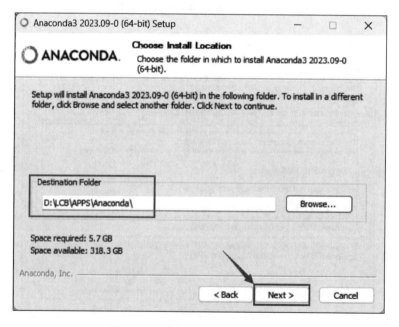

图 4 - 35　选择 Anaconda 安装路径

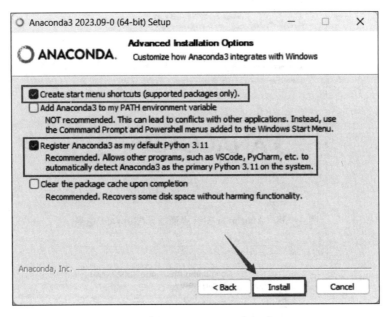

图 4 - 36　确认 Anaconda 高级选项

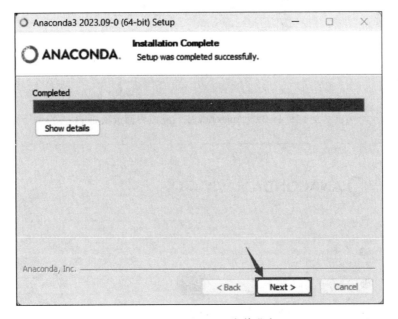

图 4 - 37　Anaconda 安装进度

　　当出现"在云中使用 Anaconda 进行编码"及"Jupyter"相关 Anaconda 安装界面
(图 4 - 38)时,执行"Next"操作。在 Anaconda 安装完成界面,确认选项并执行"Finish"操
作(图 4 - 39)。进一步地,查看 Anaconda 启动主界面(图 4 - 40),并关闭 Anaconda 主界
面(图 4 - 41)。

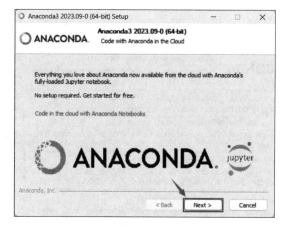

图 4 - 38 Anaconda 安装界面显示"Jupyter"信息

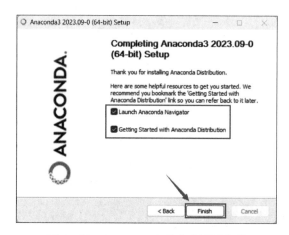

图 4 - 39 Anaconda 安装完成界面选项

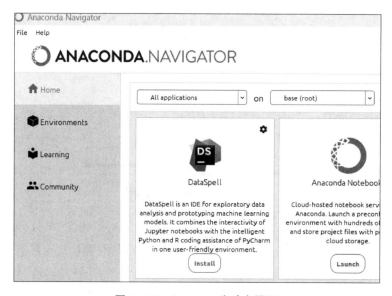

图 4 - 40 Anaconda 启动主界面

Anaconda Navigator
File
Help
Preferences Ctrl+P
Restart Ctrl+R
Quit Ctrl+Q
NDA.NAVIGATOR

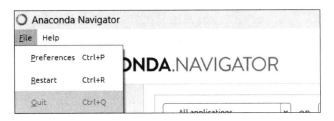

图 4-41　关闭 Anaconda 主界面

3. 测试 Anaconda

如图 4-42 所示，启动 Anaconda Powershell Prompt，并执行查看版本命令“conda --version”及“python --version”。如果出现正确的版本信息，证明 Anaconda 已安装成功（图 4-43）。

推荐的项目
更多 >
Reset Spyder Settings
最近添加
Anaconda Powershell Prompt
最近添加

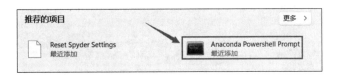

图 4-42　点击运行“Anaconda Powershell Prompt”

Anaconda Powershell Prompt
(base) PS D:\> cd LCB
(base) PS D:\LCB> cd APPS
(base) PS D:\LCB\APPS> cd .\Anaconda\
(base) PS D:\LCB\APPS\Anaconda> cd Tests
(base) PS D:\LCB\APPS\Anaconda\Tests>
(base) PS D:\LCB\APPS\Anaconda\Tests>
(base) PS D:\LCB\APPS\Anaconda\Tests>
(base) PS D:\LCB\APPS\Anaconda\Tests> conda --version
conda 23.7.4
(base) PS D:\LCB\APPS\Anaconda\Tests> python --version
Python 3.11.5
(base) PS D:\LCB\APPS\Anaconda\Tests>

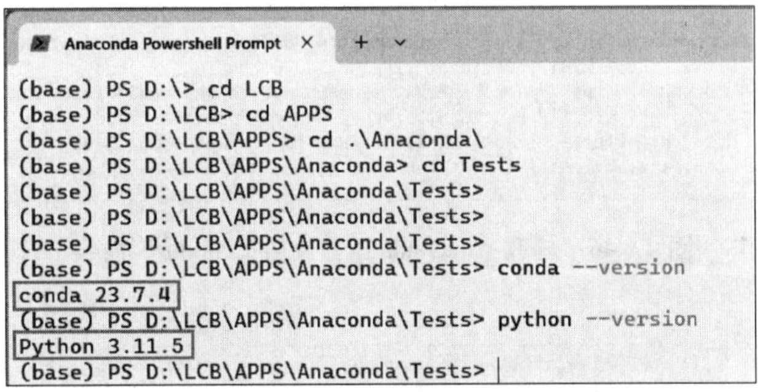

图 4-43　检查 conda 版本及 python 版本

4. 更改 Anaconda 国内源

在“Anaconda Powershell Prompt”命令行窗口，执行下述命令（图 4-44）。然后，在用户文件夹找到并利用记事本打开“.condarc”文件（图 4-45）。

利用记事本打开文件“.condarc”，修改其中的源配置为图 4-46 所示内容。保存文件“.condarc”，并关闭文件。

同时，在“Anaconda Powershell Prompt”命令行窗口，执行“conda clean -i”（图 4-47）。

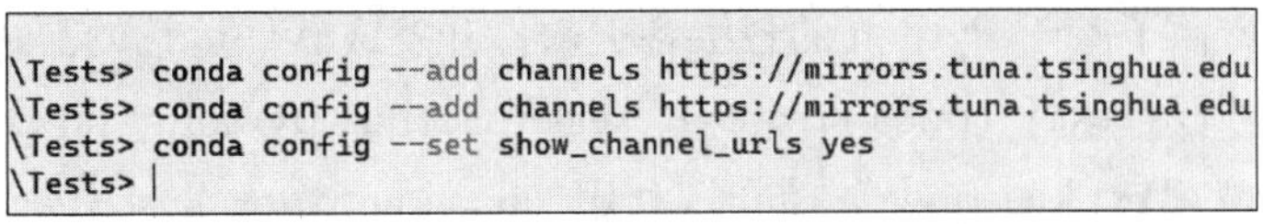

\Tests> conda config --add channels https://mirrors.tuna.tsinghua.edu
\Tests> conda config --add channels https://mirrors.tuna.tsinghua.edu
\Tests> conda config --set show_channel_urls yes
\Tests>

图 4-44　更改 Anaconda 国内源

图 4 - 45　使用记事本打开 Anaconda 配置文件".condarc"

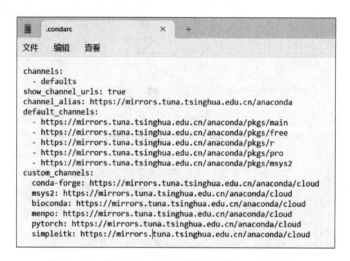

图 4 - 46　修改 Anaconda 配置文件".condarc"内容

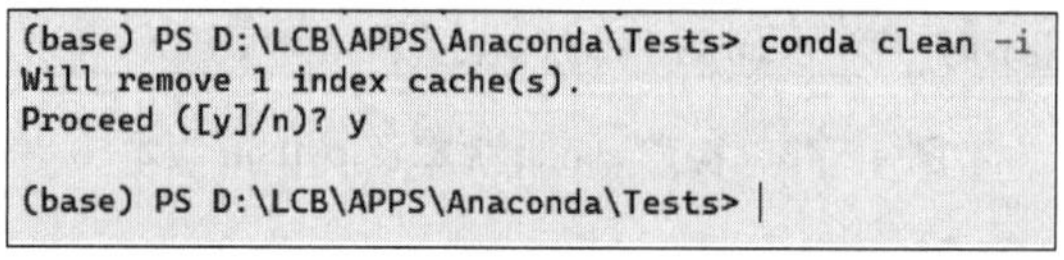

```
(base) PS D:\LCB\APPS\Anaconda\Tests> conda clean -i
Will remove 1 index cache(s).
Proceed ([y]/n)? y

(base) PS D:\LCB\APPS\Anaconda\Tests> |
```

图 4 - 47　执行命令"conda clean - i"

5. 创建和管理软件开发运行环境

为了满足不同软件开发环境的需求,在 Anaconda Navigator 中,可以创建不同的、独立的 Python 环境,以便在其中安装特定的包和库,而不影响其他环境。使用"conda"命令或者在 Anaconda Navigator 的环境界面中,用户可以搜索、安装、更新和卸载各种 Python 软件包,极大地方便了基于 Python 的各级各类软件开发或软件运行的需求。

如图 4 - 48 所示,运行"conda create -n TestAnaconda python==3.11.3"指令,创建新的 Python 环境"TestAnaconda"。同时,利用"conda activate TestAnaconda"可激活并进入所创建的软件开发环境(图 4 - 49)。

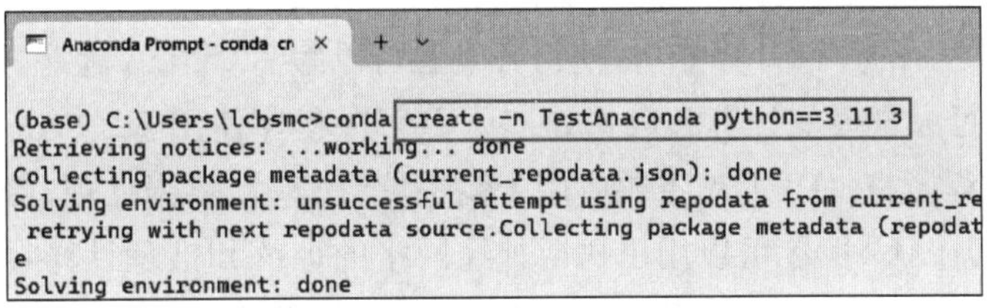

图 4-48　创建新的 Python 环境"TestAnaconda"

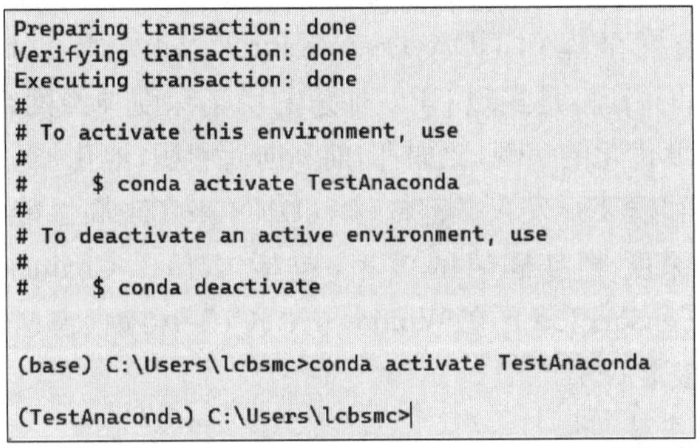

图 4-49　激活新创建的 Python 运行环境

如图 4-50 所示，在 Python 提示符下，尝试运行一些基本的 Python 代码，例如，print("Hello，Anaconda!")。如果用户看到输出"Hello，Anaconda!"，那就表示 Anaconda 已安装成功。

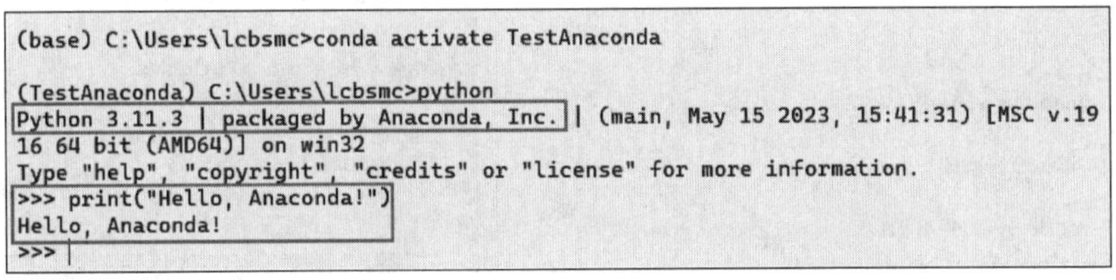

图 4-50　在运行环境中测试 Python 语句执行情况

4.1.5　深度学习中 GPU 相关软件的安装及配置

在训练人工智能深度学习模型时，使用图形处理器（Graphics Processing Unit，GPU）可以显著缩短训练时间。例如，训练一个复杂的 CNN 模型，在 GPU 上可能只需要几小时，而在 CPU 上则可能需要几天时间。因此，如果笔记本电脑或台式电脑具备高品质的显卡 GPU，可以安装及配置 GPU 相关软件，使得人工智能深度学习模型的训练可以使用 GPU。

统一计算设备架构（Compute Unified Device Architecture，CUDA）是由 NVIDIA 开

发的并行计算平台和 API 模型,允许开发者利用 NVIDIA 的 GPU 进行并行处理和计算。CUDA 利用了 GPU 的并行计算能力,使得开发者可以编写 CUDA 程序,这些程序可以在 GPU 上运行,进行大规模的计算和数据处理。CUDA 程序使用 C/C++语言编写,因此它是一种高级编程语言。CUDA 主要应用于高性能计算、大数据处理、深度学习等领域。例如,在深度学习中,CUDA 可以用于执行神经网络的训练和推理计算,从而大大加速了深度学习的训练速度。在使用 CUDA 时,需要有一个支持 CUDA 的 NVIDIA GPU,同时需要安装 CUDA 工具包和相应的驱动程序。此外,开发者还需要掌握 CUDA 编程的知识和技能,包括 GPU 架构、CUDA 编程模型、CUDA 核函数、内存管理等。

CUDA 深度神经网络库(CUDA Deep Neural Network, cuDNN)基于 NVIDIA CUDA ®®深度神经网络库,是实现 GPU 加速的用于深度神经网络的原语库。cuDNN 为标准例程提供了高度优化的实现,比如,向前和向后卷积、池化、规范化和激活层。全球的深度学习研究人员和框架开发人员都依赖 cuDNN 来实现高性能 GPU 加速。cuDNN 加快了广泛使用的深度学习框架的效率,包括 Caffe2,Chainer,Keras,MATLAB,MxNet,PyTorch 和 TensorFlow。在 Windows 中,CUDA 编程模型依赖于 Visual Studio (VS),所以首先需要安装 VS。

1. Visual Studio 安装

CUDA 安装需要 Visual Studio 中 C++开发环境的支持,有两种方法:一是安装 Visual Studio,二是只下载需要的那个包,比如 Visual C++ 2017。如图 4-51 所示,在 Windows 环境下通过安装 Visual Studio 来给 CUDA 提供安装及开发环境。

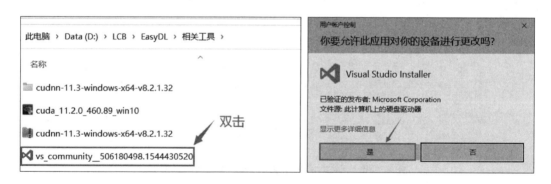

图 4-51　Windows 下双击安装 VS_Community 软件包

如图 4-52 所示,安装 Visual Studio 为安装 CUDA 软件奠定基础,进入 Visual Studio 安装界面并执行"继续"操作。等待"Visual Studio Installer"完成相关软件库的下载(图 4-53),并进入安装详细信息展示界面(图 4-54)。密切关注 Visual Studio 安装进程状态信息(图 4-55),当 Visual Studio 安装完毕欢迎界面出现时,点击"以后再说"按钮(图 4-56)。进而,在 Visual Studio 安装完毕欢迎界面,配置工作界面主题颜色(图 4-57)。查看 Visual Studio 工作界面起始页(图 4-58),并继续关闭、退出 Visual Studio 工作界面(图 4-59)。

图 4 – 52　安装 Visual Studio 为安装 CUDA 软件奠定基础

图 4 – 53　安装 Visual Studio 过程中下载相关软件

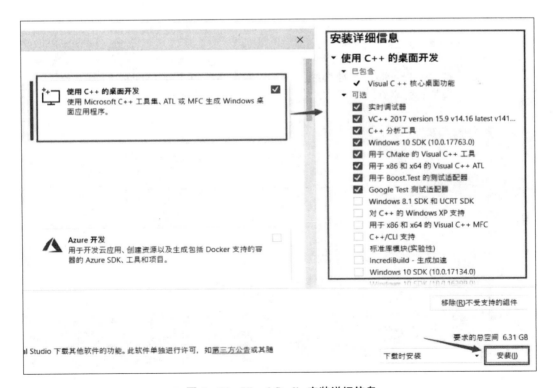

图 4 – 54　Visual Studio 安装详细信息

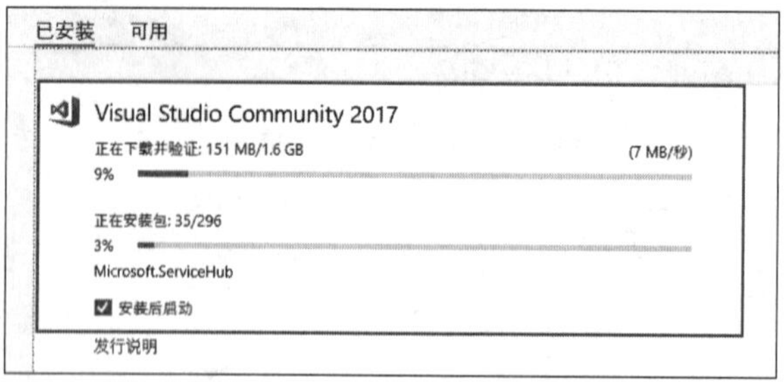

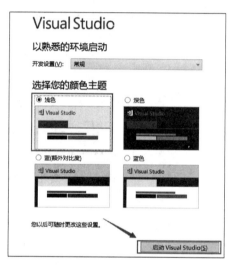

图 4 - 55　Visual Studio 安装进程状态信息

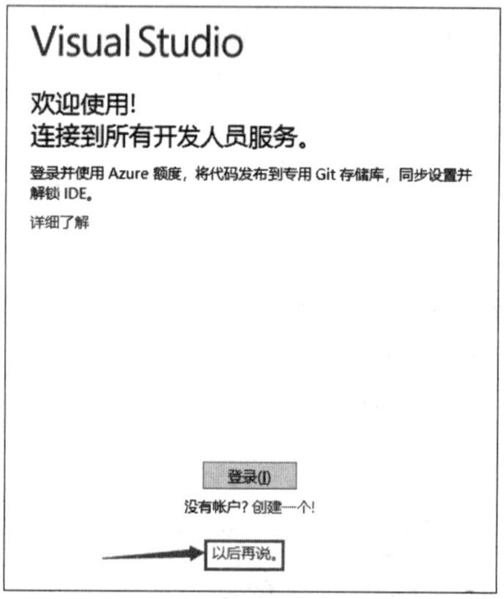

**图 4 - 56　在 Visual Studio 安装完毕欢迎
界面点击"以后再说"按钮**

**图 4 - 57　在 Visual Studio 安装完毕欢迎
界面配置工作界面主题颜色**

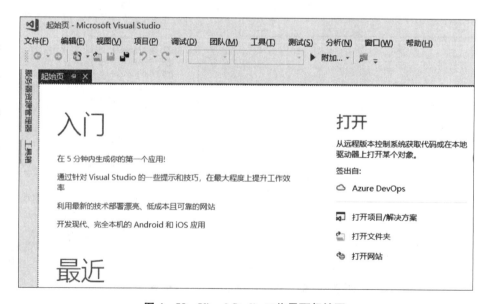

图 4 - 58　Visual Studio 工作界面起始页

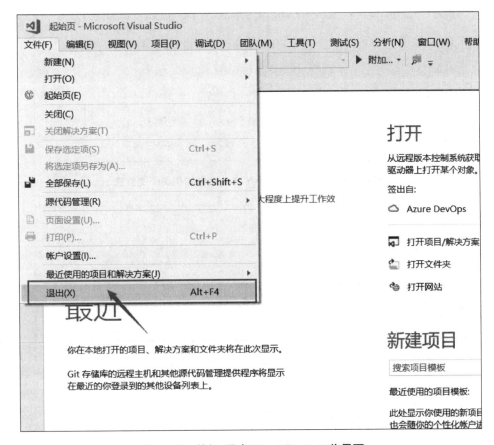

图 4-59　关闭、退出 Visual Studio 工作界面

2. 安装 CUDA

如图 4-60 所示,重启电脑后解压 cuDNN 压缩包,为安装 CUDA 软件做准备。解压后的 cuDNN 软件包内含"bin、include、lib"子文件夹(图 4-61),这些子文件夹将被拷贝到安装后的 CUDA 相关的子文件夹中。如图 4-62 所示,双击安装 CUDA 软件。在安装 CUDA 时,若出现"用户账户控制"窗口,点击"是"(图 4-63)。

此电脑 › Data (D:) › LCB › EasyDL › 相关工具			
名称 ^	修改日期	类型	大小
cudnn-11.3-windows-x64-v8.2.1.32	2023/9/21 21:00	文件夹	
cuda_11.2.0_460.89_win10	2023/9/20 23:53	应用程序	2,892,908 KB
cudnn-11.3-windows-x64-v8.2.1.32	2023/9/21 0:26	360压缩 ZIP 文件	764,144 KB

图 4-60　将 cuDNN 压缩包解压

图 4-61　解压后的 cuDNN 文件夹内的相关子文件夹

图 4-62　双击 CUDA 执行文件启动安装进程

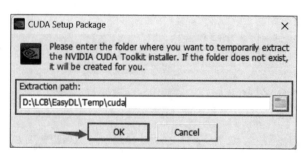

图 4-63　在安装 CUDA 执行文件跳出的窗口中点击"是"

　　如图 4-64 所示,在 CUDA 安装过程中使用临时文件夹进行解压,并查看解压中的临时文件夹(图 4-65)。继而在 CUDA 安装许可协议界面,点击执行"同意并继续"按钮(图 4-66)。

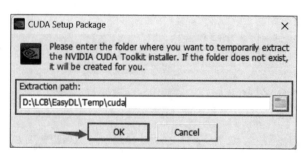

图 4-64　在 CUDA 安装过程中使用临时文件夹进行解压

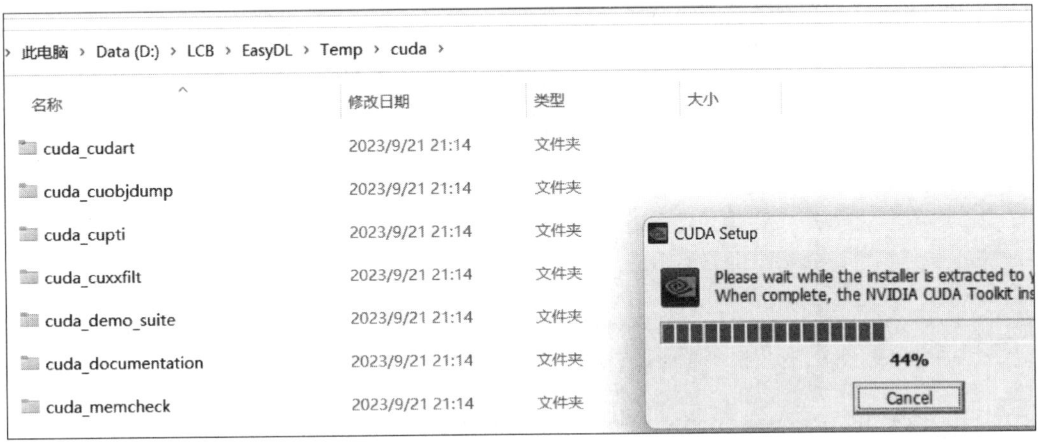

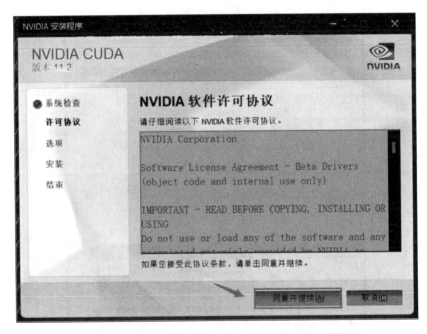

图 4-65   CUDA 安装过程中临时文件夹解压中

图 4-66   CUDA 安装过程中点击执行"同意并继续"按钮

如图 4-67 所示,在 CUDA 安装过程中点击执行"下一步"按钮,并查看安装进行状态(图 4-68)。如图 4-69 所示,查看 Cuda 安装完成后出现的所安装软件小结,并执行"下一步"操作。

如图 4-70 界面,在 CUDA 安装完成界面,确认是否创建桌面快捷方式及是否启动 NVIDIA GeForce Experience 选项,并点击"关闭"按钮。

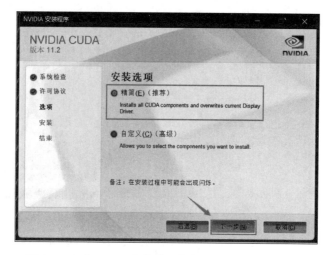

图 4-67 在 CUDA 安装过程中点击执行"下一步"按钮

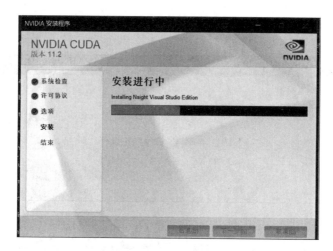

图 4-68 CUDA 安装进行中

图 4-69 CUDA 安装完成后给出的所安装软件小结

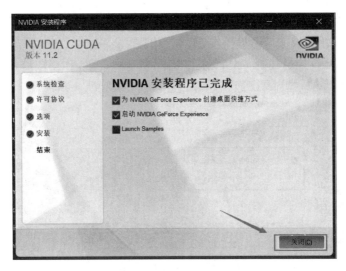

图 4 - 70　CUDA 安装完成后点击"关闭"按钮

CUDA 安装完成后进入"NVIDIA 隐私政策"界面点击"同意并继续"按钮。
然后,关闭安装界面。

3. 配置 cuDNN

如图 4 - 71 所示,将 cuDNN 子文件夹 bin 中的所有库文件拷贝到所安装的 CUDA
软件的子文件夹 bin 中。

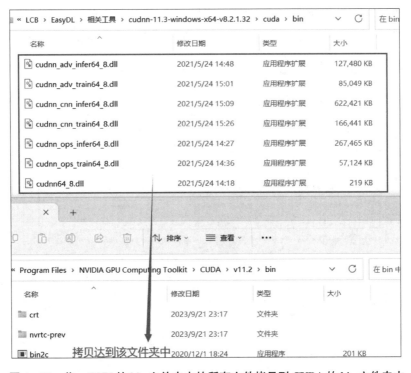

图 4 - 71　将 cuDNN 的 bin 文件夹中的所有文件拷贝到 CUDA 的 bin 文件夹中

　　在 cuDNN 的 bin 文件夹中的所有文件拷贝过程中,跳出"目标文件夹访问被拒绝"窗口,点击"继续"按钮完成文件拷贝操作(图 4-72)。

图 4-72　"目标文件夹访问被拒绝"窗口操作选择

　　以同样的方式,将 cuDNN 的 include 文件夹中的所有文件拷贝到 CUDA 的 include 文件夹中(图 4-73)。类似地,将 cuDNN 的 lib×64 文件夹中的所有文件拷贝到 CUDA 的 lib×64 文件夹中(图 4-74)。到此时,CUDA 与 cuDNN 安装完毕,重启电脑。

图 4-73　将 cuDNN 的 include 文件夹中的所有文件拷贝到 CUDA 的 include 文件夹中

图4-74　将 cuDNN 的 lib 下的×64 文件夹中的所有文件拷贝到 Cuda 的 lib 下的×64 文件夹中

4. 测试 PyTorch 及 GPU 支持

要测试 PyTorch 是否已正确安装并且支持 GPU,需要先创建支持 PyTorch 的运行环境。按照图4-48及图4-49所示的步骤,执行下述命令,创建 Python 运行环境 TestPytorchEnv。

```
conda create -n TestPytorchEnv python == 3.8.5
conda activate TestPytorchEnv
conda config --add channels https://mirrors.bfsu.edu.cn/anaconda/cloud/pytorch/
conda install pytorch == 1.8.0 torchvision torchaudio cudatoolkit = 10.2
```

在 PyCharm 工作界面,执行"File—New—Project File"操作,创建一个新的 Python 项目。在该项目中,鼠标右击项目名称,新建文件"TestPyTorchGPU.py"(图4-75)。

同时,在 PyCharm 工作界面,选择执行"File—Settings—Project—Python Interpreter"操作,并在 Settings 配置窗口中,选择新创建的 Python 运行环境"TestPytorchEnv"中的"python.exe"(图4-76)。如图4-77所示,在"TestPyTorchGPU.py"文件中添加 GPU 相关测试语句,保存修改之后,鼠标右击运行"TestPyTorchGPU.py"文件(图4-78),运行输出结果(图4-79)。

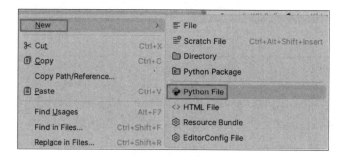

图 4-75 在已打开的 PyTorch 项目中添加新的 GPU 安装测试文件

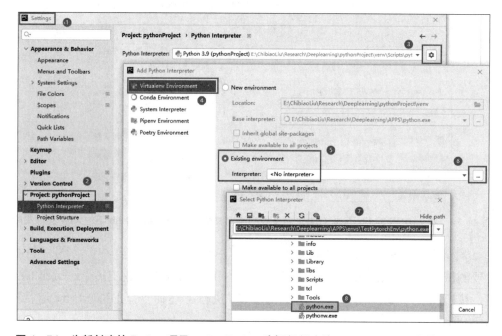

图 4-76 为新创建的 Python 项目 pythonProject 选择新创建的 TestPytorchEnv 中的 python.exe

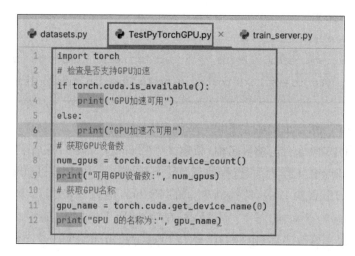

图 4-77 "TestPyTorchGPU.py"中的 GPU 相关的测试语句

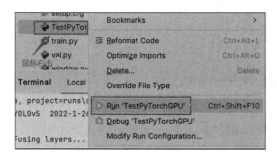

| 图 4 - 78　鼠标右击运行"TestPyTorchGPU.py"文件 | 图 4 - 79　"TestPyTorchGPU.py"文件运行输出结果 |

4.1.6　Python 人工智能编程测试

1. 创建 Python 测试环境

如图 4 - 80 所示,执行"conda create -n Python-AI-Tests python＝＝3.11.3"指令,创建 Python 环境"Python-AI-Tests",然后激活"Python-AI-Tests"测试环境(图 4 - 81)。

```
(base) C:\Users>conda create -n Python-AI-Tests python==3.11.3
Retrieving notices: ...working... done
Collecting package metadata (current_repodata.json): done
Solving environment: unsuccessful attempt using repodata from curi
.json, retrying with next repodata source.
Collecting package metadata (repodata.json): done
Solving environment: done
```

图 4 - 80　Anaconda 创建"Python-AI-Tests"测试环境

```
Preparing transaction: done
Verifying transaction: done
Executing transaction: done
#
# To activate this environment, use
#
#     $ conda activate Python-AI-Tests
#
# To deactivate an active environment, use
#
#     $ conda deactivate

(base) C:\Users>
```

图 4 - 81　激活"Python-AI-Tests"测试环境

2. 安装人工智能数据处理相关软件

如图 4 - 82 所示,在"Python-AI-Tests"环境中安装 numpy 工具包,并查看 numpy 工具包安装完成情况(图 4 - 83)。

如图 4 - 84 所示,在"Python-AI-Tests"环境中安装 pandas 工具包,并查看 pandas 工具包安装完成情况(图 4 - 85)。

```
(Python-AI-Tests) C:\Users>conda install numpy
Collecting package metadata (current_repodata.json): done
Solving environment: done

==> WARNING: A newer version of conda exists. <==
  current version: 23.7.4
  latest version: 23.9.0
```

图 4－82　在"Python-AI-Tests"环境中安装 numpy 工具包

```
Downloading and Extracting Packages

Preparing transaction: done
Verifying transaction: done
Executing transaction: done

(Python-AI-Tests) C:\Users>
```

图 4－83　在"Python-AI-Tests"环境中完成 numpy 工具包安装

```
(Python-AI-Tests) C:\Users>conda install pandas
Collecting package metadata (current_repodata.json): done
Solving environment: done

==> WARNING: A newer version of conda exists. <==
  current version: 23.7.4
  latest version: 23.9.0
```

图 4－84　在"Python-AI-Tests"环境中安装 pandas 工具包

```
(Python-AI-Tests) C:\Users>python
Python 3.11.3 | packaged by Anaconda,
C v.1916 64 bit (AMD64)] on win32
Type "help", "copyright", "credits" or
>>> import pandas
>>> pandas.__version_
'2.0.3'
>>>
```

图 4－85　在"Python-AI-Tests"环境中完成 pandas 工具包安装

　　如图 4－86 所示，在"Python-AI-Tests"环境中安装 scikit-learn 工具包，并查看 scikit-learn 工具包完成情况（图 4－87）。

```
(Python-AI-Tests) C:\Users>conda install scikit-learn
Collecting package metadata (current_repodata.json): done
Solving environment: done
```

图 4－86　在"Python-AI-Tests"环境中安装 scikit-learn 工具包

```
(Python-AI-Tests) C:\Users>python
Python 3.11.3 | packaged by Anaconda,
C v.1916 64 bit (AMD64)] on win32
Type "help", "copyright", "credits" or
>>> import sklearn
>>> sklearn.__version__
'1.2.2'
>>>
```

图 4‑87　在"Python‑AI‑Tests"环境中完成 scikit‑learn 工具包安装

如图 4‑88 所示,在"Python-AI-Tests"环境中安装 matplotlib 工具包,并查看 matplotlib 工具包完成情况(图 4‑89)。

```
(Python-AI-Tests) C:\Users>conda install matplotlib
Collecting package metadata (current_repodata.json): done
Solving environment: done
```

图 4‑88　在"Python‑AI‑Tests"环境中安装 matplotlib 工具包

```
(Python-AI-Tests) C:\Users>python
Python 3.11.3 | packaged by Anaconda,
C v.1916 64 bit (AMD64)] on win32
Type "help", "copyright", "credits" or
>>> import matplotlib
>>> matplotlib.__version__
'3.7.2'
>>>
```

图 4‑89　在"Python‑AI‑Tests"环境中完成 matplotlib 工具包安装

3. 测试人工智能数据处理相关软件

如图 4‑90 所示,在 PyCharm 中创建新的项目,选择新建项目存储路径并启动配置 Python Interpreter(图 4‑91)。

如图 4‑92、图 4‑93 所示,在新建项目中选择 Anaconda 所创建"Python-AI-Tests"环境中的 python.exe,并确认所选择的项目存放路径及 python.exe(图 4‑94)。

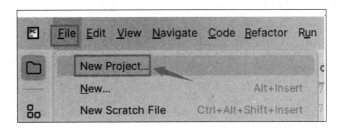

图 4‑90　PyCharm 中创建新的项目

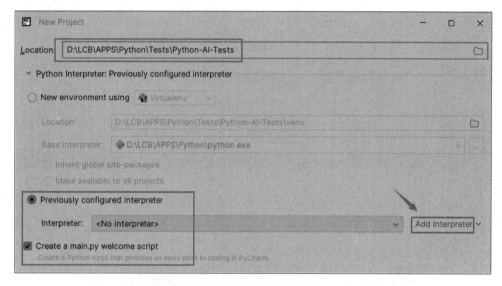

图 4-91　选择新建项目存储路径并启动配置 Python Interpreter

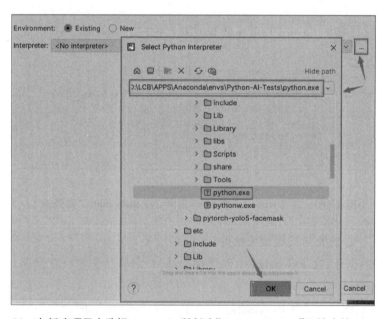

图 4-92　在新建项目中选择 Anaconda 所创建"Python-AI-Tests"环境中的 python.exe

图 4-93　确认选择"Python-AI-Tests"环境中的 python.exe

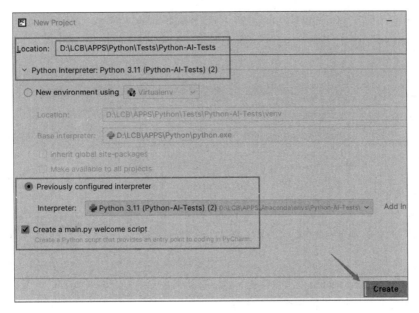

图 4 - 94　确认所选择的项目存放路径及 python.exe

如图 4 - 95 所示，运行新创建文件"main.py"，并查看运行输出结果（图 4 - 96）。

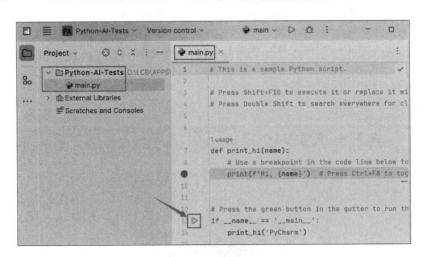

图 4 - 95　运行新创建文件"main.py"

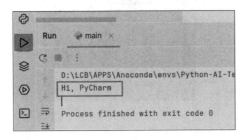

图 4 - 96　"main.py"文件运行输出结果

如图 4－97 所示，在“TestImage.py”文件中添加测试 Python 绘图相关源代码，保存并运行“main.py”(图 4－98)。

TestPyTorchGPU.py × TestNumPy.py × TestImage.py ×

```python
from PIL import Image
from pylab import *
# 读取图像到数组中
im = array(Image.open('empire1.jpg'))
# 绘制图像
imshow(im)
# 一些点
x = [100,100,400,400]
y = [200,500,200,500]
# 使用红色星状标记绘制点
plot(x,y,'r*')
# 绘制连接前两个点的线
plot(x[:2],y[:2])
# 添加标题，显示绘制的图像
title('Plotting: "empire.jpg"')
show()
```

图 4－97 测试 Python 绘图相关源代码

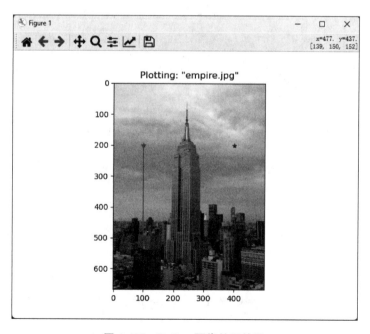

图 4－98 Python 图像处理结果

4.2 数据处理工具

4.2.1 NumPy

NumPy(Numerical Python)是一个用于处理数组和矩阵运算的 Python 库。它提供了一个强大的多维数组对象,以及许多用于操作这些数组的函数。NumPy 是数据科学和数值计算领域的基础库之一,许多其他 Python 库(如 Pandas、SciPy 等)都是建立在 NumPy 之上的。如图 4-99、图 4-100 所示,在"Python-AI-Tests"环境中创建新的 Python 文件"TestNumPy.py"。

图 4-99　在"Python-AI-Tests"环境中创建新的 Python 文件

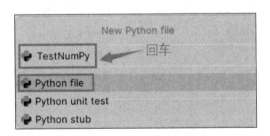

图 4-100　在"Python-AI-Tests"环境中创建"TestNumPy.py"文件

NumPy 的 arange 函数与 Python 的 range 函数功能类似。参数都是开始值、结束值和步长。不过相较于 Python 的 range,NumPy 的步长可以为浮点数。

如图 4-101 所示,在"TestNumPy.py"文件中添加测试 NumPy 源代码,并进行保存。右击"TestNumPy.py"并执行"Run'TestNumPy'"操作(图 4-102),查看输出结果(图 4-103)。

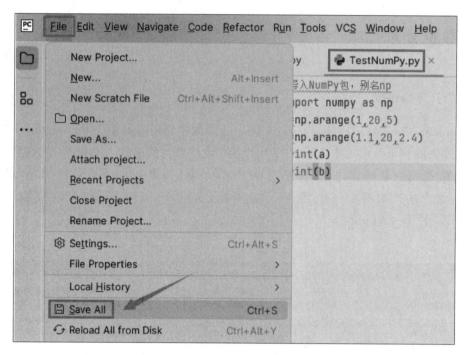

图 4 - 101 在"TestNumPy.py"中添加 NumPy 相关代码并保存

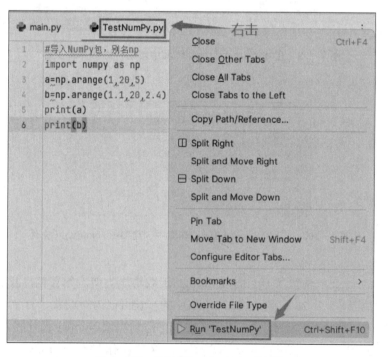

图 4 - 102 运行"TestNumPy.py"文件

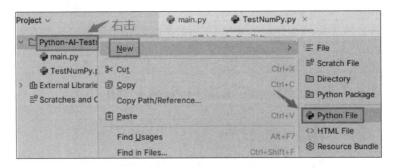

图 4－103 "TestNumPy.py"的输出结果

4.2.2 Pandas

Pandas 是一个基于 NumPy 的数据处理库,提供了易于使用的数据结构和数据分析工具,特别适用于处理结构化数据。它是数据科学和数据分析领域的重要工具之一。Pandas 提供了一个称为 DataFrame 的二维数据结构,类似于电子表格或数据库表格,可用标签(行和列)来访问数据。

如图 4－104、图 4－105 所示,右击项目添加新的 Python 文件,并命名为"TestPandas.py"。

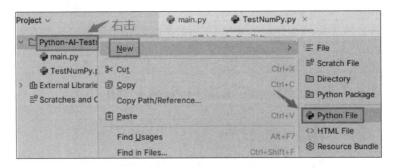

图 4－104 在"Python-AI-Tests"环境中创建 Pandas 相关文件

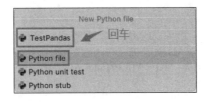

图 4－105 创建"TestPandas.py"文件

iterrows()方法允许逐行遍历 DataFrame,并返回每一行的索引和数据。如图 4－106 所示,将测试 Pandas 数据处理库的源代码添加到"TestPandas.py",并保存。

右击"TestPandas.py"并执行"Run TestPandas.py"操作(图 4－107),查看输出结果(图 4－108)。

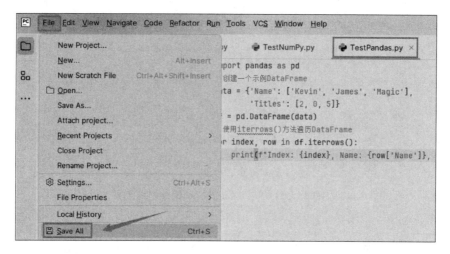

图 4–106　在"TestPandas.py"中添加 Pandas 相关代码并保存

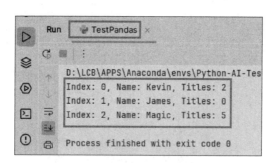

图 4–107　运行"TestPandas.py"文件

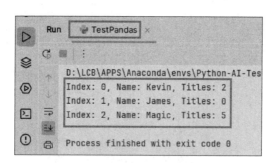

图 4–108　"TestPandas.py"的输出结果

4.2.3　Scikit-learn

Scikit-learn 是一个用于机器学习的 Python 库，它提供了各种机器学习算法和工具，可以用于分类、回归、聚类、降维、模型选择等任务。它是开源的，并且在 Python 的生态系统中得到了广泛的应用。如图 4–109 所示，创建"TestScikit-learn.py"文件，并将 Scikit-learn 相关测试源代码添加到该文件并进行保存（图 4–110）。

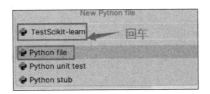

图 4-109　创建"TestScikit-learn.py"文件

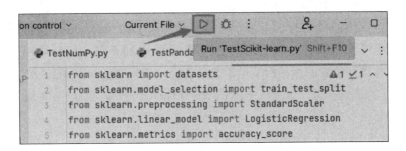

图 4-110　在"TestScikit-learn.py"中添加 Scikit-learn 相关代码并保存

执行"Run TestPandas.py"操作(图 4-111),查看输出结果(图 4-112)。

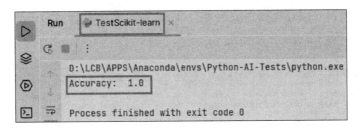

图 4-111　运行"TestScikit-learn.py"文件

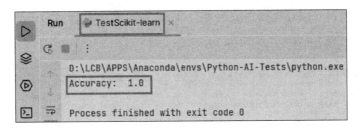

图 4-112　"TestScikit-learn.py"的输出结果

4.3 深度学习框架

深度学习框架是用于设计、训练和部署深度神经网络模型的软件工具集。它们提供了一系列的 API 和工具，使得开发者可以方便地构建和训练各种类型的神经网络模型。

4.3.1 PyTorch

PyTorch 是一个基于 Python 的开源机器学习库，它提供了强大的张量计算（tensor computation）和深度学习模块，使得构建和训练神经网络变得非常便捷。PyTorch 使用动态计算图（Dynamic Computation Graph），使得在模型构建过程中可以实时地进行计算和调试。PyTorch 提供了自动求导（Automatic Differentiation）的功能，可以自动计算梯度，使得训练神经网络变得更加方便。PyTorch 提供了丰富的模块和层（如线性层、卷积层、循环层等），使得构建神经网络变得更加容易。PyTorch 支持在 GPU 上进行张量计算，从而加速模型的训练过程。PyTorch 提供了丰富的数据处理工具，可以轻松处理不同类型的数据，如图像、文本、时间序列等。PyTorch 提供了许多预训练的模型（如 ResNet、BERT 等），可以用于迁移学习，加速特定任务的训练过程。PyTorch 提供了强大而灵活的工具，使得在深度学习领域进行研究和实践变得非常便捷。PyTorch 被许多研究人员和工程师广泛使用，是许多研究领域的首选工具之一。

YOLOv5（You Only Look Once version 5）是一种目标检测算法，它可以在图像中快速准确地检测和定位多个目标。YOLOv5 通过使用强大的 backbone 网络提取图像特征，结合特征金字塔和检测头生成预测框，并通过解码和 NMS（Network Management System）处理并得到最终的目标检测结果。这种设计使得 YOLOv5 能够在速度和准确性之间取得很好的平衡。以下将建立"Pytorch-YOLOv5"开发环境，并实施"是否佩戴口罩"检测。

1. 创建测试 PyTorch 的 Python 环境

如图 4-113 所示，执行"conda create -n pytorch-yolo5-facemask python==3.8.5"指令，创建 pytorch-yolo5-facemask 软件研发测试 PyTorch 环境。如图 4-114 所示，基于 Anaconda 创建项目开发环境所需安装相关文件，最后完成创建"Pytorch-YOLOv5"口罩佩戴检测项目运行环境（图 4-115）。

```
(base) PS D:\LCB\APPS\Anaconda\Tests>conda create -n pytorch-yolo5-facemask python==3.8.5
Collecting package metadata (current_repodata.json): done
Solving environment: unsuccessful attempt using repodata from current_repodata.json, retryi
Collecting package metadata (repodata.json): done
Solving environment: done
```

图 4-113　Anaconda 创建 PyTorch YOLO5 口罩佩戴检测项目运行环境

```
Anaconda Powershell Prompt  X   +  ∨

ca-certificates        pkgs/main/win-64::ca-certificates-2023.08.22-haa95532_0
openssl                pkgs/main/win-64::openssl-1.1.1w-h2bbff1b_0
pip                    pkgs/main/win-64::pip-23.2.1-py38haa95532_0
python                 pkgs/main/win-64::python-3.8.5-h5fd99cc_1
setuptools             pkgs/main/win-64::setuptools-68.0.0-py38haa95532_0
sqlite                 pkgs/main/win-64::sqlite-3.41.2-h2bbff1b_0
vc                     pkgs/main/win-64::vc-14.2-h21ff451_1
vs2015_runtime         pkgs/main/win-64::vs2015_runtime-14.27.29016-h5e58377_2
wheel                  pkgs/main/win-64::wheel-0.41.2-py38haa95532_0


Proceed ([y]/n)? y
```

图 4‐114　基于 Anaconda 创建项目开发环境所需安装相关文件

```
Downloading and Extracting Packages

Preparing transaction: done
Verifying transaction: done
Executing transaction: done
#
# To activate this environment, use
#
#     $ conda activate pytorch-yolo5-facemask
#
# To deactivate an active environment, use
#
#     $ conda deactivate

(base) PS D:\LCB\APPS\Anaconda\Tests>
```

图 4‐115　成功创建"PyTorch-YOLOv5"口罩佩戴检测项目运行环境

2. 配置 PyTorch 开发环境

正确配置 Python 开发环境,是实现 PyTorch 深度学习项目开发的关键。如图 4‐116 所示,运行下列指令,来完成 pytorch-yolo5-facemask 开发环境的 PyTorch 相关配置。

指令一：conda activate pytorch-yolo5-facemask

然后,在 pytorch-yolo5-facemask 环境下,进行下述配置与 pytorch 软件包安装。

指令二：conda config －－ add channels https：//mirrors.bfsu.edu.cn/anaconda/cloud/ pytorch/

指令三：conda install pytorch＝＝1.8.0 torchvision torchaudio cudatoolkit＝10.2

注意指令三中指定了 PyTorch 的版本和 CUDA 的版本。

```
(base) PS D:\LCB\APPS\Anaconda\Tests> conda activate pytorch-yolo5-facemask
(pytorch-yolo5-facemask) PS D:\LCB\APPS\Anaconda\Tests> conda config --add c
hannels https://mirrors.bfsu.edu.cn/anaconda/cloud/pytorch/
(pytorch-yolo5-facemask) PS D:\LCB\APPS\Anaconda\Tests> conda install pytorc
h==1.8.0 torchvision torchaudio cudatoolkit=10.2
Collecting package metadata (current_repodata.json): done
Solving environment: unsuccessful initial attempt using frozen solve. Retryi
ng with flexible solve.
Collecting package metadata (repodata.json): done
Solving environment: done
```

图 4‐116　激活所创建的 pytorch-yolo5-facemask 运行环境并安装 PyTorch 相关软件包

如图 4 - 117 所示，基于 Anaconda 安装 PyTorch 相关软件包，并查看成功安装 PyTorch 相关软件包的信息（图 4 - 118）。

```
 pytorch              anaconda/cloud/pytorch/win-64::pytorch-1.8.0-py3.8_cuda
10.2_cudnn7_0
  tbb                pkgs/main/win-64::tbb-2021.8.0-h59b6b97_0
  tk                 pkgs/main/win-64::tk-8.6.12-h2bbff1b_0
  torchaudio         anaconda/cloud/pytorch/win-64::torchaudio-0.8.0-py38
  torchvision        anaconda/cloud/pytorch/win-64::torchvision-0.9.0-py38_c
u102
  typing_extensions  pkgs/main/win-64::typing_extensions-4.7.1-py38haa95532_
0
  xz                 pkgs/main/win-64::xz-5.4.2-h8cc25b3_0
  zlib               pkgs/main/win-64::zlib-1.2.13-h8cc25b3_0
  zstd               pkgs/main/win-64::zstd-1.5.5-hd43e919_0

Proceed ([y]/n)? y
```

图 4 - 117　基于 Anaconda 安装 PyTorch 相关软件包

```
Preparing transaction: done
Verifying transaction: done
Executing transaction: done
(pytorch-yolo5-facemask) PS D:\LCB\APPS\Anaconda\Tests>
```

图 4 - 118　PyTorch 相关软件包安装成功

如图 4 - 119 所示，执行 Python 及 PyTorch 相关的指令，验证 pytorch-yolo5-facemask 的相关开发环境是否搭建成功。

```
(pytorch-yolo5-facemask) PS D:\LCB\APPS\Anaconda\Tests> cd ..
(pytorch-yolo5-facemask) PS D:\LCB\APPS\Anaconda> cd ..
(pytorch-yolo5-facemask) PS D:\LCB\APPS> cd ..
(pytorch-yolo5-facemask) PS D:\LCB> python
Python 3.8.5 (default, Sep 3 2020, 21:29:08) [MSC v.1916 64 bit (AMD64)] ::
 Anaconda, Inc. on win32
Type "help", "copyright", "credits" or "license" for more information.
>>> import torch
>>> print(torch.__version__)
1.8.0
>>> print(torch.cuda.is_available())
True
>>>
```

图 4 - 119　检测 PyTorch 版本信息，验证相关开发环境是否搭建成功

如图 4 - 120 所示，将测试 PyTorch 及 YOLOv5 目标检测算法所使用的源代码及相关数据压缩包"yolov5-mask-42-master.zip"，解压到指定的文件夹，并查看文件夹中的相关文件（图 4 - 121）。文件夹"yolov5-mask-42-master"将被 PyCharm 作为一个 Python 项目打开，并进行相关 PyTorch 及 YOLOv5 应用测试。

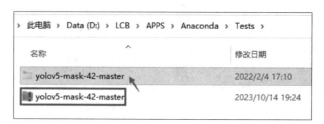

图 4 - 120　解压缩"yolov5-mask-42-master"文件

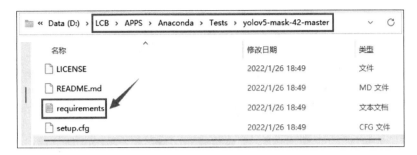

图 4‑121　检测"yolov5‑mask‑42‑master"文件夹中的"requirements.txt"文件

如图 4‑122 所示，在"pytorch‑yolo5‑facemask"环境下，进行相关配置与软件包安装。

```
(pytorch-yolo5-facemask) PS D:\LCB> pip config set global.index-url https://
mirrors.ustc.edu.cn/pypi/web/simple
Writing to C:\Users\          \AppData\Roaming\pip\pip.ini
(pytorch-yolo5-facemask) PS D:\LCB>
```

图 4‑122　配置 pip 安装相关 URL 参数

如图 4‑123 所示，运行"pip install pycocotools‑windows"指令并安装相关软件。

```
Installing collected packages: zipp, six, pyparsing, packaging, kiwisolver,
fonttools, cython, cycler, contourpy, python-dateutil, importlib-resources,
matplotlib, pycocotools-windows
Successfully installed contourpy-1.1.1 cycler-0.12.1 cython-3.0.3 fonttools-
4.43.1 importlib-resources-6.1.0 kiwisolver-1.4.5 matplotlib-3.7.3 packaging
-23.2 pycocotools-windows-2.0.0.2 pyparsing-3.1.1 python-dateutil-2.8.2 six-
1.16.0 zipp-3.17.0
(pytorch-yolo5-facemask) PS D:\LCB>
```

图 4‑123　安装 pycocotools‑windows 软件包

如图 4‑124 所示，在特定文件夹"D:\LCB\APPS\Anaconda\Tests\yolov5‑mask‑42‑master＞"中运行指令"pip install ‑r requirements.txt"，查看安装成功信息（图 4‑125）。

如图 4‑126 所示，在"pytorch‑yolo5‑facemask"环境下，执行"pip install pyqt5"指令，继续安装 pyqt5 软件，查看安装成功信息（图 4‑127）。

```
(pytorch-yolo5-facemask) PS D:\LCB\APPS> cd Anaconda
(pytorch-yolo5-facemask) PS D:\LCB\APPS\Anaconda> cd Tests
(pytorch-yolo5-facemask) PS D:\LCB\APPS\Anaconda\Tests> cd yolov5-mask-42-master
(pytorch-yolo5-facemask) PS D:\LCB\APPS\Anaconda\Tests\yolov5-mask-42-master> pip
install -r requirements.txt
Looking in indexes: https://mirrors.ustc.edu.cn/pypi/web/simple
Requirement already satisfied: matplotlib>=3.2.2 in d:\lcb\apps\anaconda\envs\pyto
rch-yolo5-facemask\lib\site-packages (from -r requirements.txt (line 4)) (3.7.3)
```

图 4‑124　安装"requirements.txt"文件所描述软件包

```
ard
Successfully installed MarkupSafe-2.1.3 PyYAML-6.0.1 ab
sl-py-2.0.0 cachetools-5.3.1 certifi-2023.7.22 charset-
normalizer-3.3.0 colorama-0.4.6 google-auth-2.23.3 goog
le-auth-oauthlib-1.0.0 grpcio-1.59.0 idna-3.4 importlib
-metadata-6.8.0 markdown-3.5 oauthlib-3.2.2 opencv-pyth
on-4.8.1.78 pandas-2.0.3 protobuf-4.24.4 pyasn1-0.5.0 p
yasn1-modules-0.3.0 pytz-2023.3.post1 requests-2.31.0 r
equests-oauthlib-1.3.1 rsa-4.9 scipy-1.10.1 seaborn-0.1
3.0 tensorboard-2.14.0 tensorboard-data-server-0.7.1 th
op-0.1.1.post2209072238 tqdm-4.66.1 tzdata-2023.3 urlli
b3-2.0.6 werkzeug-3.0.0
(pytorch-yolo5-facemask) PS D:\LCB\APPS\Anaconda\Tests\
yolov5-mask-42-master> |
```

图 4 - 125 "requirements.txt"文件所描述软件包安装成功

```
(pytorch-yolo5-facemask) PS D:\LCB\APPS\Anaconda\Tests\yol
ov5-mask-42-master> pip install pyqt5
Looking in indexes: https://mirrors.ustc.edu.cn/pypi/web/s
imple
Collecting pyqt5
```

图 4 - 126 安装 pyqt5 软件的指令

```
Installing collected packages: PyQt5-Qt5, PyQt5-sip, pyqt5
Successfully installed PyQt5-Qt5-5.15.2 PyQt5-sip-12.13.0
pyqt5-5.15.10
(pytorch-yolo5-facemask) PS D:\LCB\APPS\Anaconda\Tests\yol
```

图 4 - 127 pyqt5 软件安装成功

3. 为 PyTorch 开发环境配置特定版本的 pillow

不合适版本的 pillow 会造成深度学习项目测试错误。如图 4 - 128 所示,执行"pip uninstall pillow",卸载"pytorch-yolo5-facemask"环境中已安装的 pillow 软件。同时,执行安装指令"pip install pillow==8.4.0 -i https://pypi.tuna.tsinghua.edu.cn/simple/",忽略安装 pillow-8.4.0 版本的兼容问题(图 4 - 129)。

```
(pytorch-yolo5-facemask) PS D:\LCB\APPS\Anaconda\Tests\yolov5-mask-42-master> pip
uninstall pillow
Found existing installation: Pillow 9.3.0
Uninstalling Pillow-9.3.0:
  Would remove:
    d:\lcb\apps\anaconda\envs\pytorch-yolo5-facemask\lib\site-packages\pil\*
    d:\lcb\apps\anaconda\envs\pytorch-yolo5-facemask\lib\site-packages\pillow-9.3.
0-py3.8.egg-info
Proceed (Y/n)? y
  Successfully uninstalled Pillow-9.3.0
```

图 4 - 128 卸载"pytorch-yolo5-facemask"环境中已安装的 pillow 软件

```
(pytorch-yolo5-facemask) PS D:\LCB\APPS\Anaconda\Tests\yolov5-mask-42-master> pip
install pillow==8.4.0 -i https://pypi.tuna.tsinghua.edu.cn/simple/
Looking in indexes: https://pypi.tuna.tsinghua.edu.cn/simple/
Collecting pillow==8.4.0
  Downloading https://pypi.tuna.tsinghua.edu.cn/packages/ff/fb/506890622e1dcddaa3b
215a6cef70d72c4e248feed0045eb52904d1ef80b/Pillow-8.4.0-cp38-cp38-win_amd64.whl (3.
2 MB)
                                                     3.2/3.2 MB 8.6 MB/s eta 0:00:00
Installing collected packages: pillow
ERROR: pip's dependency resolver does not currently take into account all the pack
ages that are installed. This behaviour is the source of the following dependency
conflicts.
scikit-image 0.21.0 requires pillow>=9.0.1, but you have pillow 8.4.0 which is inc
ompatible.
Successfully installed pillow-8.4.0           先不用管
(pytorch-yolo5-facemask) PS D:\LCB\APPS\Anaconda\Tests\yolov5-mask-42-master> cond
a deactivate
(base) PS D:\LCB\APPS\Anaconda\Tests\yolov5-mask-42-master>
```

图 4 - 129　忽略安装"pillow-8.4.0"时出现的错误

4. 安装及使用 labelimg 数据标注工具

图像标注软件 labelimg 的安装及运行需要特定版本的 Python。如图 4 - 130 所示，利用 Anaconda 构建一个特定的 Python 3.8.5 版本的环境"labelimg"并激活，即可在该环境下安装及运行 labelimg 软件(图 4 - 131)。

```
(base) C:\Users>conda create -n labelimg python==3.8.5
Collecting package metadata (current_repodata.json): done
Solving environment: unsuccessful attempt using repodata from
 next repodata source.
Collecting package metadata (repodata.json): done
Solving environment: done
```

图 4 - 130　创建安装 labelimg 软件所需要的 Python 环境

```
(base) C:\Users>conda activate labelimg

(labelimg) C:\Users>pip install labelimg -i https://pypi.tuna.tsinghua.edu.cn/
simple
Looking in indexes: https://pypi.tuna.tsinghua.edu.cn/simple
Collecting labelimg
  Using cached https://pypi.tuna.tsinghua.edu.cn/packages/c5/fb/9947097363fbbf
de3921f7cf7ce9800c89f909d26a506145aec37c75cda7/labelImg-1.8.6.tar.gz (247 kB)
  Preparing metadata (setup.py) ... done
Collecting pyqt5 (from labelimg)
```

图 4 - 131　激活所创建的 Python 环境

如图 4 - 132 所示，labelimg 软件安装成功后，在"labelimg"环境下运行 labelimg 软件，并进入 labelimg 软件的工作界面(图 4 - 133)。

```
Successfully built labelimg
Installing collected packages: PyQt5-Qt5, PyQt5-sip, lxml, pyqt5, labelimg
Successfully installed PyQt5-Qt5-5.15.2 PyQt5-sip-12.13.0 labelimg-1.8.6 lxml-
4.9.3 pyqt5-5.15.10

(labelimg) C:\Users>labelimg
[('Mask', [(30, 13), (225, 13), (225, 260), (30, 260)], None, None, False)]
[('Mask', [(51, 35), (336, 35), (336, 411), (51, 411)], None, None, False)]
[('Mask', [(12, 9), (150, 9), (150, 181), (12, 181)], None, None, False)]
[('Mask', [(23, 7), (198, 7), (198, 252), (23, 252)], None, None, False)]
[('Mask', [(16, 9), (123, 9), (123, 130), (16, 130)], None, None, False)]
[('Mask', [(11, 34), (275, 34), (275, 367), (11, 367)], None, None, False)]
```

图 4 - 132　在"labelimg"环境下运行 labelimg 软件

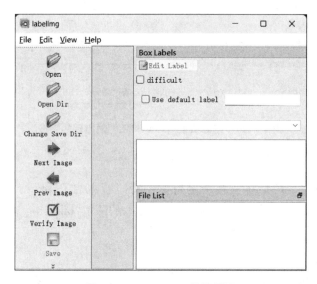

图 4 - 133　labelimg 软件界面

　　如图 4 - 134 所示,在 labelimg 软件工作界面打开需要被标注的图片文件夹。找到 labelimg 标注信息存储的"变动存储"文件夹"labels/train"(图 4 - 135)。如图 4 - 136、图 4 - 137 所示,在"images/train"文件夹中选择被标注的图片,选定"YOLO-Create RectBox"标注模式,实施图片标注、修改标注等操作。

图 4 - 134　在 labelimg 软件中打开训练文件夹"images/train"

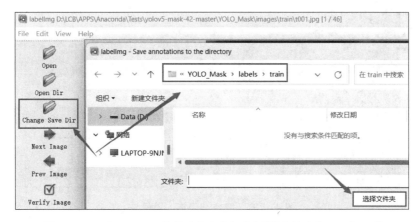

图 4 - 135 在 labelimg 软件中打开"变动存储"文件夹"labels/train"

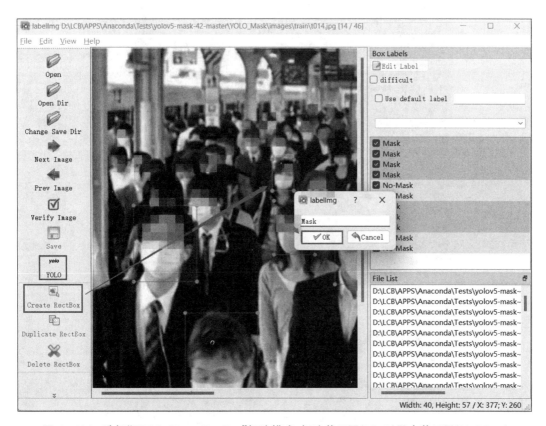

图 4 - 136 选择"YOLO-Create RectBox"标注模式,标注戴口罩(Mask)及未戴口罩(No-Mask)

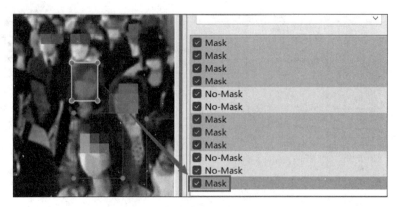

图 4 - 137　完成戴口罩人脸标注

如图 4 - 138 所示,启动 PyCharm,关闭跳出的窗口,进入 PyCharm 主工作界面,执行"File—Open"操作(图 4 - 139)。

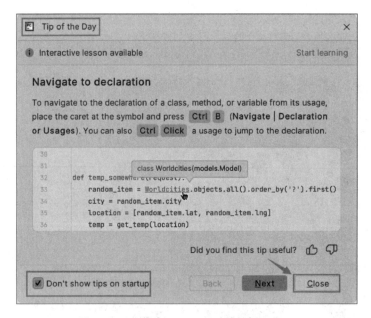

图 4 - 138　启动 PyCharm 时关闭提示窗口

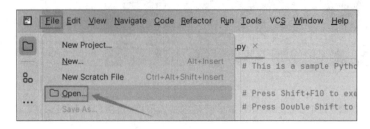

图 4 - 139　执行"File—Open"操作

如图 4 - 140 所示,打开"yolov5-mask-42-master"Pytorch-YOLO 测试项目,并在跳出的窗口中选择"Trust Project"(图 4 - 141)。在随后跳出的窗口中,选择执行"This Windows"(图 4 - 142),即可查看已打开的"yolov5-mask-42-master"项目(图 4 - 143)。

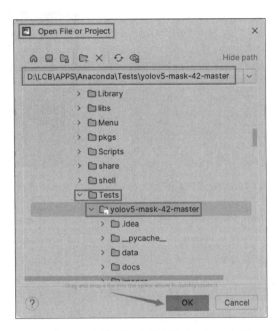

图 4 - 140　打开已有的项目文件夹"yolov5-mask-42-master"

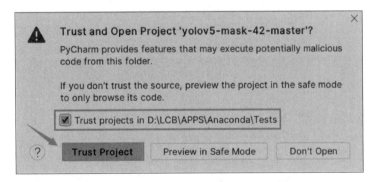

图 4 - 141　打开已有文件夹时选择"Trust Project"

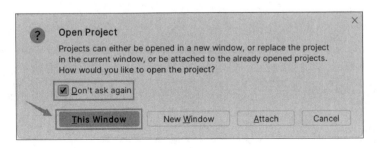

图 4 - 142　打开已有文件夹时选择"This Window"

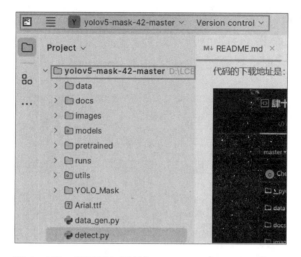

图 4 - 143　查看已打开的"yolov5-mask-42-master"项目

如图 4 - 144 所示,执行"File—Settings"操作,为"yolov5-mask-42-master"项目配置 Python Interpreter(图 4 - 145),为项目选择 Anaconda 环境"pytorch-yolo5-facemask"中的 python.exe(图 4 - 146)。

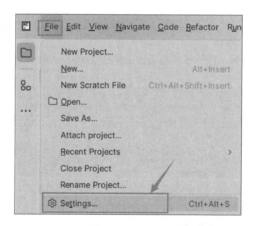

图 4 - 144　执行"File—Settings"操作

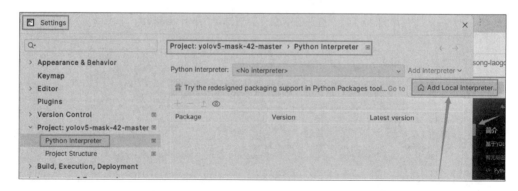

图 4 - 145　为"yolov5-mask-42-master"项目配置 Python Interpreter

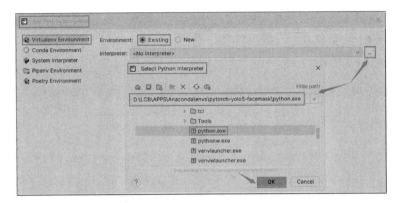

图 4 - 146　为项目选择 Anaconda 环境"pytorch-yolo5-facemask"中的 python.exe

如图 4 - 147 所示,进一步确定选择 Anaconda 环境"pytorch-yolo5-facemask"中的 python.exe,查看"pytorch-yolo5-facemask"环境中含有的软件包,并点击"OK"确认(图 4 - 148)。

图 4 - 147　确定选择 Anaconda 环境"pytorch-yolo5-facemask"中的 python.exe

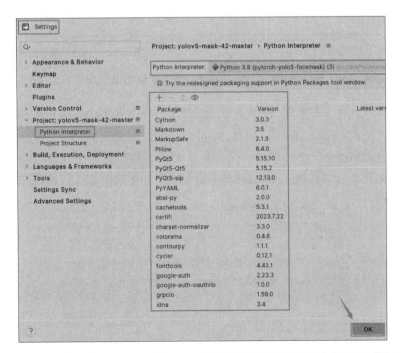

图 4 - 148　检查"pytorch-yolo5-facemask"环境中含有的软件包并点击"OK"确认

修改"mask_data.yaml"文件,并在文件中标明训练集"train"及验证集"val"所在的文件夹。同样,该配置文件中也标明了图片分类的数目"nc"及图片分类名称"Mask""No-Mask"(图 4－149)。

```
# Custom data for safety helmet



# train and val data as 1) directory: path/images/, 2) file: path/images.txt, or 3) list:
#train: F:/up/1212/YOLO_Mask/score/images/train
train: D:/LCB/APPS/Anaconda/Tests/yolov5-mask-42-master/YOLO_Mask/images/train
#val: F:/up/1212/YOLO_Mask/score/images/val
#val: E:\Chibiaoliu\Research\Deeplearning\Tests\yolov5-mask-42-master\YOLO_Mask\images\va
val: D:/LCB/APPS/Anaconda/Tests/yolov5-mask-42-master/YOLO_Mask/images/val
# number of classes
nc: 2

# class names
names: ['Mask', 'No-Mask']
```

图 4－149　在文件中配置模型训练及模型验证所对应的文件夹路径及配置标签类别

如图 4－150 所示,在"YOLO_Mask"文件夹中,将相关模型训练所使用的临时文件"train.cache""val.cache"删除,否则将影响训练,可能造成错误。

Anaconda › Tests › yolov5-mask-42-master › YOLO_Mask › labels		
名称 ^	修改日期	类型
test	2022/2/4 19:30	文件夹
train	2022/2/4 21:15	文件夹
val	2022/2/4 19:16	文件夹

将相关模型训练所使用的的临时文件删除掉,否则将影响训练,可能造成错误。

图 4－150　删除测试文件训练所使用的临时文件"train.cache""val.cache"

如图 4－151 所示,在本地终端,为实施 YOLOv5 目标检测,执行数据集训练指令"python train. py －－ data mask_data. yaml －－ cfg mask_yolov5s. yaml －－ weights pretrained/yolov5s.pt －－ epoch 10 －－ batch-size 1"。运行过程中出现"AttributeError：module"错误(图 4－152),进一步地,将 np.int 修改为 int 来消除运行错误(图 4－153)。

图 4－151　PyCharm 工作界面 PowerShell 窗口

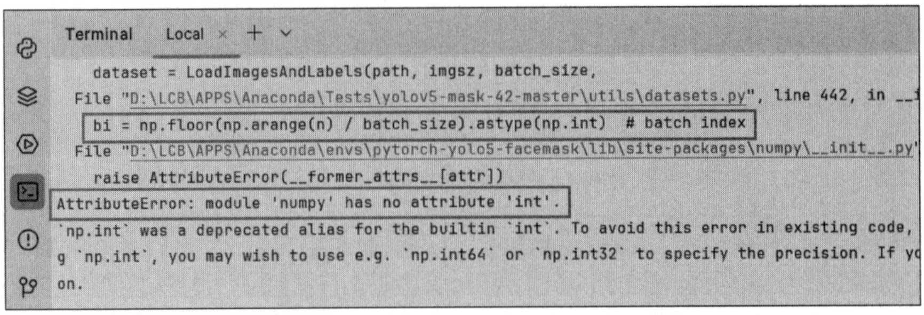

图 4 - 152 运行过程中出现"AttributeError：module"错误

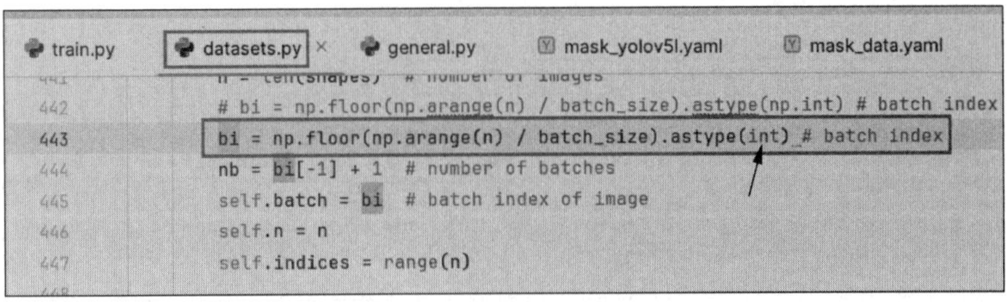

图 4 - 153 将 np.int 修改为 int 来消除运行错误

同样，将另外一个语句"self.batch_shapes = np.ceil(np.array(shapes) ∗ img_size / stride + pad).astype(np.int) ∗ stride"中的"np.int"修改为"int"。其他相关错误，进行类似修改，然后保存，并继续执行模型训练指令，训练过程将顺利完成(图 4 - 154)。

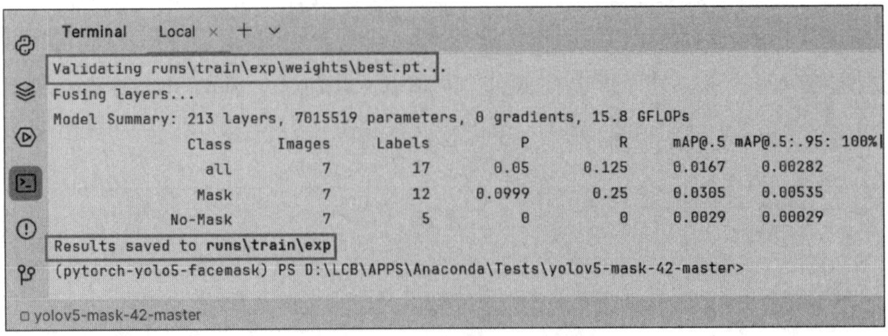

图 4 - 154 模型训练结果

进一步地，利用训练过程所获得的模型"best.pt"来测试图片中目标检测的效果。在本地终端，执行指令"python detect.py -- weights runs/train/exp/weights/best.pt -- source YOLO_Mask/images/test/t023.jpg"测试一张未戴口罩的照片，但未输出识别结果(图 4 - 155)。同样地，运行指令"python detect.py -- weights runs/train/exp/weights/best.pt -- source YOLO_Mask/images/test/t026.jpg"测试一张戴口罩的照片，但未输出识别结果(图 4 - 156)。

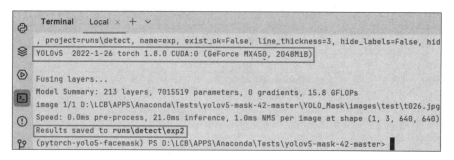

图 4‑155   利用训练出的新模型来进行口罩识别‑未输出识别结果（**No-Mask**）

图 4‑156   利用训练出的新模型来进行口罩识别‑未输出识别结果（**Mask**）

深度学习中的"epoch"表示所有训练数据集都训练过一次的完整迭代。epoch 大小的设置对模型精度有着显著的影响。如果 epoch 设置得过小，模型可能无法充分学习训练数据中的特征和模式，导致欠拟合（underfitting）。这种情况下，模型在训练数据上的表现不佳，并且在未见过的数据上泛化能力也较弱，因此模型精度会受到影响。当 epoch 为 10 时，训练出来的模型不够精准，未能识别出"Mask"或"No-Mask"。将 epoch 设定为 100，继续训练模型（图 4‑157）。具体训练指令为"python train.py －－ data mask_data.yaml －－ cfg mask_yolov5s.yaml －－ weights pretrained/yolov5s.pt －－ epoch 100 －－ batch-size 1"。

图 4‑157   将 **epoch** 设定为 100 时训练出的新模型具有更高的准确度

进一步地，利用训练过程所获得的模型"best.pt"来测试图片中目标检测的效果。在本地终端，执行指令测试一张未戴口罩的照片"t023.jpg"，并能够输出识别结果（图 4‑158）。同样地，运行指令测试一张戴口罩的照片"t026.jpg"，并能够输出识别结果

（图4-159）。可到"runs/detect/exp3、runs/detect/exp4"文件夹查看 YOLOv5 目标检测输出结果（图4-160）。

图4-158　高准确度模型进行口罩识别-输出识别结果（No-Mask）

图4-159　高准确度模型进行口罩识别-输出识别结果（Mask）

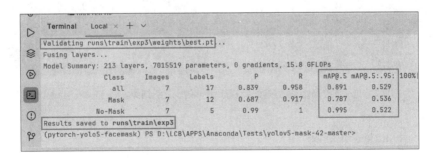

图4-160　高准确度模型口罩识别-输出识别结果（No-Mask、Mask）

将 epoch 设定为 300，继续训练模型，获得了更好的训练结果（图4-161）。

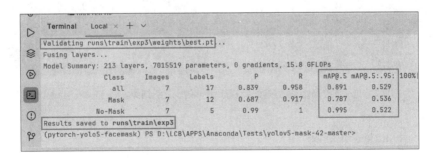

图4-161　将 epoch 设定为 300 时训练出更高精准度的口罩识别模型

进一步地,利用训练过程所获得的模型"best.pt"来测试图片中目标检测的效果。在本地终端,执行指令测试一张未戴口罩的照片"t023.jpg",并能够输出识别结果(图4-162)。同样地,运行指令测试一张戴口罩的照片"t026.jpg",并能够输出识别结果(图4-163)。可到"runs/detect/exp5、runs/detect/exp6"文件夹查看 YOLOv5 目标检测输出结果(图4-164)。

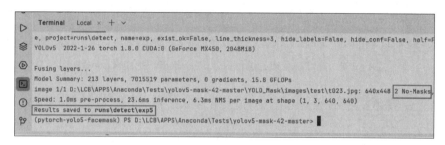

图4-162 更高准确度模型进行口罩识别-输出识别结果(No-Mask)

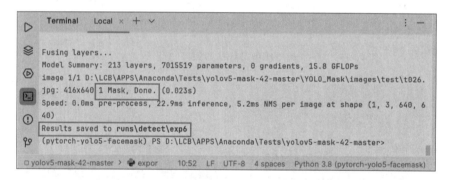

图4-163 更高准确度模型进行口罩识别-输出识别结果(Mask)

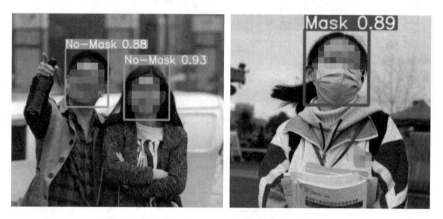

图4-164 更高准确度模型口罩识别-输出识别结果(No-Mask、Mask)

4.3.2 PaddlePaddle

PaddlePaddle(飞桨)是中国首个自主研发的、功能完备、开源开放的深度学习平台,集深度学习核心训练和推理框架、基础模型库、端到端开发套件和丰富的工具组件于一体。PaddlePaddle 是一个由百度开发的开源深度学习平台,旨在为开发者提供一个全面的深度学习工具和库,支持包括自然语言处理、计算机视觉、语音识别等多个领域的深度学习。

PaddlePaddle 提供了动态图和静态图两种模式,支持开发者根据任务需求选择合适的模式,从而更灵活地进行模型构建。PaddlePaddle 针对各种硬件环境进行了优化,支持 CPU、GPU、多 GPU 以及分布式训练,从而在不同平台上提供高效的模型训练和推理能力。

PaddlePaddle 提供了丰富的预训练模型和模型库,包括图像分类、目标检测、文本处理等多个领域的模型,可以用于快速开展项目和研究。类似于 PyTorch,PaddlePaddle 也支持自动求导,可以方便地进行梯度计算。PaddlePaddle 提供了丰富的工具和库,适用于许多不同类型的深度学习任务。它是百度 AI 技术的核心支柱之一,也是许多研究和工程领域的重要工具之一。

学习 PaddlePaddle(或其他深度学习框架)时,采用"先实践后理解代码"的方法具有显著的重要性。以下是对这种学习方法重要性的简述。

(1) 直观感受。通过先动手实践,学习者可以直观地感受到深度学习模型的训练过程和结果,从而对深度学习有一个初步但深刻的认知。这种直观感受有助于激发学习者的兴趣,为后续深入理解代码和原理打下基础。

(2) 问题导向学习。在实践中,学习者很可能会遇到各种问题,如模型不收敛、过拟合等。这些问题会引导学习者去深入研究代码并进行相关的深度学习原理,从而更高效地掌握知识和技能。

(3) 理论与实践相结合。通过先实践,学习者可以在实际操作中理解深度学习模型的应用和效果。随后,再深入研究代码,将理论与实践相结合,有助于更全面地理解深度学习的内涵和外延。

(4) 培养解决问题的能力。深度学习是一个需要不断调试和优化的过程。通过先实践,学习者可以培养解决实际问题的能力,这对于未来的学习和工作都是非常重要的。

(5) 增强学习动力。当学习者在实践中看到模型的实际效果,如图像识别、语音识别等,会极大增强他们的学习动力和信心。这种正向反馈有助于学习者保持持续的学习热情和兴趣。

(6) 提升编程技能。通过实践,学习者不仅可以了解深度学习的基本原理,还可以提升自己的编程技能。在实际操作中,学习者需要掌握如何编写高效的代码、如何调试程序等技能,这些都是非常宝贵的经验。

综上所述,"先实践后理解代码"的学习方法,对于学习 PaddlePaddle 等深度学习框架具有重要意义。它不仅可以帮助学习者直观地理解深度学习,还可以培养他们解决问题的能力和编程技能,为后续的学习和工作打下坚实的基础。

1. 创建 PaddlePaddle 开发环境

如图 4 - 165 所示,检测当前电脑 GPU 环境,查看是否能够安装当前版本的 PaddlePaddle 框架。

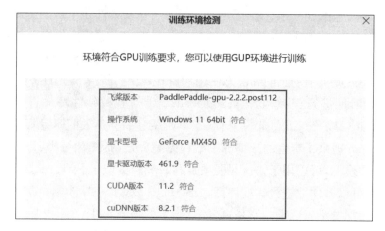

图 4‑165　检测 GPU 相关训练环境

为了安装 PaddlePaddle 框架，需要先从官网（https://www.paddlepaddle.org.cn/）获取相关安装指令（图 4‑166、图 4‑167）。

图 4‑166　打开 PaddlePaddle 人工智能官网

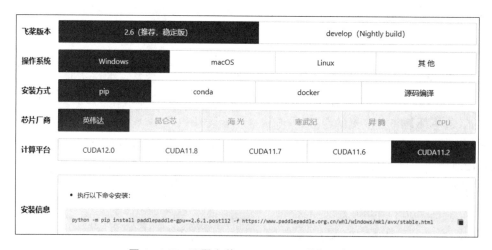

图 4‑167　配置安装 PaddlePaddle 的相关条目

在利用 Anaconda 建立的"Python-AI-Tests"环境中,执行 PaddlePaddle 相关安装指令,查看安装成功的相关信息(图 4-168),并测试所安装的 PaddlePaddle 版本(图 4-169)。可以采用 Conda 或 Pip 方法进行安装,如果一个安装不成功,可以选择另一个,指令如下。

```
conda install paddlepaddle - gpu = = 2.6.1 cudatoolkit = 11.2 - c
https://mirrors.tuna.tsinghua.edu.cn/anaconda/cloud/Paddle/ - c conda - forge
python - m pip install paddlepaddle - gpu = = 2.6.1.post112 - f
https://www.paddlepaddle.org.cn/whl/windows/mkl/avx/stable.html
```

图 4-168 成功安装 PaddlePaddle 深度学习框架

```
Python 3.11.3 | packaged by Anaconda, Inc. | (main, May 15 2023, 15:41:31)
[MSC v.1916 64 bit (AMD64)] on win32
Type "help", "copyright", "credits" or "license" for more information.
>>> import paddle
>>> print(paddle.__version__)
2.6.1
>>>
```

图 4-169 测试所安装的 PaddlePaddle 版本

2. 测试 PaddlePaddle 开发环境

启动 PyCharm。如图 4-170 所示,创建"PaddlePaddleTests"文件夹。进一步地,在 PyCharm 工作界面点击创建 New Project(图 4-171)。

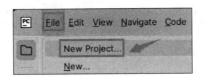

图 4-170 创建"PaddlePaddleTests"文件夹

图 4-171 在 PyCharm 工作界面点击创建 New Project

如图4-172所示,创建项目时,选择 PaddlePaddleTests 作为基础文件夹,并继续为新创建项目配置 Python 开发与运行环境(图4-173、图4-174)。进一步地创建(图4-175)并运行"main.py"(图4-176、图4-177)。

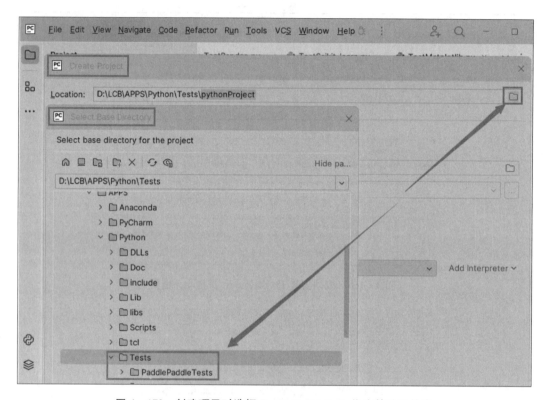

图4-172　创建项目时选择 PaddlePaddleTests 作为基础文件夹

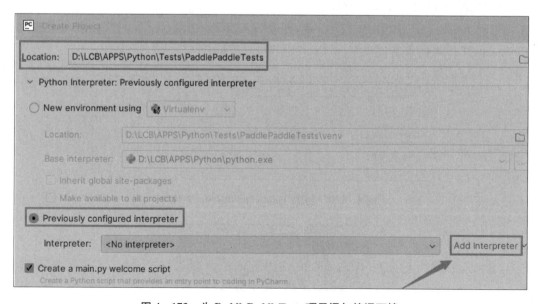

图4-173　为 PaddlePaddleTests 项目添加编译环境

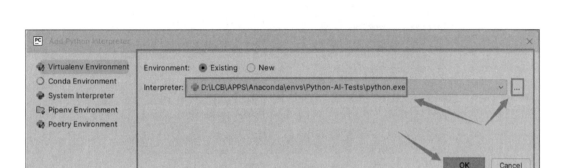

图 4 - 174　为 PaddlePaddleTests 项目选择特定环境的 python.exe

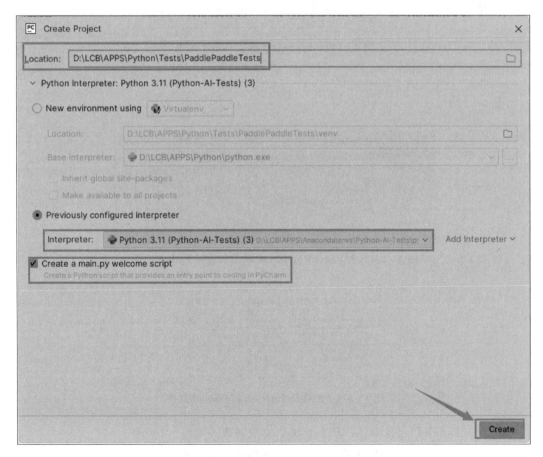

图 4 - 175　创建 main.py 文件

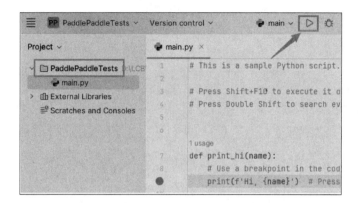

图 4 - 176 运行新创建的 main.py 文件

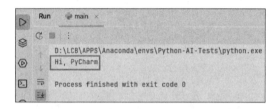

图 4 - 177 运行 main.py 文件输出结果

如图 4 - 178 所示,为 PaddlePaddleTests 项目创建新 Python 文件"TestPaddleMnist. py"(图 4 - 179)。

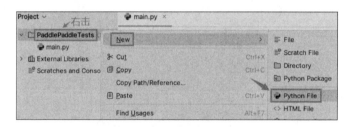

图 4 - 178 为 PaddlePaddleTests 项目创建新 Python 文件

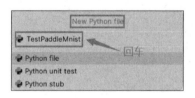

图 4 - 179 创建新 TestPaddleMnist.py 文件

3. 基于 PaddlePaddle 的 MNIST 数据集实现图像分类

使用 LeNet 的 MNIST(Modified National Institute of Standards and Technology)数据集,实现图像分类。手写数字的 MNIST 数据集,包含 60 000 个用于训练的示例和

10 000 个用于测试的示例。这些数字已经过尺寸标准化并位于图像中心,图像有固定大小(28×28 像素),其值为 0 到 1。该数据集的官方地址为:http://yann. lecun. com/exdb/mnist。如图 4‐180 所示,添加源代码到 TestPaddleMnist. py 文件,取训练集中的一条图像数据,保存并运行 TestPaddleMnist. py 文件(图 4‐181),输出结果如图 4‐182 所示。

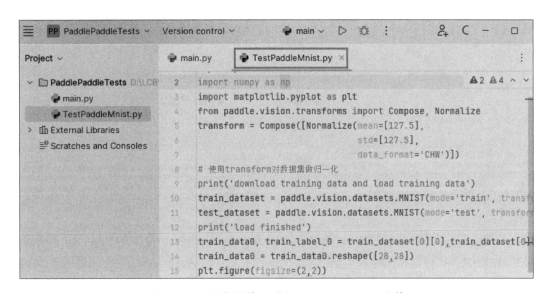

图 4‐180　添加源代码到 TestPaddleMnist.py 文件

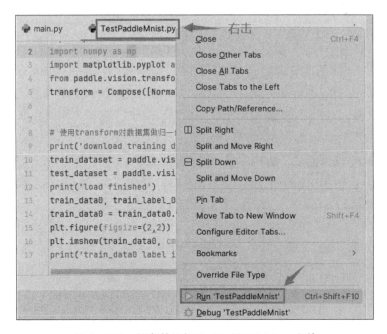

图 4‐181　保存并运行 TestPaddleMnist.py 文件

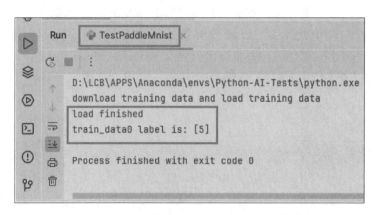

图 4 - 182　TestPaddleMnist.py 文件的输出结果

4. 基于图片相似度的图片搜索

图片搜索技术作为一种深度学习的应用,有着广泛的应用场景。目前,无论是工程图纸的检索,还是互联网上相似图片的搜索,基于深度学习算法,都能够基于给定图片,检索出跟该图片相似的图片。

本示例简要介绍如何通过 PaddlePaddle 开源框架,实现图片搜索的功能。其基本思路是,先使用卷积神经网络将图片转换为高维空间的向量表示,然后计算两张图片的高维空间的向量表示之间的相似程度(本示例中,使用余弦相似度)。在模型训练阶段,其训练目标是让同一类别的图片的相似程度尽可能得高,不同类别的图片的相似程度尽可能得低。在模型预测阶段,对于用户上传的一张图片,会计算其与图片库中图片的相似程度,返回给用户按照相似程度由高到低的图片的列表作为检索的结果。

本示例采用 CIFAR - 10 数据集。这是一个经典的数据集,由 50 000 张图片的训练数据和 10 000 张图片的测试数据组成,其中每张图片是一个 RGB 格式的 32×32 像素的图片。使用 paddle.vision.datasets.Cifar10 可以方便地完成数据的下载工作,把数据归一化到(0, 1.0)区间内,并提供迭代器按顺序访问数据。将训练数据和测试数据分别存放在两个 numpy 数组中,供后面的训练和评估使用。

如图 4 - 183 所示,创建 PaddleTestImageSearch.py 文件。进一步地,添加源代码确定输出训练与测试数据集的大小(图 4 - 184)。运行 PaddleTestImageSearch.py 并查看输出结果(图 4 - 185)。

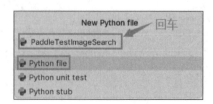

图 4 - 183　创建 PaddleTestImageSearch.py 文件

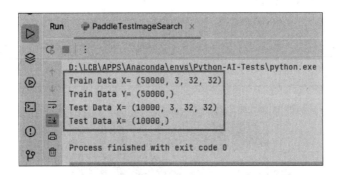

图 4 - 184　确定 PaddleTestImageSearch.py 文件输出数据集的大小

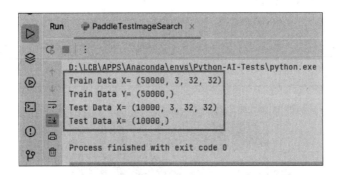

图 4 - 185　运行 PaddleTestImageSearch.py 文件并查看输出结果

　　将下述源代码添加到"PaddleTestImageSearch.py"保存并运行,随机从训练数据里选择一些图片,运行"PaddleTestImageSearch.py"进行浏览(图 4 - 186)。

```python
height_width = 32
def show_collage(examples):
    box_size = height_width + 2
    num_rows, num_cols = examples.shape[:2]
    collage = Image.new
        mode = "RGB",
        size = (num_cols * box_size, num_rows * box_size),
        color = (255, 2.55, 2.55),


    for row_idx in range(num_rows):
```

```
        for col_idx in range(num_cols):
            array = (np.array(examples[row_idx, col_idx]) * 2.55).astype(np.uint8)
            array = array.transpose(1,2,0)
            collage.paste
                Image.fromarray(array), (col_idx * box_size, row_idx * box_size)

    collage = collage.resize((2 * num_cols * box_size, 2 * num_rows * box_size))
    return collage
sample_idxs = np.random.randint(0, 50000, size=(5, 5))
examples = x_train[sample_idxs]
show_collage(examples)
fig = plt.figure()
ax = fig.add_subplot(111)
ax.imshow(show_collage(examples))
plt.savefig('D:/LCB/APPS/Python/Tests/PaddlePaddleTests/collage1.png')
plt.show()
```

图 4-186 运行 PaddleTestImageSearch.py 文件浏览图片

将下述源代码添加到"PaddleTestImageSearch.py",保存并运行该文件,输出结果如图 4-187 所示。

```
class_idx_to_train_idxs = defaultdict(list)
for y_train_idx, y in enumerate(y_train):
```

```
        class_idx_to_train_idxs[y].append(y_train_idx)
class_idx_to_test_idxs = defaultdict(list)
for y_test_idx, y in enumerate(y_test):
        class_idx_to_test_idxs[y].append(y_test_idx)
num_classes = 10
def reader_creator(num_batchs):
    def reader():
        iter_step = 0
        while True:
            if iter_step >= num_batchs:
                break
            iter_step += 1
            x = np.empty((2, num_classes, 3, height_width, height_width),
                dtype = np.float32)
            for class_idx in range(num_classes):
                examples_for_class = class_idx_to_train_idxs[class_idx]
                anchor_idx = random.choice(examples_for_class)
                positive_idx = random.choice(examples_for_class)
                while positive_idx == anchor_idx:
                    positive_idx = random.choice(examples_for_class)
                x[0, class_idx] = x_train[anchor_idx]
                x[1, class_idx] = x_train[positive_idx]
            yield x
    return reader
# num_batchs: how many batchs to generate
def anchor_positive_pairs(num_batchs = 2):
    return reader_creator(num_batchs)
pairs_train_reader = anchor_positive_pairs(num_batchs = 2)
examples = next(pairs_train_reader())
print(examples.shape)
show_collage(examples)
fig = plt.figure()
ax = fig.add_subplot(111)
ax.imshow(show_collage(examples))
plt.savefig('D:/LCB/APPS/Python/Tests/PaddlePaddleTests/collage2.png')
plt.show()
```

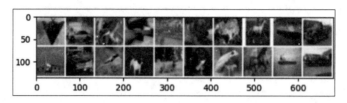

图 4 - 187　运行 PaddleTestImageSearch.py 文件并输出部分训练数据

目标是首先把图片转换为高维空间的表示,然后计算图片在高维空间表示时的相似度。网络结构 MyNet 用来把一个形状为(3, 32, 32)的图片转换成形状为(8,)的向量。MyNet 由三个连续的卷积(conv1、conv2、conv3)加一个全局均值池化(gloabl_pool),然后用一个线性全链接层映射到维数为 8 的向量空间。将下述源代码添加到"PaddleTestImageSearch.py",保存并运行该文件,并确保无运行错误。

```python
class MyNet(paddle.nn.Layer):
    def __init__(self):
        super().__init__()
        self.conv1 = paddle.nn.Conv2D(in_channels = 3,
                                      out_channels = 32,
                                      kernel_size = (3,3),
                                      stride = 2)
        self.conv2 = paddle.nn.Conv2D(in_channels = 32,
                                      out_channels = 64,
                                      kernel_size = (3,3),
                                      stride = 2)
        self.conv3 = paddle.nn.Conv2D(in_channels = 64,
                                      out_channels = 128,
                                      kernel_size = (3,3),
                                      stride = 2)
        self.gloabl_pool = paddle.nn.AdaptiveAvgPool2D((1,1))
        self.fc1 = paddle.nn.Linear(in_features = 128, out_features = 8)
    def forward(self, x):
        x = self.conv1(x)
        x = F.relu(x)
        x = self.conv2(x)
        x = F.relu(x)
        x = self.conv3(x)
```

```
        x = F.relu(x)
        x = self.gloabl_pool(x)
        x = paddle.squeeze(x, axis = [2,3])
        x = self.fc1(x)
        x = x / paddle.norm(x, axis = 1, keepdim = True)
        return x
```

在模型的训练过程中,inverse_temperature 参数所起的作用是让 softmax 在计算梯度时,能够处于梯度更显著的区域。整个计算过程,会先用上面的网络分别计算前 10 张图片(anchors)的高维表示和后 10 张图片的高维表示,然后再用 matmul 计算前 10 张图片分别与后 10 张图片的相似度。在构造类别标签时,则相应地,可以构造出 0 ∼ num_classes 的标签值,使学习的目标为相似的图片的相似度尽可能地趋向于 1.0,而不相似的图片的相似度尽可能地趋向于 −1.0。将下述源代码添加到"PaddleTestImageSearch.py",保存并运行该文件,模型训练输出结果如图 4-188 所示。

```
def train(model):
    print('start training ... ')
    model.train()
    inverse_temperature = paddle.to_tensor(np.array([1.0/0.2], dtype = 'float32'))
    epoch_num = 20
    opt = paddle.optimizer.Adam(learning_rate = 0.0001,
                                    parameters = model.parameters())
    for epoch in range(epoch_num):
        for batch_id, data in enumerate(pairs_train_reader()):
            anchors_data, positives_data = data[0], data[1]
            anchors = paddle.to_tensor(anchors_data)
            positives = paddle.to_tensor(positives_data)
            anchor_embeddings = model(anchors)
            positive_embeddings = model(positives)
            similarities = paddle.matmul(anchor_embeddings, positive_embeddings,
                        transpose_y = True)
            similarities = paddle.multiply(similarities, inverse_temperature)
            sparse_labels = paddle.arange(0, num_classes, dtype = 'int64')
            loss = F.cross_entropy(similarities, sparse_labels)
```

```
            if batch_id % 500 = = 0:
                print ("epoch:{}, batch_id:{}, loss is:{}".format(epoch,
                    batch_id, loss.numpy()))
            loss.backward()
            opt.step()
            opt.clear_grad()
model = MyNet()
train(model)
```

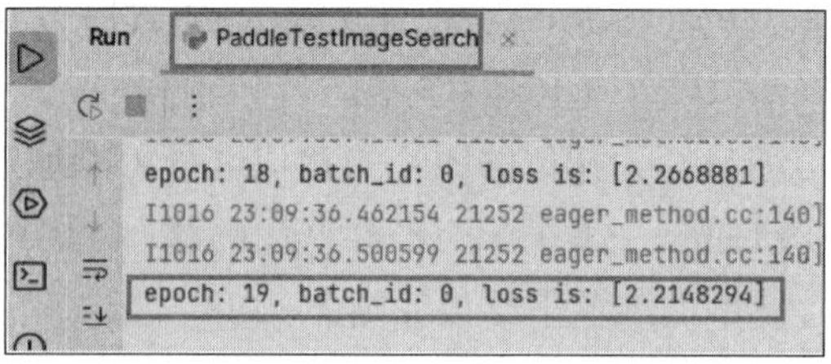

图 4 - 188   PaddleTestImageSearch.py 文件模型训练输出结果

前述的模型训练结束之后,就可以用该网络结构计算出任意一张图片的高维向量表示(embedding)。通过计算该图片与图片库中其他图片的高维向量表示之间的相似度,就可以按照相似程度进行排序,排序越靠前,则相似程度越高。将下述源代码添加到"PaddleTestImageSearch.py",保存并运行该文件,对测试集中所有的图片都两两计算相似度,然后选一部分相似的图片展示出来(图 4 - 189)。

```
near_neighbours_per_example = 10
x_test_t = paddle.to_tensor(x_test)
test_images_embeddings = model(x_test_t)
similarities_matrix = paddle.matmul(test_images_embeddings, test_images_
    embeddings, transpose_y = True)
indicies = paddle.argsort(similarities_matrix, descending = True)
indicies = indicies.numpy()
examples = np.empty(
    (
        num_classes,
        near_neighbours_per_example + 1,3,
        height_width,
```

```
            height_width,
        ),
        dtype = np.float32,
)
for row_idx in range(num_classes):
    examples_for_class = class_idx_to_test_idxs[row_idx]
    anchor_idx = random.choice(examples_for_class)
    examples[row_idx, 0] = x_test[anchor_idx]
    anchor_near_neighbours = indicies[anchor_idx][1:near_neighbours_per_
        example + 1]
    for col_idx, nn_idx in enumerate(anchor_near_neighbours):
        examples[row_idx, col_idx + 1] = x_test[nn_idx]
show_collage(examples)
fig = plt.figure()
ax = fig.add_subplot(111)
ax.imshow(show_collage(examples))
plt.savefig('D:/LCB/APPS/Python/Tests/PaddlePaddleTests/collage3.png')
plt.show()
```

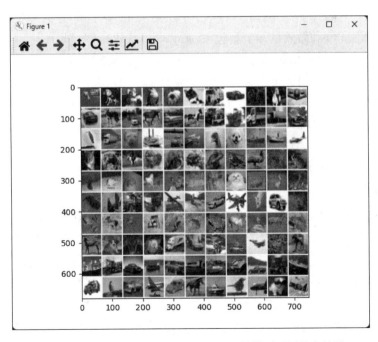

图 4 - 189　PaddleTestImageSearch.py 文件模型预测输出结果

4.3.3 其他深度学习框架

1. TensorFlow

TensorFlow 是一个由 Google 开发的开源深度学习框架,它提供了一套灵活且高效的工具,用于构建和训练各种类型的深度神经网络模型。TensorFlow 使用计算图模型来描述计算过程,其中节点代表了操作,边代表了数据流。这种模型使得 TensorFlow 可以高效地利用 CPU 和 GPU 等硬件资源进行计算。

TensorFlow 可以在多个平台上运行,包括 CPU、GPU 以及分布式计算环境,适用于从移动设备到大规模服务器集群的各种场景。TensorFlow 提供了丰富的 API,支持多种编程语言,包括 Python、C++、Java 等。这使得开发者可以根据自己的喜好和需求选择合适的编程语言进行开发。TensorFlow 优化了计算过程,可以充分利用 GPU 的并行计算能力,提升模型训练的速度。

TensorFlow 提供了许多高级 API 和工具,包括 Keras(高级神经网络 API)、TensorBoard(用于可视化训练过程和结果)、TF Lite(用于移动设备部署)等,这些工具使得开发和部署深度学习模型更加便捷。TensorFlow 在许多领域均得到了广泛的应用,包括计算机视觉、自然语言处理、强化学习等。它也是许多研究机构和企业进行深度学习研究和应用的首选框架之一。总的来说,TensorFlow 是一个功能强大、灵活且高效的深度学习框架,适用于各种规模和类型的深度学习项目。它为开发者提供了丰富的工具和资源,使得构建、训练和部署深度神经网络模型变得更加便捷和高效。

2. Keras

Keras 是一个高级神经网络 API,它可以运行在多个深度学习框架之上,包括 TensorFlow、Theano 和微软认知工具包(Cognitive Toolkit,CNTK)。

Keras 提供了一组简单而直观的接口,使构建神经网络模型变得非常容易。它的设计理念是简单、易用,使用户可以快速地将想法实现。Keras 的模型由多个层(Layer)组成,每个层都可以看作一个独立的模块。用户可以通过简单堆叠多层来构建复杂的神经网络结构。Keras 可以运行在多个深度学习后端上,包括 TensorFlow、Theano 和 CNTK。这使得用户可以选择在不同的框架中运行相同的 Keras 代码。Keras 提供了丰富的拓展和定制选项,用户可以通过编写自定义的层、损失函数、初始化器等来扩展 Keras 的功能。

Keras 尤其适用于快速原型开发和实验,可以帮助用户快速验证想法并迅速迭代模型设计。总的来说,Keras 是一个功能非常强大且易于使用的神经网络 API,它为开发者提供了一个高级的接口,使构建和训练深度学习模型变得非常方便。无论是从事研究还是实际应用,Keras 都是一个非常有价值的工具。

3. MindSpore

MindSpore 是华为推出的一个开源深度学习框架,它旨在提供一个高效、易用、灵活的工具,以支持各种深度学习任务。MindSpore 提供了精心设计的算子库,以实现高效的计算。同时,它支持算子融合和自动并行计算,提高了计算效率。类似于 PyTorch,MindSpore 默认采用了动态计算图模式,可以实时地执行计算和调试。MindSpore 支持在 CPU、GPU 和 Ascend(华为自研的 AI 处理器)等多种硬件平台上运行。MindSpore 支持自动求导(Automatic Differentiation),可以方便地计算梯度。MindSpore 的设计目标之一是保持轻量级,它的核心库非常小巧,使得它能够在各种资源有限的环境中运行。MindSpore 提供了分布式训练的支持,可以在多台机器上进行训练,从而加速模型的训练过程。

4.4　数据可视化工具

4.4.1　Matplotlib

Matplotlib 是一个用于绘制数据图表、图形和可视化的 Python 库,其功能丰富,使用户能够创建各种类型的图表,包括线图、散点图、柱状图、饼图等,从而可以更直观地理解和展示数据。Matplotlib 提供了直观、易于理解的 API,使用户可以快速创建图表,并灵活地控制图形的外观和布局。Matplotlib 支持多种类型的图表,包括线图、散点图、柱状图、饼图、直方图等,适用于不同类型的数据展示需求。用户可以通过设置各种参数来定制图表的外观,包括颜色、线型、标签、标题等,以满足特定的可视化需求。Matplotlib 允许用户将生成的图表保存为图片文件,且支持多种常见的图片格式。

Matplotlib 是一个功能强大且灵活的数据可视化库,广泛用于科学计算、数据分析、机器学习等领域。它的简单易用性和丰富的功能使用户可以轻松地创建各种类型的图表,从而更好地理解和展示数据。如图 4-190 所示,可通过 PyCharm 创建 TestMatplotlib.py 文件。

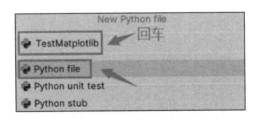

图 4-190　创建 TestMatplotlib.py 文件

下面是一个使用 Matplotlib 库的简单 Python 测试程序,这个程序将绘制一个简单的折线图。Matplotlib 是一个 Python 的 2D 绘图库,可用于在 Jupyter notebook 或其他环境中创建图形和可视化。首先,这个程序创建了一组在 0 到 10 之间均匀分布的数,并为每个数计算了对应的正弦值。然后,创建了一个图形框,在这个框里绘制了一条从(0,0)到(10,1)的线,并添加了标题和坐标轴标签。最后,plt.show()函数显示了这个图形。如图 4-191 所示,运行 TestMatplotlib.py 文件,可输出绘图结果(图 4-192)。

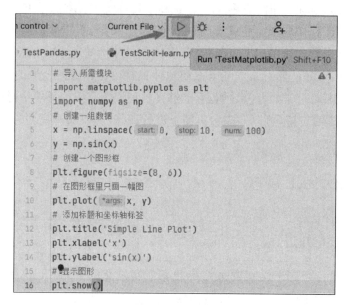

图 4 - 191   保存并运行 **TestMatplotlib.py** 文件

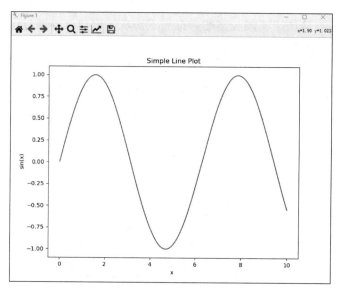

图 4 - 192   **TestMatplotlib.py** 文件的输出绘图结果

4.4.2   Seaborn

Seaborn 是一个基于 Matplotlib 的 Python 数据可视化库,它提供了一些更高级、更漂亮的统计图表和绘图样式,可以帮助用户更轻松地创建各种类型的数据可视化。Seaborn 专注于统计可视化,通常用于展示数据集中的关系、分布、趋势等信息。

Seaborn 提供了许多常用的统计图表类型,如散点图、折线图、条形图、箱线图、热力图等,可以直接调用使用。Seaborn 具有各种漂亮的图表样式,使得图表看起来更加吸引人。Seaborn 可以帮助用户快速地探索数据集中的关系和趋势,比如,绘制相关性矩阵、分布图等。Seaborn 可以轻松地与 Pandas 等数据处理库结合使用,方便数据的准备和分析。Seaborn 不仅提供了许多内置的统计图表,也提供了丰富的参数和选项,允许用户对图表进行高度定制。

总的来说,Seaborn 是一个功能强大且灵活的数据可视化工具,特别适用于数据分析、探索性数据分析(Exploratory Data Analysis,EDA)以及统计建模等任务。如图 4 - 193 所示,激活 Python-AI-Tests 测试环境并安装 Seaborn 软件包(图 4 - 194),并在 PyCharm 中创建 TestSeaborn.py 文件(图 4 - 195)。

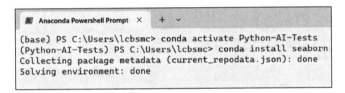

图 4 - 193　在 Python-AI-Tests 环境中安装 Seaborn 软件包

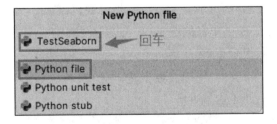

图 4 - 194　在 Python-AI-Tests 环境中安装 Seaborn 软件包件

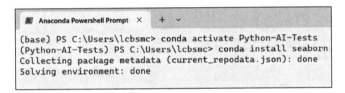

图 4 - 195　创建 TestSeaborn.py 文件

在 TestSeaborn.py 文件中,添加相关代码,保存并运行(图 4 - 196),输出结果如图 4 - 197 所示。

```
TestSeaborn.py ×
1   import seaborn as sns
2   import matplotlib.pyplot as plt
3   import pandas as pd
4
5   # 创建示例数据
6   data = pd.DataFrame({'X': [1, 2, 3, 4, 5], 'Y': [10, 20, 25, 30, 35]})
7
8   # 使用Seaborn绘制曲线
9   sns.lineplot(x='X', y='Y', data=data)
10
11  # 显示图形
12  plt.show()
```

图 4-196　保存并运行 TestSeaborn.py 文件

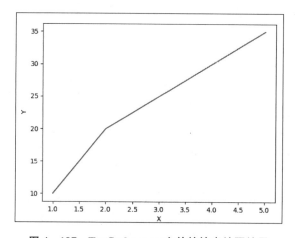

图 4-197　TestSeaborn.py 文件的输出绘图结果

4.4.3　Echarts

ECharts,全称 Enterprise Charts,是一个基于 JavaScript 的开源数据可视化库,由百度公司开发。ECharts 可以帮助开发者轻松创建交互性强、数据丰富的图表,适用于各种数据展示场景。以下是 ECharts 的一些关键特点和功能简介。

(1) 多种图表类型。支持折线图、柱状图、散点图、饼图、雷达图、热力图、关系图、树图、仪表盘等多种图表类型,能够满足不同的数据可视化需求。

(2) 高度可定制化。提供丰富的配置项,可以对图表的各个方面进行细粒度的控制,包括颜色、图例、坐标轴、提示框等。

(3) 强大的数据处理能力。支持大数据量的处理,可以通过数据筛选、过滤、聚合等操作,展示数百万条数据而不影响性能。

(4) 跨平台兼容性。基于 HTML5 Canvas 技术,能够在 PC 端和移动端的浏览器上无缝运行,兼容性强。

(5) 交互功能。支持多种交互方式,如图表联动、数据缩放、拖拽、提示框等,让用户可以与数据进行深度互动。

（6）国际化支持。内置了多语言支持，用户可以轻松地切换语言，满足不同地区用户的需求。

（7）扩展性强。通过 ECharts 提供的 API，可以方便地与其他框架（如 React、Vue、Angular）集成，并且可以通过插件扩展功能，满足更复杂的可视化需求。

（8）社区和文档。拥有活跃的社区和详细的官方文档，开发者可以从中获取丰富的资源和帮助。

总体来说，ECharts 是一个功能强大且灵活的可视化工具，可以帮助开发者快速构建各种数据可视化应用，是前端开发中非常实用的一部分。

4.4.4　其他数据可视化工具

1. 阿里云 DataV

阿里云 DataV 是阿里云提供的一款数据可视化工具，面向开发者和零基础用户，支持大屏图形化编辑和在线编程开发。它可以帮助用户将数据以直观的方式呈现，帮助企业更好地理解和分析数据，从而支持决策和业务发展。DataV 具有丰富的可视化组件和模板，可以用于创建各种类型的数据报表、仪表盘等。它也支持数据的实时更新和交互功能，使用用户可以灵活地探索数据。如图 4-198 所示，可以通过阿里云 DataV 官网来免费测试 DataV 可视化工具。

图 4-198　可在阿里云 DataV 官网免费测试

2. EasyV

EasyV，是袋鼠云集团旗下数字孪生全资子公司致力于将可视化、低代码和数字孪生技术相融合，将物理世界全方位的数字化，实现的一个真实的可以实时感知和管理的数字增强世界。EasyV 以实景三维数字孪生和数据中台数字化转型解决方案为核心，结合 WebGL、echarts、地理信息系统（Geographic Information System，GIS）、BIM 和倾斜摄影技术，打造数字化解决方案，覆盖智慧城市、智慧水利、智慧园区、智慧工厂、数字乡村等场景，构建数字孪生城市、数字孪生园区、数字孪生工厂、数字孪生流域等全生命周期的解决方案。

　　EasyV 拥有高质量主题模板和素材资源,覆盖工作汇报、数字看板、可视化设计创作等多种实用场景,可满足各类用户的展示需求,比如,设计师、产品经理、运营、数据分析师、学生等。如图 4‐199 所示,在 EasyV 官网点击"开始免费试用"。如图 4‐200 所示,在 EasyV 官网微信扫描关联手机号完成注册/登录,通过 EasyV 官网可以试用低代码产品(图 4‐201),查看农产品销售运营大屏低代码模板(图 4‐202)。

图 4‐199　EasyV 官网点击"开始免费试用"

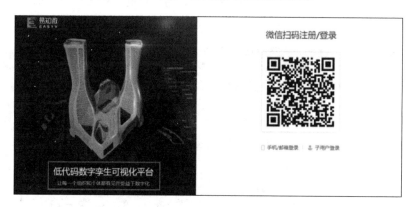

图 4‐200　可在 EasyV 官网微信扫描注册/登录

图 4‐201　EasyV 官网开始试用低代码产品

图 4‑202　EasyV 官网的农产品销售运营大屏低代码模板

3. FineBI

　　FineBI 是一款非常适合使用的数据可视化软件工具,国内很多家企业都有使用。FineBI 是帆软软件有限公司推出的一款商业智能产品,它可以通过最终业务用户自主分析企业已有的信息化数据,帮助企业发现并解决存在的问题,协助企业及时调整策略,作出更好的决策,增强企业的可持续竞争性。它提供了丰富的数据分析、报表制作、数据可视化等功能,可以帮助企业用户将数据转化为直观的图表和报表,使其可以更好地理解和分析业务情况。如图 4‑203 所示,可以通过 FineBI 官网选择"体验 Demo",在 FineBI 官网注册/登录后,就可以试用低代码产品(图 4‑204)。

图 4‑203　FineBI 官网选择"体验 Demo"

图 4‑204　FineBI 官网注册/登录并试用低代码产品

4.5 低代码及无代码开发平台

低代码和无代码开发平台是近年来软件开发领域中的热门话题。随着企业对数字化转型的需求日益增长,以及软件开发人才短缺的问题日益凸显,这类平台提供了一种新的解决方案,使非专业开发人员也能快速构建应用程序,满足业务需求。

低代码开发平台是一种应用开发平台,它允许开发者通过图形界面和预构建的模块来设计和构建应用程序,而无须编写大量的代码。这种平台通常提供了一套丰富的可视化工具和组件,开发者可以通过拖拽和配置这些组件来快速搭建应用程序的框架和功能。同时,低代码平台也支持一定程度的定制化开发,开发者可以在必要时编写少量的代码来满足特定的需求。

低代码平台的优势在于其大大提高了开发效率,降低了开发难度。非专业开发人员经过简单的培训,就能够利用这些平台快速构建出符合业务需求的应用程序。此外,低代码平台还具有较好的灵活性和可扩展性,能够适应不同规模和复杂度的项目。

无代码开发平台则是低代码平台的一个进阶版本。它进一步简化了应用开发过程,使完全没有编程基础的人员也能够通过简单的操作来创建应用程序。无代码平台通常提供了一套更加直观和易用的界面和工具,用户可以通过简单地拖拽、配置和选择来构建应用程序。

无代码平台的核心理念是"让每个人都能成为开发者"。它打破了传统软件开发的壁垒,让更多的人能够参与到应用开发的过程中来。这不仅降低了软件开发的成本,还加快了应用程序的交付速度。同时,无代码平台还具有较好的可维护性和可升级性,能够确保应用程序的长期稳定运行。

4.5.1 华为云 Astro 低代码平台

华为云 Astro 低代码平台(https://www.huaweicloud.com/special/astro-zero.html)是华为云自主研发的全场景低代码平台(图 4 - 205)。该平台通过提供零码、低码、流程、大屏、智能助手以及高低码结合的开发方式,全方位助力用户实现企业数字化转型。

图 4 - 205　华为云 Astro 低代码平台官网

Astro 低代码平台的主要功能和特点如下：

（1）提供 Astro 大屏应用：该平台可以帮助非专业开发者和无专业 IT 人员的企业，通过图形化界面轻松搭建专业水准的数据可视化大屏应用，满足项目运营管理，业务监控，风险预警等多种业务场景下，一站式数据实时可视化大屏展示的需求。

（2）提供 Astro 流程应用：该平台能帮助企业和开发者快速构建业务流程及自动化工作流，设计运行一体，可视化构建流程应用，轻松实现人财物事的入、转、调、离的线上化，让日常重复工作自动化运作起来，提升企业运行效率（图 4 - 206）。

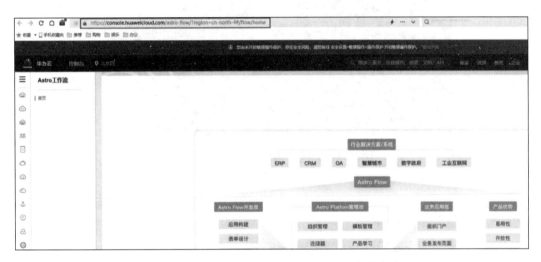

图 4‑206　华为云 Astro 低代码平台行业解决方案

（3）提供 Astro 智能助手：该平台还可作为提高生产力的机器人工具，提供构建快捷指令一样的体验，通过语料导入和智能分析，轻松构建企业知识库，打造多渠道服务助手，提高企业智能服务能力，实现业务过程的自动化。

此外，华为云 Astro 低代码平台还具备轻松构建可视化数据大屏、资产沉淀以及高效构建大型企业级应用等优势，能够让开发者在任何场所构建、操作、访问任意应用，使人人都可以成为开发者，设计开发自己需要的应用程序，并将其快速投入生产。

总的来说，华为云 Astro 低代码平台是一个功能全面、易于使用的低代码开发平台，旨在帮助企业更快速、更高效地实现数字化转型。

4.5.2　宜搭低代码应用开发平台

宜搭是阿里巴巴集团推出的低代码应用开发平台，可以帮助用户通过可视化界面快速构建应用程序和业务流程，而无须编写大量代码。这使得开发过程更加高效和容易，同时也降低了对专业开发人员的依赖。

用户可以通过宜搭低代码平台，快速构建符合业务需求的企业应用，如自定义表单、自定义报表、业务流程等。通过阿里云安全底座及混合云存储架构，提供全方位安全保障，以低代码方式构建酷应用，创造新的协同方式，帮助企业低门槛、快速进行数字化转型。

如图 4‑207 所示,在宜搭官网申请"免费试用";通过钉钉账号登录,可进入测试宜搭低代码应用开发界面(图 4‑208);进一步地,可查看宜搭官网提供的低代码应用模板(图 4‑209)。

图 4‑207　宜搭官网申请"免费试用"

图 4‑208　登录宜搭官网测试宜搭低代码应用开发

图 4‑209　查看宜搭官网低代码应用模板

4.5.3　爱速搭低代码应用开发平台

爱速搭是百度内部孵化的一个低代码应用开发平台。爱速搭服务内部 300＋部门，历经 5 000＋应用实战打磨，充分建设满足企业级应用建设所需的灵活、开放等特性，助力各部门高效响应业务需求，大幅提升开发效能。

爱速搭以广泛的应用场景、敏捷高效的应用构建能力和极低的运维成本，帮助企业构建统一化、高扩展性与复用率应用平台，助力企业降本增效。爱速搭通过拖拽组件与简单配置即可完成基础应用功能设计，配合自定义代码能力，可满足大多数应用开发场景。

可视化审批流设计、强大的版本迭代管理能力、灵活角色与权限设置、无忧的应用托管与运维保障、支持多种外部数据源类型接驳等能力为领域建模提速。多引擎驱动、全栈可视化开发、多种部署模式灵活切换，满足企业数字化转型全场景。

如图 4‑210 所示，可在百度智能云爱速搭官网点击"申请试用"，提交爱速搭低代码产品咨询信息（图 4‑211），也可以进一步查看爱速搭低代码产品的应用领域（图 4‑212）。

图 4‑210　百度智能云爱速搭官网点击"申请试用"

图 4‑211　可在百度智能云官网提交爱速搭低代码产品咨询信息

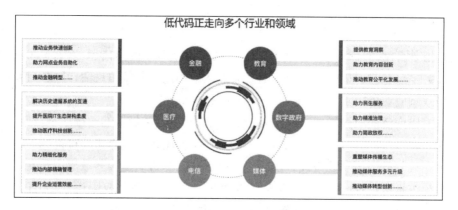

图 4-212 查看爱速搭低代码产品的应用领域

4.5.4 机器人流程自动化

机器人流程自动化(Robotic Process Automation,RPA)是一种人工智能技术,可以帮助企业自动化处理重复性、烦琐的任务,提高生产力和效率。RPA 软件可以模拟人类在计算机上执行的操作,比如点击、输入、复制和粘贴等,从而自动完成一些简单的、重复性的任务,这些任务可能包括数据录入、文件处理、电子邮件管理等。使用 RPA 可以大大提高生产力和效率,同时也可以降低错误率,提高工作质量。此外,RPA 还可以在非工作时间自动执行任务,从而确保任务的及时完成。RPA 在某些方面具有很大的优势,比如,它可以大大减少人力成本,同时确保任务的及时完成。此外,RPA 还可以提高员工的工作满意度和工作质量,因为员工可以腾出更多的时间来完成更有价值的任务。

总之,RPA 是一种非常有用的技术,可以帮助企业提高生产力和效率,同时也可以提高员工的工作质量。未来,随着人工智能技术的不断发展,RPA 的应用前景将更加广阔。

1. UiPath

UiPath 是一家总部位于美国的软件公司,专注于机器人流程自动化技术。UiPath 提供了一套可视化的工具和平台,允许用户自动化地执行日常的重复性任务,从而释放时间和资源来从事更有价值的工作。UiPath 的目标是帮助企业提升工作效率,降低成本,并提升业务流程的精度和一致性。其技术可以应用于各种行业和业务领域,如财务、人力资源、客户服务等。UiPath 提供了直观的可视化设计界面,允许用户通过使用拖拽和放置的方式来设计自动化流程,无须编写代码。它支持在多种操作系统上运行,包括 Windows 和 Mac OS,可以与各种应用程序和系统进行集成,如企业资源计划(Enterprise Resource Planning,ERP)、客户关系管理(Customer Relationship Management,CRM)、数据库等,以实现全面的业务流程自动化。如图 4-213 所示,在 UiPath 官网点击"免费试用",可下载 60 天免费试用 UiPath 平台本地部署版(图 4-214)。

图 4-213　可在 UiPath 官网点击"免费试用"

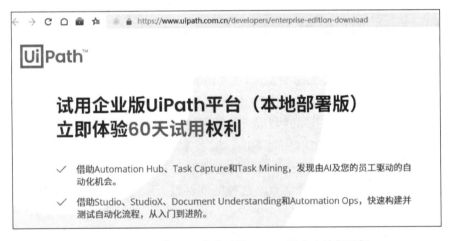

图 4-214　下载 60 天免费试用 UiPath 平台本地部署版

2. UiBot

UiBot 是北京来也网络科技有限公司旗下的一款软件,是一个机器人流程自动化服务平台,其产品包含创造者、劳动者、指挥官三大模块,用户可以通过平台一键录制流程并自动生成机器人,同时支持可视化编程与专业模式、浏览器、桌面、系统应用产品(System Applications and Products,SAP)等多种控件抓取,以及 C、Lua、Python、Net 扩展插件及第三方 SDK 接入,还可以对业务与权限进行实时监测调整。UiBot 是一款针对公司和个人提供工作流程自动化解决方案,可以代替人工进行电脑上枯燥、烦琐、重复、批量化操作的软件及平台。UiBot 使用软件技术模拟人工对目标系统进行各种操作,实现了对企业或个人工作流程的自动化,大幅降低了人力成本的投入,可以更高效、更稳定、更便捷地完成被赋予的工作。如图 4-215 所示,可以在 UiBot 官网点击下载"流程创造者"。

图 4‑215   可在 UiBot 官网点击下载"流程创造者"

4.6 人工智能 API 应用

提供人工智能 API 服务的重要意义，主要体现在以下七个方面。

（1）技术普及与降低门槛。人工智能技术本身复杂且需要深厚的专业知识。通过提供 API 服务，可以将这些复杂的技术封装成简单易用的接口，使得没有深厚 AI 背景的企业和个人也能轻松利用人工智能功能，从而降低了 AI 技术的使用门槛，促进了技术的普及。

（2）推动创新与发展。API 服务使开发者能够更专注于业务逻辑和创新，而无须深入了解底层人工智能模型的实现细节。这种解耦促进了新应用和新服务的快速开发，推动了行业的创新与发展。

（3）促进产业合作与生态构建。人工智能 API 服务可以作为连接不同企业和开发者的桥梁，促进产业内的合作与交流。通过 API，不同的服务提供商可以相互连接，共同构建一个更加丰富的人工智能生态系统。

（4）标准化与兼容性。API 的提供意味着技术的标准化，这使得不同的系统和平台能够更容易地兼容和交互。标准化不仅简化了开发和集成流程，还提高了系统的稳定性和可靠性。

（5）商业机会与收入来源。对于提供人工智能 API 服务的企业来说，这是一种有效的商业模式。通过提供高质量的 API 服务，可以吸引大量用户，从而创造新的商业机会和收入来源。

（6）资源共享与优化。通过 API 服务，昂贵的计算资源和数据资源可以得到更有效的利用。多个用户和应用可以共享同一套人工智能系统，从而降低了单个用户的成本，优化了资源分配。

（7）安全性和隐私保护。集中的 API 服务可以提供更强的安全性和隐私保护。服务提供者可以实施更高级别的安全协议和数据加密措施,确保用户数据的安全和隐私。

4.6.1 百度智能云人工智能 API 服务

百度智能云所提供的人工智能 API 服务丰富多样,涵盖了多个领域和应用场景。以下是对其主要五个 API 服务的简要概述。

(1) OCR(光学字符识别)服务。此服务能够识别图片中的文字信息,并将其转换为可编辑的文本。例如,通过身份证识别 API,可以快速准确地提取身份证上的关键信息,从而简化身份验证等流程。此外,OCR(Optical Character Recognition)技术还广泛应用于快递下单等场景,通过识别订单截图中的收发货人信息,实现高效便捷的快递服务。

(2) 人脸识别服务。百度智能云提供了人脸离线识别 SDK、人脸识别私有化部署包,以及明镜实名认证解决方案等产品。这些服务在公共安全、金融验证、门禁考勤等场景中都有广泛应用。例如,在全国首个地铁 3D"刷脸"进站系统中,乘客仅需 1.8 秒即可完成刷脸进站,大大提高了通行效率。

(3) 智能语音服务。通过智能语音合成技术,百度智能云为用户提供了逼真的语音交互体验。这种技术在移动支付、智能客服等领域得到了广泛应用,有效地提升了用户操作的便捷性和效率。

(4) 内容审核平台。针对媒体和互联网行业的需求,百度智能云提供了内容审核平台 API 服务。该平台能够自动识别和过滤不良信息,帮助用户遵守法律法规,维护网络环境的健康与安全。

(5) 智能创作平台。百度智能云还推出了智能创作平台,为媒体行业提供智能化的内容生产工具。通过该平台,用户可以快速生成高质量的文本、图片和视频内容,从而提升内容生产效率和质量。

4.6.2 注册并获取 API 密钥

如图 4-216 所示,打开百度智能云平台(https://cloud.baidu.com/)并注册登录。在百度智能云或百度 AI 开放平台上注册账号(如果已有百度账号则无须重复注册)(图 4-217、图 4-218)。创建应用以获取 API Key 和 Secret Key,这两个密钥将用于后续的 API 调用鉴权。

图 4-216 登录百度智能云平台

图 4‑217   登录或注册百度智能云平台账号

图 4‑218   登录百度智能云平台后的 Web 界面

4.6.3   创建百度人工智能应用 API 并领取免费测试资源

创建人工智能应用 API，获取 API Key 和 Secret Key。同时，通过百度 AI 的鉴权接口获取 Access Token。Access Token 是调用百度 AI API 的凭证。如图 4‑219 所示，选择"产品""文字识别""通用文字识别"。进一步地，在通用文字识别界面点击"立即使用"（图 4‑220），并执行"公有云服务""应用列表""创建应用"操作（图 4‑221）。

如图 4‑222 所示，填写"应用名称"及实施"接口选择"。如图 4‑223 所示，选择"应用归属"填写"应用描述"并执行"立即创建"操作。如图 4‑224 所示，在创建完毕界面执行"查看应用详情"操作，查看所创建的人工智能应用 API 详情（图 4‑225）。

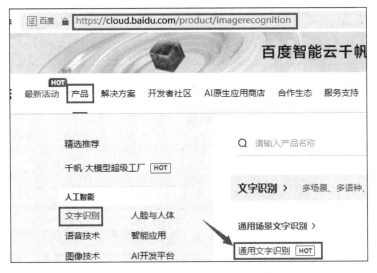

图 4‑219 选择"产品""文字识别""通用文字识别"

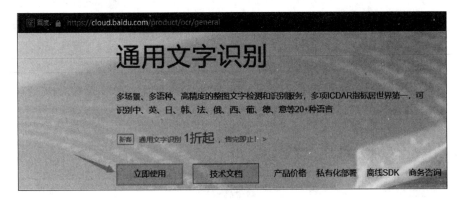

图 4‑220 在通用文字识别界面点击"立即使用"

图 4‑221 执行"公有云服务""应用列表""创建应用"操作

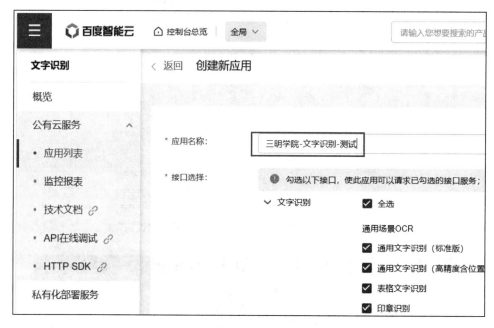

图 4-222 填写"应用名称"及实施"接口选择"

图 4-223 选择"应用归属"填写"应用描述"并执行"立即创建"操作

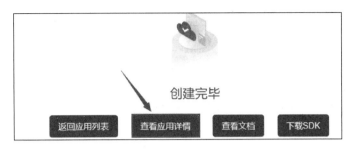

图 4‑224　在创建完毕界面执行"查看应用详情"操作

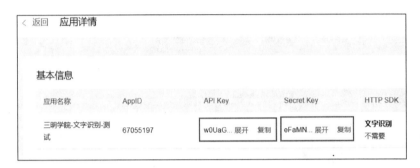

图 4‑225　查看所创建的人工智能应用 API 详情

如图 4‑226 所示,回到概览界面点击"领取免费资源"。进一步地,选择"通用场景 OCR""通用文字识别(标准版)"并执行"0 元领取"(图 4‑227),并在免费资源领取成功窗口执行"查看领取详情"操作(图 4‑228)。同时,在资源列表界面,可查看 API 接口调用量信息(图 4‑229),每月有 1 000 次的 API 免费调用量。最后,返回"公有云服务"并执行"API 在线调试"(图 4‑230)。

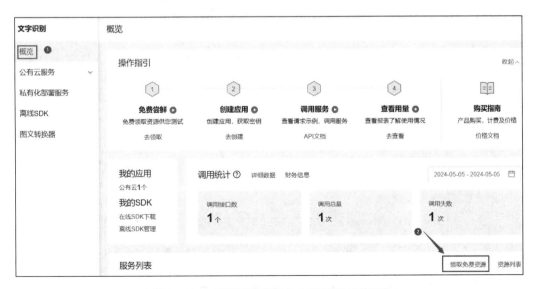

图 4‑226　回到概览界面点击"领取免费资源"

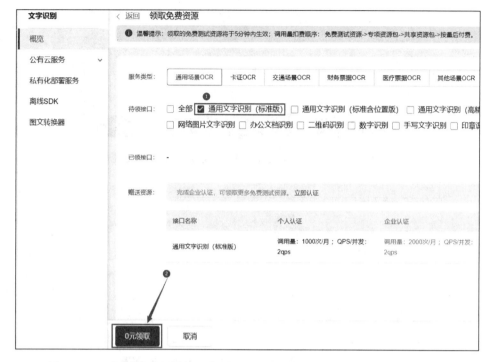

图 4 – 227　选择"通用场景 OCR"—"通用文字识别(标准版)"并执行"0 元领取"

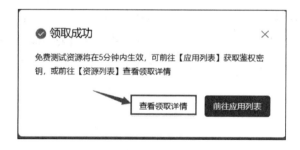

图 4 – 228　免费资源领取成功窗口执行"查看领取详情"操作

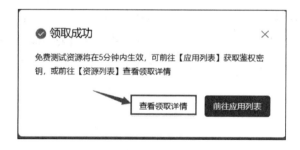

图 4 – 229　资源列表界面查看 API 接口调用量信息

图 4‐230 返回"公有云服务"并执行"API 在线调试"

4.6.4 获取并测试 API 相关 Access Token 应用

根据需要调用的具体 API(如文字识别、语音识别等),按照百度 AI 的 API 文档指引构造请求 URL、请求头和请求体。使用 requests 库发送 HTTP 请求到百度 AI API。如图 4‐231 所示,执行 API 在线调试操作,直接将应用名称及 API 密钥信息带入测试界面,并执行"调试"操作。进一步地,在调试成功界面,显示调试状态及耗时(图 4‐232)。同时,在 API 调试成功界面"Body"内容中,可查看所获得的"access_token"信息(图 4‐233)。接着,将所获得的"access_token"编码填写到文字识别通用文字识别(标准版)界面指定文字框中(图 4‐234),作为 AI 服务器鉴别用户及人工智能应用的依据。

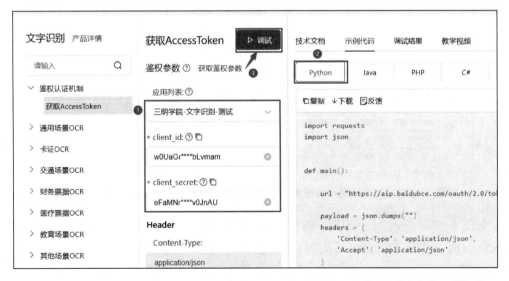

图 4‐231 执行 API 在线调试直接将应用及 API 密钥信息带入测试界面并执行"调试"操作

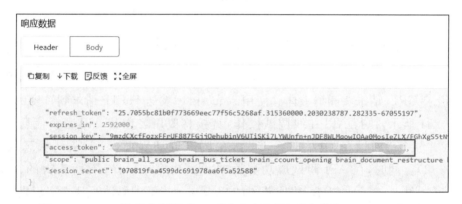

图 4‑232　API 调试成功界面显示调试状态及耗时

图 4‑233　API 调试成功界面"Body"内容中查看所获得的"access_token"信息

图 4‑234　文字识别—通用文字识别(标准版)界面填写"access_token"编码

如图 4‑235 所示,文字识别—通用文字识别(标准版)界面上传文字图片。进一步地,在文字识别—通用文字识别(标准版)界面查看 base64 编码后的图像数据(图 4‑236)。同时,在文字识别—通用文字识别(标准版)界面,配置识别语言及探测图片方向信息(图 4‑237),其他参数为默认配置。

图 4‑235 在文字识别—通用文字识别(标准版)界面上传文字图片

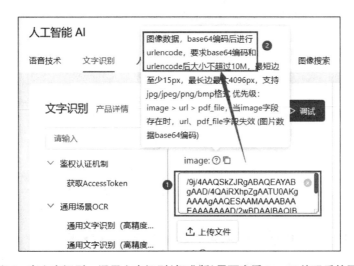

图 4‑236 在文字识别—通用文字识别(标准版)界面查看 base64 编码后的图像数据

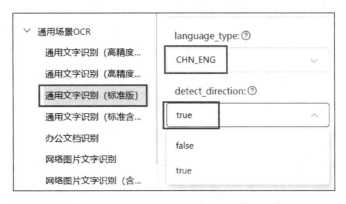

图 4‑237 在文字识别—通用文字识别(标准版)界面配置识别语言及探测图片方向信息

如图 4‑238 所示,在文字识别—通用文字识别(标准版)界面执行"调试"操作。进一步地,在文字识别—通用文字识别(标准版)界面,查看被成功识别的文字(图 4‑239)。

图 4‑238 在文字识别—通用文字识别(标准版)界面执行"调试"操作

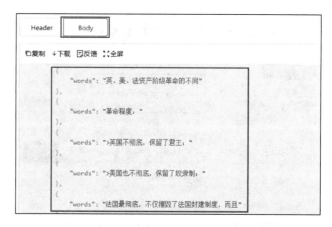

图 4‑239 在文字识别—通用文字识别(标准版)界面查看被识别的文字

4.6.5 创建 Python 程序测试百度文字识别 API 调用

Python 程序发送文字识别请求给百度智能云服务器,其接收 API 返回的响应数据。所编写的 Python 对其进行解析,给出所识别的文字。响应数据通常为 JS 对象标记(JavaScript Object Notation,JSON)格式。用户可根据业务需求提取所需信息,并进行后续处理。如图 4‑240 所示,创建新的 Python 项目。进一步地,命名所创建的 Python 项目并选择编译器及生成 main.py(图 4‑241)。同时,在测试 main.py 程序能够正常运行之后,删除 main.py 的模板内容(4‑242),main.py 变成一个空文件(图 4‑243)。

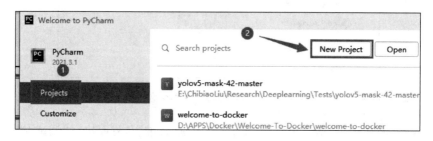

图 4‑240 创建新的 Python 项目

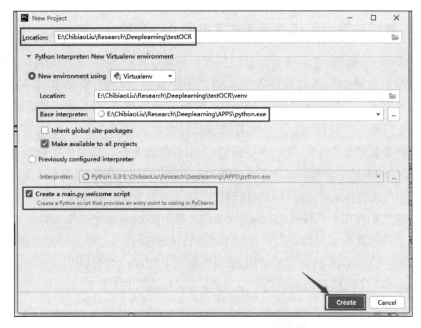

图 4 - 241　命名所创建的 Python 项目并选择编译器及生成 main.py

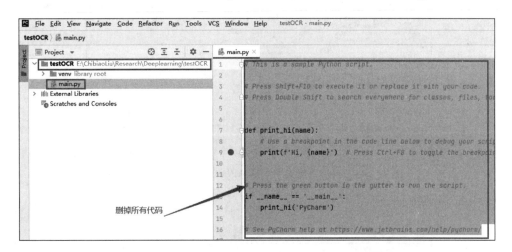

图 4 - 242　测试运行所生成的 main.py 程序并删除模板内容

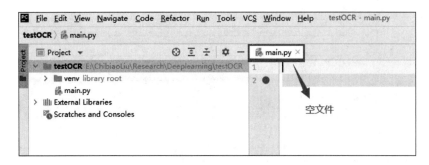

图 4 - 243　删除模板代码后的 main.py 空文件

4.6.6　复制粘贴示例代码测试文字识别 API 调用

图片的 Base64 编码，是将图片数据转换为一种基于 64 个字符的、可打印 ASCII 字符串的编码方法。这种编码通常用于在文本格式中嵌入二进制数据，特别是在 HTML 和 CSS 中嵌入小图像，或者在网络传输中作为一种数据交换格式。Base64 编码使用了 A—Z、a—z、0—9 以及"＋"和"/"这 64 个字符来表示任意的二进制数据。每 3 个字节（24 位）的二进制数据会被划分为 4 个 Base64 字符，每个字符代表 6 位。如果原始数据不是 3 的倍数，那么在编码的末尾会使用"＝"字符作为填充，以确保编码后的字符串长度是 4 的倍数。

这种编码方式的好处是它可以确保数据在传输过程中不会被破坏或误解，因为它只包含 ASCII 字符，这些字符在大多数系统中都是安全的。然而，Base64 编码会增加数据的容量，因为它使用 4 个字符来表示原来的 3 个字节，所以编码后的数据容量大约是原始数据的 4/3 倍。

如图 4－244 所示，复制百度文字识别 API 调试 Python 示例代码。进一步地，将所复制的 Python 示例代码粘贴到 main.py 空文件，并保存该文件（图 4－245）。

图 4－244　复制百度文字识别 API 调试 Python 示例代码

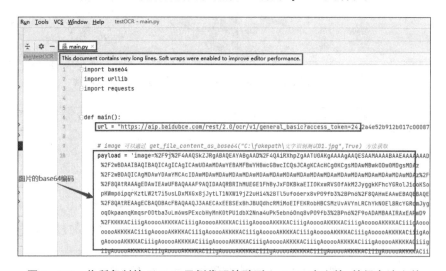

图 4－245　将所复制的 Python 示例代码粘贴到 main.py 空文件，并保存该文件

如图 4‑246 所示,运行 main.py 出现报错。进一步地,如图 4‑247 所示,右击"错误所在行"并手动安装缺失的"requests"软件库。接着,运行 main.py,错误消失并输出图片文字识别结果(图 4‑248)。

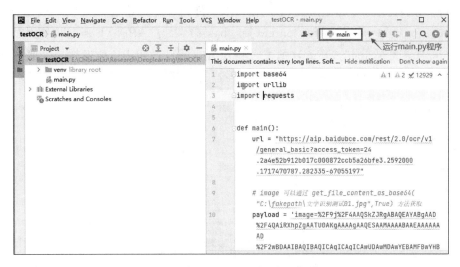

图 4‑246　运行 main.py 出现报错

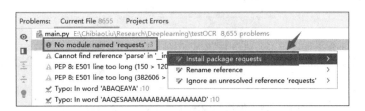

图 4‑247　右击"错误所在行"并手动安装缺失的"requests"软件库

图 4‑248　main.py 运行错误消失并输出图片文字识别结果

4.6.7　使用本地图片测试文字识别 API 调用

使用本地图片进行文字识别时，所使用的 get_file_content_as_base64 函数不是一个内置的 Python 函数，它是一个自定义函数，用于读取文件内容并将其编码为 Base64 字符串。

例如，img_data = get_file_content_as_base64("D:\APPS\EasyDL\图片\文字识别\文字识别测试 02.jpg"，True)（图 4-249）。img_data 被用于生成发往 API 服务器所需要的 payload。具体编码为：payload = f'image={img_data}&language_type=CHN_ENG'。

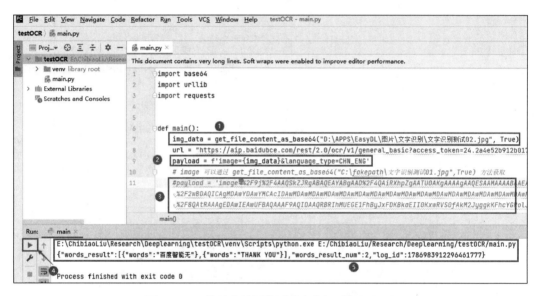

图 4-249　使用本地图片测试文字识别 API 调用

4.7　小结

本章主要讲述了人工智能的开发工具。其中，人工智能相关编程语言及工具，包括 Python、PyCharm、Anaconda、深度学习中 GPU 相关软件的安装及配置。同时，本章也讨论了人工智能数据处理工具，包括 NumPy、Pandas。进一步地，本章介绍了主要的深度学习框架，包括 PyTorch、PaddlePaddle 及其他深度学习框架；Matplotlib、Seaborn 等数据可视化工具；低代码及无代码开发平台，包括华为云 Astro 低代码平台、宜搭、爱速搭、机器人流程自动化等。

实践作业

1. 按照 4.1.2 相关步骤，安装并测试 PyCharm 软件开发工具。

2. 按照 4.1.3 相关步骤,安装并测试 Anaconda 软件开发工具。

3. 按照 4.1.4 相关步骤,安装深度学习中 GPU 相关软件并完成相关配置。

4. 按照 4.1.5 相关步骤,完成 Python 人工智能编程测试。

5. 按照 4.3.1 相关步骤,完成基于 Pytorch 的是否戴口罩检测测试。

案例

Python 在工业自动化中的应用案例

随着工业 4.0 的推进,工业自动化成为制造业转型升级的关键。在这个背景下,Python 作为一种简洁、易读且功能强大的编程语言,在工业自动化领域发挥着越来越重要的作用。

某大型电子产品制造公司就成功地将 Python 应用于其生产线自动化改造中。他们开发了一套基于 Python 的自动化控制系统,用于实现生产线的智能化管理和监控。

这套系统利用 Python 的丰富库函数和强大的数据处理能力,实现了对生产线上各种设备和传感器的实时数据采集、处理和控制。通过编写 Python 脚本,实现了生产线的自动化调度、故障预警和远程监控等功能。

在实际应用中,这套系统能够自动识别生产线上的设备状态,并根据生产需求进行智能调度。同时,系统还能够实时监测设备的运行数据,一旦发现异常或故障,就会立即发出预警并通知相关人员进行处理。此外,通过远程监控功能,管理人员可以随时随地掌握生产线的运行情况,实现远程控制和管理。

Python 的应用使该电子产品制造公司的生产线自动化水平得到了大幅提升,生产效率和产品质量也得到了显著提高。同时,Python 的易读性和可扩展性也使得系统的维护和升级变得更加方便和快捷。

总之,Python 在工业自动化领域的应用为企业带来了更高效、更智能的生产管理方式,有助于提升企业的竞争力和市场地位。

参考文献

[1] Python 官网.https：//www.python.org/.

[2] PyCharm 官网.https：//www.jetbrains.com/pycharm/.

[3] Anaconda 官网.https：//www.anaconda.com/.

[4] PyTorch 官网.https：//pytorch.org/.

[5] Matplotlib 官网.https：//matplotlib.org/.

第5章

EasyDL 人工智能应用开发平台

EasyDL 是一个基于飞桨开源深度学习平台的零门槛人工智能开发平台,主要面向企业人工智能应用开发者,使他们能够在没有算法基础的情况下定制高精度的人工智能模型。EasyDL 设计简约,极易上手,最快 5 分钟即可学会,没有人工智能开发基础的用户也能快速进行模型训练。EasyDL 提供了从数据标注、模型训练到服务部署等全流程功能,满足了用户一站式人工智能开发的需求。基于飞桨深度学习框架构建,结合百度自研的 AutoDL/AutoML 技术,能够基于少量数据获得优质模型。训练完成的模型可以部署在公有云、私有服务器、设备端等,满足各种业务场景需求。EasyDL 在多个领域有广泛的应用,包括但不限于工业制造、安全生产、零售快消、智能硬件、文化教育、政府政务、交通物流等。特别是在零售行业,EasyDL 提供了针对性的解决方案,如货架巡检、自助结算台、无人零售柜等场景的商品检测服务。

5.1 EasyDL 桌面版安装

飞桨 EasyDL 桌面版是百度旗下的一个人工智能开发工具,它是基于飞桨深度学习框架的一个可视化人工智能模型训练平台。飞桨 EasyDL 桌面版是飞桨产业级深度学习开源开放平台推出的最新产品形态,是帮助开发者高效完成本地无网络低算力环境下的人工智能模型开发而推出的最新产品形态,即使没有代码基础也能轻松上手。飞桨 EasyDL 桌面版广泛兼容 Windows、Mac OS、Linux 操作系统,并且能够在离线情况下提供一站式数据处理、模型训练与部署,快至 15 分钟完成一个人工智能模型开发全流程。开发者通过 EasyDL 桌面版可以在自己的电脑上轻松创建人工智能模型,无须上传数据即可完成训练。EasyDL 桌面版支持本地导入导出、高效管理模式,可在无网络环境下进行模型生产。

以下是关于 EasyDL 桌面版的功能特点:① 可视化界面:EasyDL 桌面版提供了直观友好的可视化界面,使用户可以通过拖拽、点击等方式完成模型训练和部署,无须深入的编码知识。② 模型训练:用户可以上传自己的数据集,并选择合适的深度学习模型进行训练,以解决各种图像识别、分类等问题。③ 一键部署:训练完成后,用户可以通过一键部署将模型嵌入自己的应用程序中,无须复杂的部署过程。④ 模型评估:EasyDL 提供了模型评估功能,可以对训练好的模型进行性能评估,以便进一步优化模型。⑤ 数据标注工具：平台内置了数据标注工具，可以帮助用户快速标注数据集，提高训练效率。

EasyDL 桌面版的应用场景主要有以下四个方面：① 图像分类：可以用于识别不同类别的图像。② 目标检测：可以识别图像中的特定对象，并框选出来。③ 图像分割：可以将图像分割成不同的区域。④ 自然语言处理：可以进行文本分类、情感分析等任务。

EasyDL 桌面版的优势主要有以下 3 个方面：① 降低门槛：提供了友好的可视化界面，使模型训练更加容易上手。② 高效快捷：通过拖拽和点击等方式，可以快速完成模型训练和部署，节省了大量的时间和精力。③ 支持丰富的模型：EasyDL 桌面版基于飞桨深度学习框架，支持众多预训练模型，同时也可以自定义模型。

5.1.1　下载 EasyDL 安装包

如图 5 - 1 所示，从官网（https：//ai.baidu.com/easydl/paddle♯paddle-download）下载合适版本的 EasyDL 软件（图 5 - 2）。

图 5 - 1　官网下载飞桨 EasyDL - 桌面版

图 5 - 2　官网下载飞桨 EasyDL - 桌面版 - Windows 版

5.1.2 EasyDL 安装过程

图 5 - 3 双击安装飞桨 EasyDL - 桌面版可执行文件

如图 5 - 3 所示,双击安装飞桨 EasyDL - 桌面版可执行文件,并在许可证协议界面点击"我同意"按钮(图 5 - 4)。

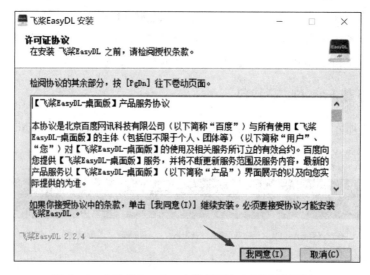

图 5 - 4 在飞桨 EasyDL 安装界面点击"我同意"按钮

如图 5 - 5 所示,在"飞桨 EasyDL 安装"界面点击"下一步"按钮,进而确认安装文件夹并点击"安装"按钮(图 5 - 6)。如图 5 - 7 所示,飞桨 EasyDL 安装进程需要等候一些时间,密切关注安装进程(图 5 - 8)。

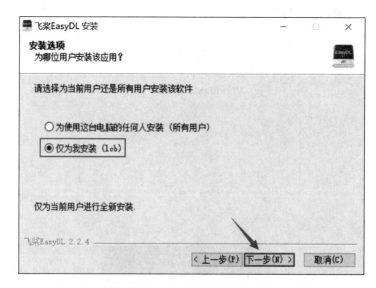

图 5 - 5 在"飞桨 EasyDL 安装"界面点击"下一步"按钮

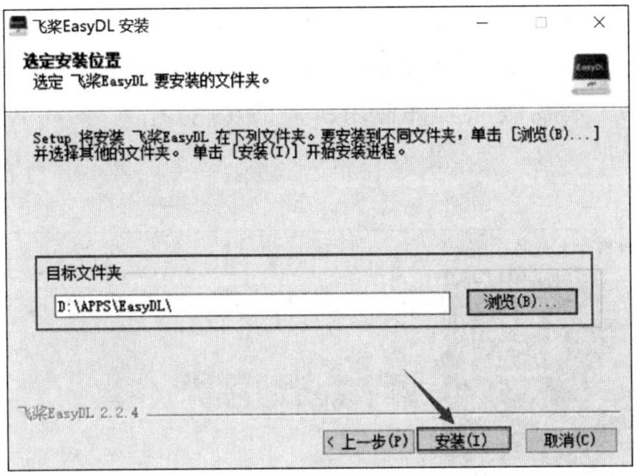

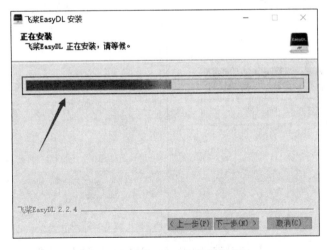

图 5-6 在"飞桨 EasyDL 安装"界面点击"安装"按钮

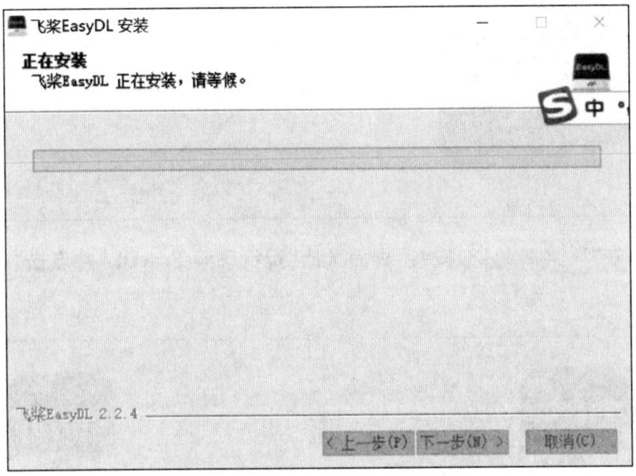

图 5-7 飞桨 EasyDL 安装等候中

图 5-8 飞桨 EasyDL 安装进行中

如图 5-9 所示,在飞桨 EasyDL 安装完成界面,选择"运行飞桨 EasyDL"并点击"完成"按钮。如图 5-10 所示,在飞桨 EasyDL 运行界面选择"激活高级版",继而查看高级版启动界面。如果没有高级版软件使用所需的 16 位序列号,可点击"购买高级版"链接。

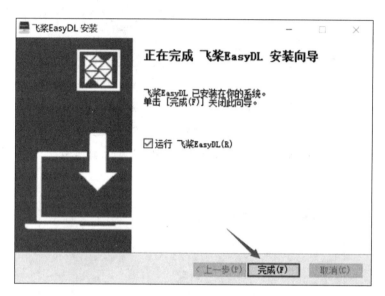

图 5-9 在"飞桨 EasyDL 安装"界面选择"运行飞桨 EasyDL"并点击"完成"按钮

图 5-10 在飞桨 EasyDL 运行界面选择"激活高级版"

　　如图 5‑11 所示,购买飞桨 EasyDL 高级版前,需要先登录/注册百度智能云。成功注册用户后,登录百度智能云(图 5‑12),就可以进入购买飞桨 EasyDL 桌面版界面(图 5‑13)。

　　如图 5‑14 所示,运行飞桨 EasyDL 并选择"使用基础版"。在 EasyDL 软件启动界面,若飞桨 EasyDL 运行检测到"新版本",点击"立即升级"(图 5‑15)。进一步地,飞桨 EasyDL 运行下载"新版本"成功并点击"立即安装"(图 5‑16),进行"新版本"的"重新安装/升级"(图 5‑17)。完成飞桨 EasyDL"重新安装/升级"之后(图 5‑18),在飞桨 EasyDL‑桌面版启动界面,可在"新手引导"窗口中点击"启动新手教程"(图 5‑19),进一步熟悉 EasyDL 的使用步骤。

图 5‑11　在百度智能云购买飞桨 EasyDL 高级版登录/注册界面

图 5‑12　在百度智能云购买飞桨 EasyDL 高级版的登录/注册界面‑短信登录/注册

图 5 - 13　在百度智能云购买飞桨 EasyDL 桌面版界面

图 5 - 14　飞桨 EasyDL 运行选择"使用基础版"

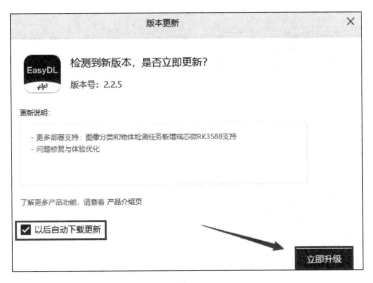

图 5‑15　飞桨 EasyDL 运行检测到"新版本",点击"立即升级"

图 5‑16　飞桨 EasyDL 运行下载"新版本"成功并点击"立即安装"

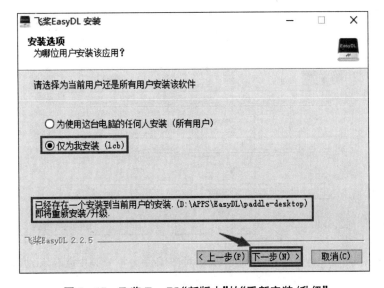

图 5‑17　飞桨 EasyDL"新版本"的"重新安装/升级"

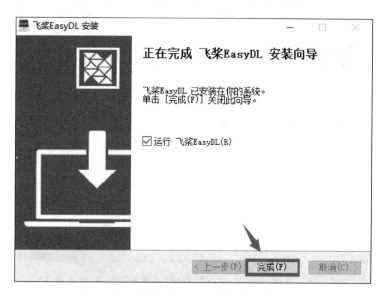

图 5-18 完成飞桨 EasyDL"重新安装/升级"

图 5-19 在飞桨 EasyDL-桌面版启动界面,可在"新手引导"窗口中点击"启动新手教程"

5.2　飞桨 EasyDL 桌面版测试

飞桨 EasyDL 桌面版是百度针对客户端开发的零门槛人工智能开发平台,可在离线状态通过本地资源完成包括数据管理与数据标注、模型训练、模型部署的一站式开发流程。无须机器学习专业知识,通过模型创建→数据上传→模型训练→模型发布,全流程可视化便捷操作,最快 15 分钟即可获得一个高精度模型。

针对有一定模型开发基础的开发者,飞桨 EasyDL 同时还提供了预置模型调参、Notebook 建模两种建模方式,开发者可根据自身经验进行调整,以获得更适合特定场景的模型。目前,飞桨 EasyDL 已支持训练图像分类、物体检查、实例分割 3 种不同应用场景的模型。

1. 图像分类

① 图片内容检索:定制训练需要识别的各种物体,并结合业务信息展现更丰富的识别结果;② 图片审核:定制图像审核规则,如直播场景中抽烟等违规情况;③ 制造业分拣或质检:定制生产线上各种产品识别,进而实现自动分拣或质检;④ 医疗诊断:定制识别医疗图像,辅助医生进行诊断。

2. 物体检测

① 视频监控:如检测是否有违规物体、行为出现;② 工业质检:如检测图片中微小瑕疵的数量和位置;③ 医疗诊断:如细胞计数、中草药识别等。

3. 实例分割

① 专业检测:应用于专业场景的图像分析,比如,在卫星图像中识别建筑、道路、森林,以及在医学图像中定位病灶、测量病灶面积等。② 智能交通:识别道路信息,包括车道标志、交通标志等。③ 图像分类模型:主要用于识别一张图片中是否是某类物体、状态、场景,适合图片中主体或状态单一的场景。本章以猫狗识别模型在 Windows 客户端中的使用为示例,演示图像分类模型训练全过程,包括自定义模型的训练及发布。

5.2.1　提前准备训练数据

图像分类需要提供不同类别的图片并进行标注,完成后即可训练对应图像分类模型,自动识别图片中是否包含某类物体、状态、场景。本章利用 200 张猫狗图片,训练猫狗识别模型、发布模型,并进行 H5 应用测试。

5.2.2　创建猫狗数据集

如图 5 - 20 所示,在"数据总览"界面点击"创建数据集",创建猫狗数据集。在数据集创建界面输入数据集名称、选择标注类型后点击"完成"。

图5－20　在"数据总览"界面创建"猫狗"数据集

5.2.3　导入猫狗数据

　　如图5－21所示,数据集创建完成后可在"我的数据总览"界面查看已创建完成的数据集,点击"导入"跳转至数据导入界面。

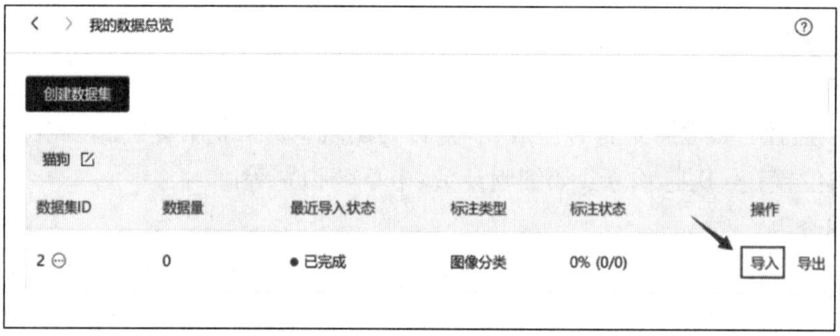

图5－21　在"我的数据总览"界面查看已创建的数据集,点击"导入"操作按钮

　　如图5－22所示,数据导入支持无标注信息和有标注信息两种数据标注状态的数据,以及多种导入方式。以下以无标注信息图片的导入为示例,其余各类型导入方式可参考。导入图像数据,选择数据标注状态与文件路径。

　　如图5－23所示,选择被导入的"猫狗训练数据"文件夹,在"我的数据总览"界面上传时注意格式要求;完成后,点击"确认并返回"按钮(图5－24)。进一步地,在"我的数据总览"界面显示被导入的200张图片的信息,并点击"查看与标注"按钮(图5－25)。

5.2.4　标注猫狗数据

　　在"我的数据总览"界面找到需要标注的数据集,点击"查看与标注",跳转至标注页面。如图5－26所示,在"我的数据总览"界面显示猫狗图片及标注信息,并添加标签"猫"及"狗"(图5－27)。如图5－28所示,在"我的数据总览"界面右上角点击"批量标注"。

图 5 - 22　在"我的数据总览"界面选择数据导入路径

图 5 - 23　选择被导入的"猫狗训练数据"文件夹

图 5 - 24　在"我的数据总览"界面点击"确认并返回"按钮

图 5‑25　在"我的数据总览"界面显示被导入的 200 张图片的信息，并点击"查看与标注"按钮

图 5‑26　在"我的数据总览"界面显示猫狗图片及标注信息并添加标签"猫"

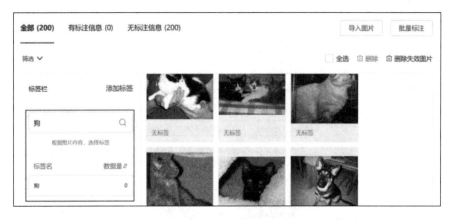

图 5‑27　在"我的数据总览"界面显示猫狗图片及标注信息并添加标签"狗"

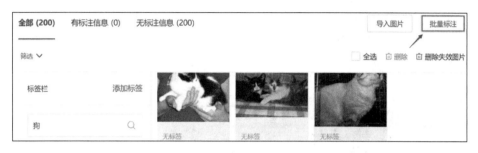

图 5‑28　在"我的数据总览"界面右上角点击"批量标注"

　　进一步地,实施批量标注"猫"(图 5‑29),并在"我的数据总览"界面查看批量标注"猫"后的数据标注信息变化(图 5‑30)。同样地,在"我的数据总览"界面批量标注"狗"(图 5‑31),并查看批量标注"狗"后的数据标注信息变化(图 5‑32)。最后,在"我的数据总览"界面可以看到,"猫狗"数据已标注完毕(图 5‑33)。标注完所有图片后,该数据集便可用于后续训练任务。

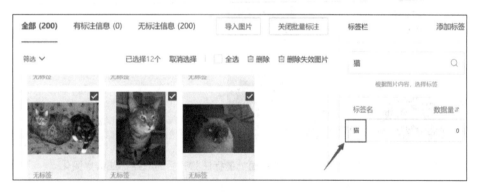

图 5‑29　在"我的数据总览"界面批量标注"猫"

图 5‑30　在"我的数据总览"界面批量标注"猫"后的数据标注信息变化

图 5‑31 在"我的数据总览"界面批量标注"狗"

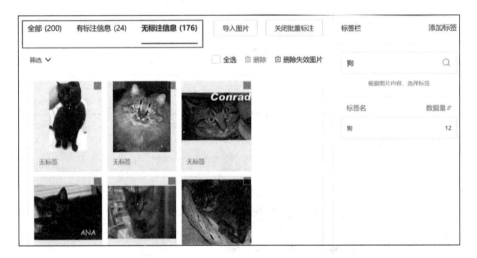

图 5‑32 在"我的数据总览"界面批量标注"狗"后的数据标注信息变化

‹ › 我的数据总览

创建数据集

猫狗 ☑				
数据集ID	数据量	最近导入状态	标注类型	标注状态
4 ⊙	200	● 已完成	图像分类	100% (200/200)

图 5‑33 在"我的数据总览"界面显示"猫狗"数据已标注完毕

5.2.5　创建猫狗模型训练任务

如图 5-34 所示,在 EasyDL 工作界面左侧点击"开发",出现"任务总览"界面并点击"创建任务"。在"我的任务"界面,输入任务名称并点击"创建任务"(图 5-35)。

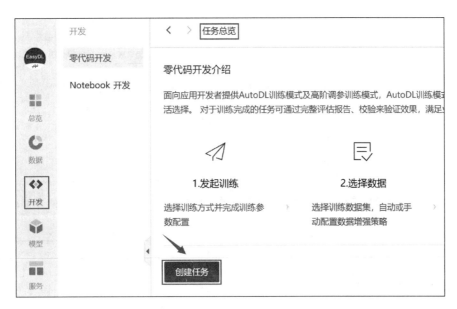

图 5-34　在 EasyDL 工作界面左侧点击"开发"出现"任务总览"界面并点击"创建任务"

图 5-35　在"我的任务"界面输入任务名称并点击"创建任务"

如图 5-36 所示,在数据总览界面选择导出类型、部署方式及算法,并进一步创建数据集。

如图 5-37 所示,任务创建完成后,点击左栏中的"开发",点击"零代码开发",在"任务总览"界面,找到所创建的任务列表并找到"猫狗识别"。

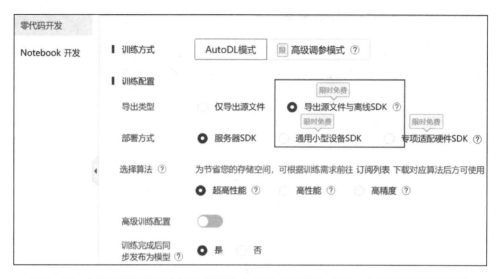

图 5-36 在数据总览界面选择导出类型、部署方式及算法,并进一步创建"猫狗"数据集

图 5-37 在"任务总览"界面查看所创建的"猫狗识别"任务列表所在行信息

如图 5-38 所示,在"猫狗识别"任务所在行右侧,点击"训练",进入训练配置阶段。并在"训练模型"界面训练环境配置区域点击"了解详情"(图 5-39),进而在跳出的"GPU训练环境要求"窗口点击"训练环境检测"(图 5-40)。

图 5‐38　在"任务总览"界面"猫狗识别"任务所在行右侧点击"训练"按钮

图 5‐39　在"训练模型"界面训练环境配置区域点击"了解详情"

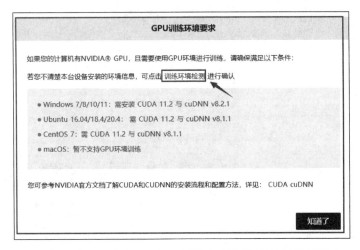

图 5‐40　在"GPU 训练环境要求"窗口点击"训练环境检测"按钮

如图5-41所示,在训练环境检测结果中查看GPU训练环境配置情况。对于训练环境所需要的未安装软件,在"训练模型"界面的"训练环境"下点击"前往下载"进行安装(5-42)。

如图5-43所示,在"产品总览"界面查看相关已下载及未下载软件。同时,在"产品总览"界面点击"联网下载"下载GPU算力环境所需软件Paddle2.2框架(图5-44),进一步地,在"产品总览"界面查看,软件Paddle2.2框架状态已变为"已下载"(图5-45)。然后,重新启动电脑,完成相关的软件的配置,并重新启动EasyDL桌面版软件。如图5-46所示,在"训练模型"界面点击"请选择"添加已标注的数据集。进一步地,在"添加数据集"窗口选择"猫狗"数据集(图5-47)。

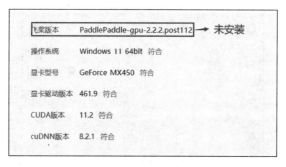

图5-41　在训练环境检测结果中查看GPU训练环境配置情况

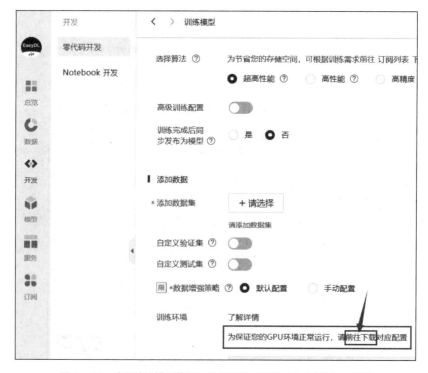

图5-42　在"训练模型"界面的"训练环境"下点击"前往下载"

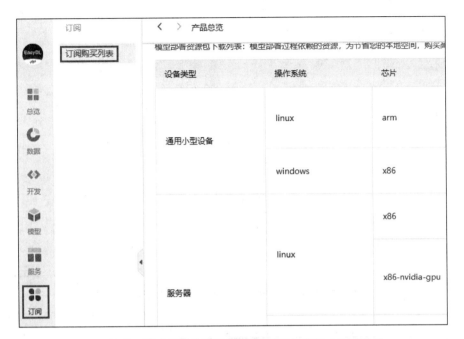

图 5‑43　在"产品总览"界面查看相关已下载及未下载软件

AI框架安装列表：助您在本地端无缝启动GPU环境进行开发训练				
适配算力环境	介绍	下载状态	发布时间	操作
GPU	Paddle2.2框架	● 未下载	2023-09-24	联网下载

图 5‑44　在"产品总览"界面点击"联网下载"下载 GPU 算力环境所需软件 Paddle2.2 框架

AI框架安装列表：助您在本地端无缝启动GPU环境进行开发训练				
适配算力环境	介绍	下载状态	发布时间	操作
GPU	Paddle2.2框架	● 已下载	2023-09-24	联网下载

图 5‑45　在"产品总览"界面中软件 Paddle2.2 框架显示"已下载"

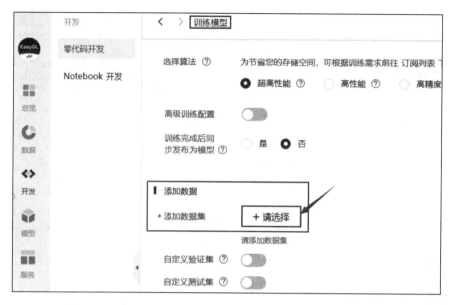

图5-46 在"训练模型"界面点击"请选择"添加已标注的数据集

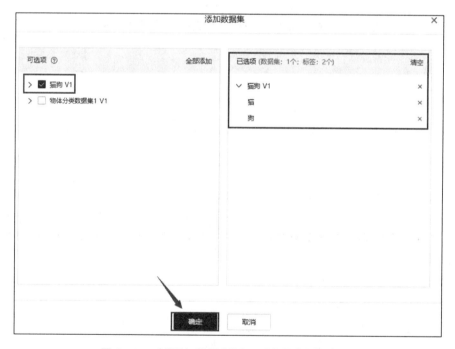

图5-47 在"添加数据集"窗口选择"猫狗"数据集

如图5-48所示,根据需求选择各项训练配置后(选择GPU),添加训练数据集,点击"开始训练"。

如图5-49所示,在"任务总览"界面任务列表下,可以看到处于训练状态的训练任务,将鼠标放在感叹号图标处,即可查看训练进度(图5-50)。

开发
模型
服务
订阅
添加数据
* 添加数据集
+ 请选择
数据集
版本
分类数量
猫狗
V1
2
自定义验证集
自定义测试集
*数据增强策略
默认配置
手动配置
训练环境
了解详情
名称
规格
CPU
AMD Ryzen 7 3800X 8-Core Processor
GPU
NVIDIA GeForce RTX 2080 Ti
开始训练

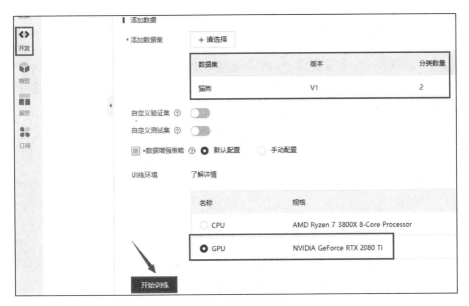

图 5－48　添加训练数据集后点击“开始训练”

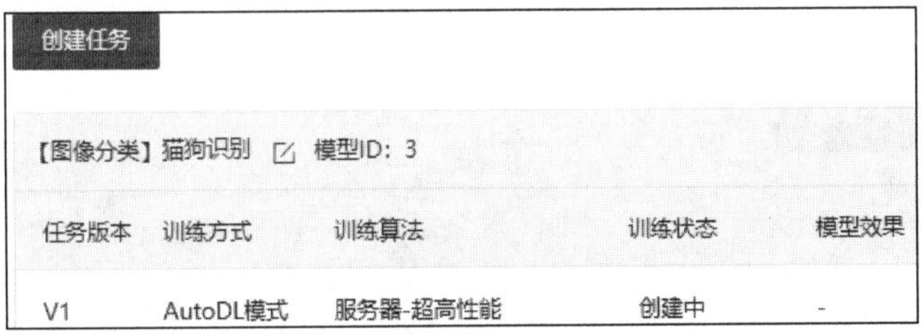

创建任务
【图像分类】猫狗识别
模型ID：3
任务版本
训练方式
训练算法
训练状态
模型效果
V1
AutoDL模式
服务器-超高性能
创建中
-

图 5－49　在“任务总览”界面中显示任务“创建中”

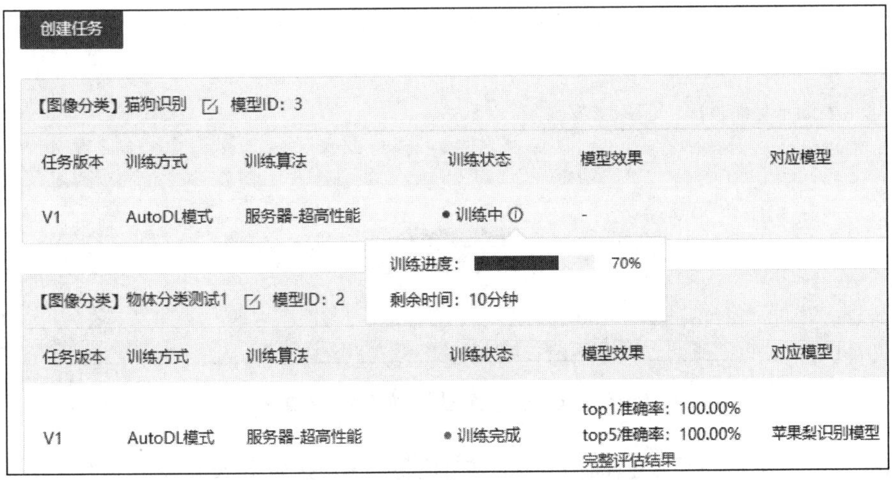

创建任务
【图像分类】猫狗识别
模型ID：3
任务版本
训练方式
训练算法
训练状态
模型效果
对应模型
V1
AutoDL模式
服务器-超高性能
训练中
-
训练进度：
70%
剩余时间：10分钟
【图像分类】物体分类测试1
模型ID：2
任务版本
训练方式
训练算法
训练状态
模型效果
对应模型
V1
AutoDL模式
服务器-超高性能
训练完成
top1准确率：100.00%
top5准确率：100.00%
完整评估结果
苹果梨识别模型

图 5－50　在“任务总览”界面中查看任务训练进度

5.2.6　猫狗识别模型校验

如图 5‐51 所示,训练完成后,可在任务列表下点击"校验"。进一步地,在"校验模型"界面,点击"启动模型校验"按钮(图 5‐52)。如图 5‐53 所示,在"模型校验"界面,点击"添加图片",进行模型校验。

图 5‐51　在任务列表下点击"校验"

图 5‐52　在"校验模型"界面点击"启动模型校验"按钮

图 5‐53　在"校验模型"界面"点击添加图片"

如图 5‐54 所示,在"校验模型"界面添加图片"猫"并查看校验结果。同样,在"校验模型"界面添加图片"狗"并查看校验结果(图 5‐55)。

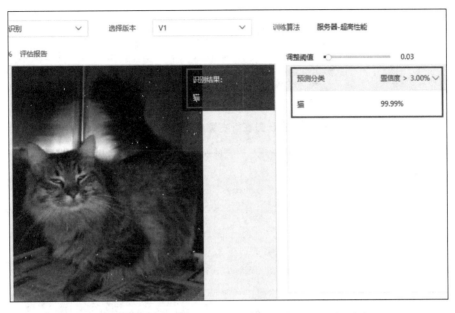

图 5‑54 在"校验模型"界面添加图片"猫"并查看校验结果

图 5‑55 在"校验模型"界面添加图片"狗"并查看校验结果

5.2.7 发布猫狗识别模型

如图 5‑56 所示,确认模型效果满意后,可在任务所在行右侧点击"发布为模型"。在"发布至模型仓库"界面,输入模型名称、版本描述后点击"确定"正式发布为模型(图 5‑57)。进一步地,在"任务总览"界面可查看所发布的"猫狗识别模型"(图 5‑58)。同时,在"模型总览"界面也可以查看所发布的"猫狗识别模型"(图 5‑59)。

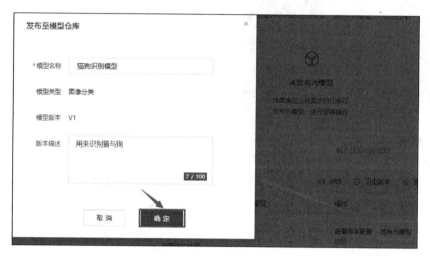

图 5‑56　在任务在行右侧点击"发布为模型"

图 5‑57　在"发布至模型仓库"界面填写相关信息并点击"确定"

图 5‑58　在"任务总览"界面可查看所发布的"猫狗识别模型"

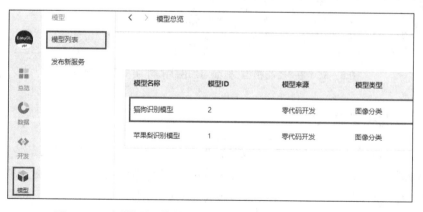

图 5‑59　在"模型总览"界面可查看所发布的"猫狗识别模型"

5.2.8　导出猫狗模型文件及部署猫狗识别 SDK

如图 5‐60 所示,在"模型总览"界面点击"查看"。同时,根据用户在训练时选择的部署方式,可在版本列表中点击"导出模型文件"或"部署"(图 5‐61)。

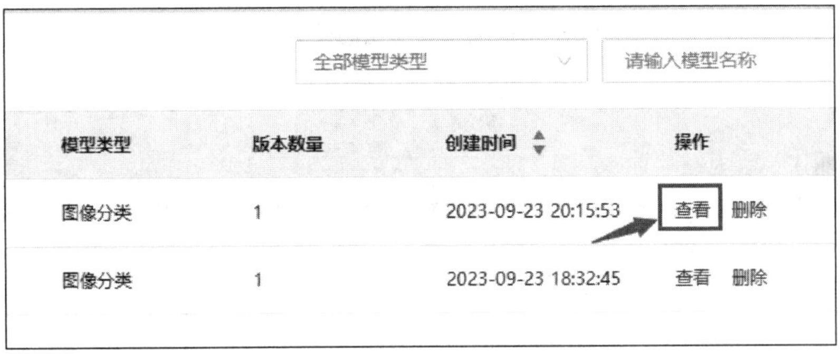

图 5‐60　在"模型总览"界面点击"查看"

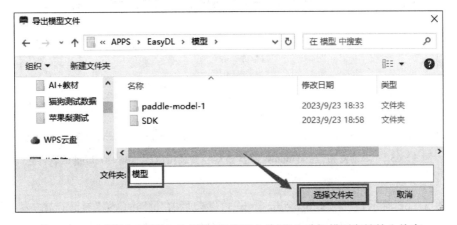

图 5‐61　在版本列表中点击"导出模型文件"或"部署"

如图 5‐62 所示,在"版本列表"中执行"导出模型文件"操作选择模型存储的文件夹。进一步地,可查看被导出的模型文件(图 5‐63)。如图 5‐64 所示,在版本列表中模型所在行右侧点击"部署"进入"服务总览"界面。如图 5‐65 所示,"本地发布"到 Windows 服务器需要安装相应的"x86-nvidia-gpu"软件包,点击"部署"进入"服务发布"界面,选择模型部署设备的芯片型号,点击"发布",跳转至服务列表页。

图 5‐62　在"版本列表"中执行"导出模型文件"操作选择模型存储的文件夹

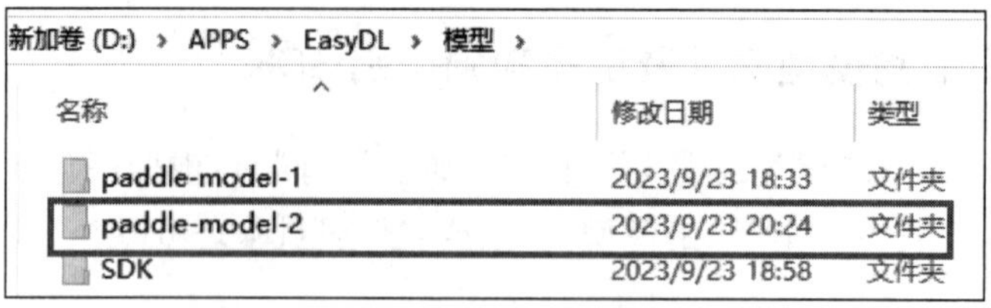

图 5 - 63   查看被导出的模型文件

图 5 - 64   在版本列表中模型所在行右侧点击"部署"进入"服务总览"界面

windows	x86-nvidia-gpu	消费级显卡GeForce系列、RTX系列、TITAN，专业显卡Quadro、Tesla系列	● 已下载	2023-03-17	联网下载

图 5 - 65   "本地发布"到 Windows 服务器需要安装相应的"x86-nvidia-gpu"软件包

如图 5 - 66 所示，安装"x86-nvidia-gpu"软件包后在"服务总览"界面点击"发布"。如图 5 - 67 所示，在服务列表中选择需要导出的模型并点击"导出 SDK"，选择存储位置后即可完成模型 SDK 的导出。进一步地，在“服务总览”界面可查看 SDK 服务相关说明（图 5－68）。如图 5－69，在“服务总览”界面出现“您的离线 SDK 服务额度已超限”提示，点击“提交工单”，执行“提交工单”操作，进入“业务与需求信息”界面（图 5－70）。

模型列表
发布新服务
由于您当前版本预置了最新训练及推理框架，旧版训练
选择模型
猫狗识别模型
模型版本
V1
训练方式
零代码开发-AutoDL模式
训练算法
服务器-超高性能
选择部署环境
服务器
选择系统和芯片
本地发布
云端发布
Linux
Windows
x86+英伟达GPU
发布

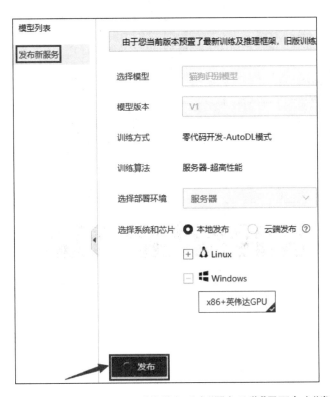

图 5－66　安装“x86-nvidia-gpu”软件包后在“服务总览”界面点击“发布”

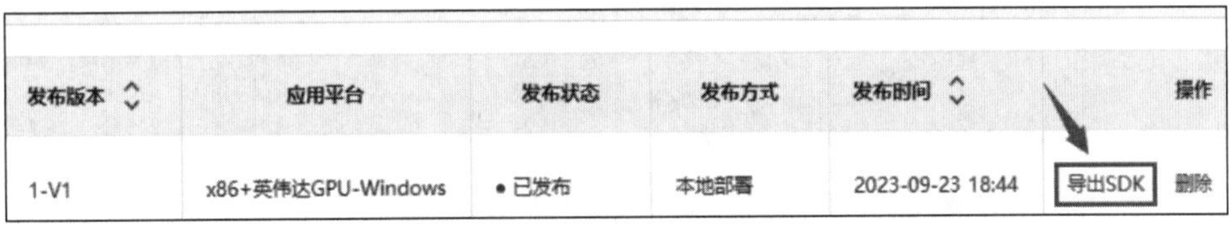
发布版本
应用平台
发布状态
发布方式
发布时间
操作
1-V1
x86+英伟达GPU-Windows
• 已发布
本地部署
2023-09-23 18:44
导出SDK
删除

图 5－67　在服务列表中选择需要导出的模型并点击“导出 SDK”

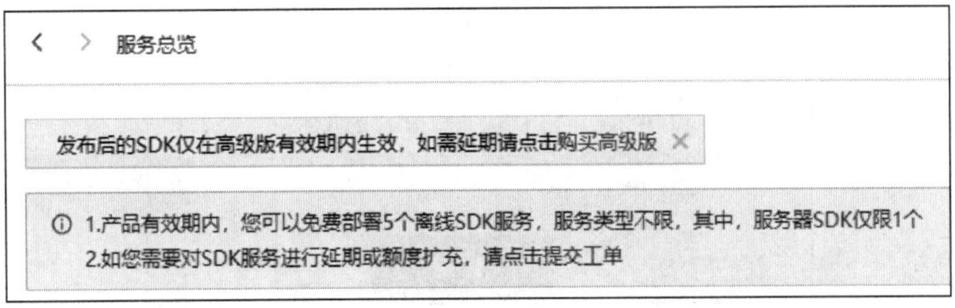
服务总览
发布后的SDK仅在高级版有效期内生效，如需延期请点击购买高级版
1.产品有效期内，您可以免费部署5个离线SDK服务，服务类型不限，其中，服务器SDK仅限1个
2.如您需要对SDK服务进行延期或额度扩充，请点击提交工单

图 5－68　在“服务总览”界面可查看 SDK 服务相关说明

图5-69　在"服务总览"界面出现"您的离线SDK服务额度已超限"提示,点击"提交工单"

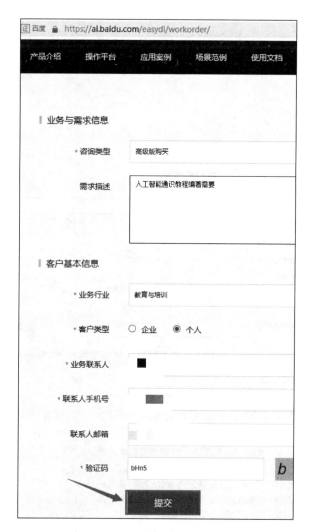

图5-70　执行"提交工单"操作后进入"业务与需求信息"界面

5.3　EasyDL 在线测试

基于云服务的在线 EasyDL 是一种人工智能模型部署和管理工具,支持从数据管理、模型训练到模型部署的一站式服务。用户可以在 EasyDL 的官网注册并登录,进行相关人工智能深度学习应用测试。

5.3.1　注册登录 EasyDL 平台

如图 5-71 所示,在飞桨 EasyDL 官网(https://ai.baidu.com/easydl/)点击"立即使用"按钮,在跳出的"选择模型类型"窗口选择"图像分类"在线应用(图 5-72)。此时,如果没有注册登录百度用户,则跳转至用户注册登录界面(图 5-73)。

图 5-71　飞桨 EasyDL 官网点击"立即使用"按钮

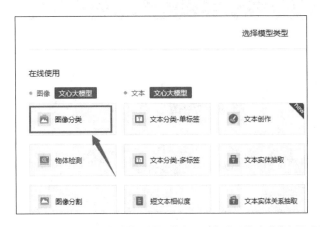

图 5-72　在跳出的"选择模型类型"窗口选择"图像分类"在线应用

图 5-73　如果没有注册登录百度用户则跳转至注册登录界面

5.3.2　创建苹果与梨识别项目

如图 5-74 所示,登录成功后点击界面右侧"数据总览"进入"我的数据总览"界面,点击"创建数据集",在"创建数据集"界面,填写数据集名称并点击"创建并导入"按钮(图 5-75)。

如图 5-76 所示,在"导入配置"界面选择本地导入并点击"上传图片",在"上传图片"窗口点击"添加文件"(图 5-77)。进一步地,执行"Ctrl+A"操作,选中本地文件夹"苹果和梨数据集"中的所有图片(图 5-78)。

图 5-74　登录成功后点击界面右侧"数据总览"进入"我的数据总览"界面,点击"创建数据集"

图 5-75　在"创建数据集"界面填写数据集名称并点击"创建并导入"按钮

图 5-76　在"导入配置"界面选择本地导入并点击"上传图片"

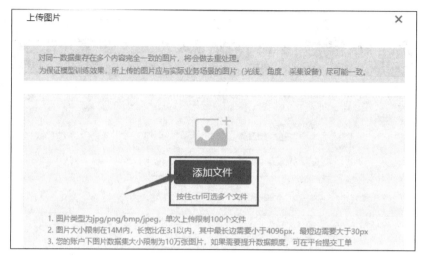

图5-77 在"上传图片"窗口点击"添加文件"

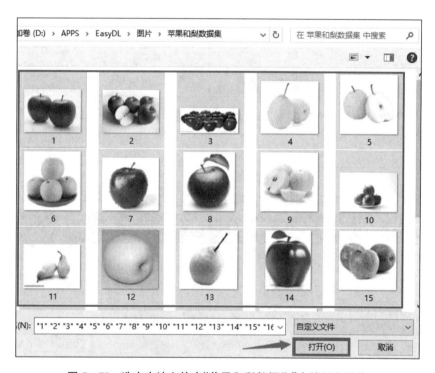

图5-78 选中本地文件夹"苹果和梨数据集"中的所有图片

如图5-79所示,在"上传图片"界面上传所选中的图片。进一步地,在数据集"导入配置"界面显示"已上传23个文件",点击"确认并返回"按钮(图5-80)。在"我的数据总览"界面中显示正在导入上传的数据集(图5-81)。

如图5-82所示,在"我的数据总览"界面中显示数据集导入"已完成"。

图 5‑79　在"上传图片"界面上传所选中的图片

图 5‑80　数据集"导入配置"界面显示"已上传 23 个文件",点击"确认并返回"按钮

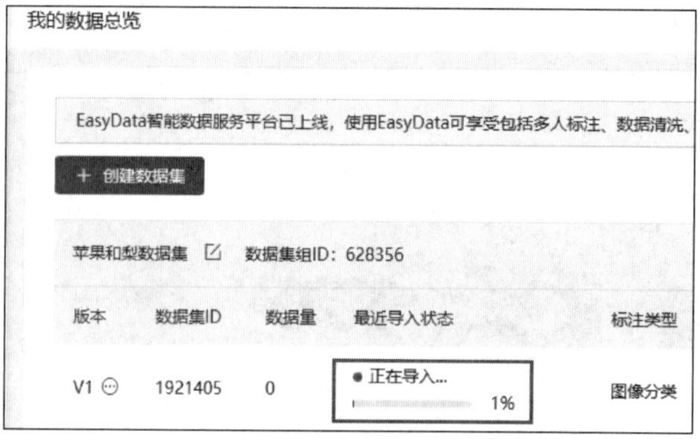

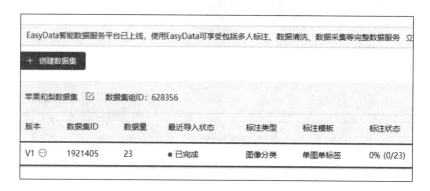

图5-81 在"我的数据总览"界面中显示正在导入上传的数据集

图5-82 在"我的数据总览"界面中显示数据集导入"已完成"

如图5-83所示,工作界面左侧点击"数据总览",找到目标数据集所在的行,点击操作相关按钮,进入"数据集详情"界面后可查看数据标注信息,添加标签"苹果"。同样地,如图5-84所示,在"数据集详情"界面添加标签"梨"并点击界面右上角"批量标注"按钮。

图5-83 在"数据集详情"界面查看标注信息并添加标签"苹果"

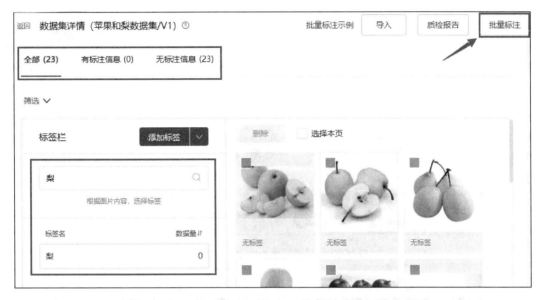

图 5 - 84 在"数据集详情"界面添加标签"梨"并点击界面右上角"批量标注"按钮

如图 5 - 85 所示,在"数据集详情"界面,选中多个"梨"然后进行批量标注。同样地,在"数据集详情"界面选中多个"苹果"然后进行批量标注(图 5 - 86)。进一步地,在"数据集详情"界面中显示标注完毕,并点击右上角"关闭批量标注"按钮(图 5 - 87)。

如图 5 - 88 所示,点击左侧"数据总览"进入"我的数据总览"界面,进一步地,查看"我的数据总览"界面,显示数据已被 100% 标注(图 5 - 89)。

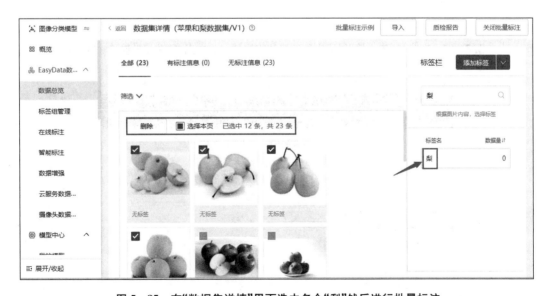

图 5 - 85 在"数据集详情"界面选中多个"梨"然后进行批量标注

图 5-86 在"数据集详情"界面选中多个"苹果"然后进行批量标注

图 5-87 在"数据集详情"界面中显示标注完毕并点击右上角"关闭批量标注"按钮

图 5-88 点击左侧"数据总览"进入"我的数据总览"界面

图 5‑89　在"我的数据总览"界面中显示数据已被 100%标注

5.3.3　苹果与梨识别模型训练

如图 5‑90 所示,在工作界面左侧栏点击"我的模型"进入"我的模型"界面,并点击"创建任务"。

图 5‑90　工作界面左侧栏点击"我的模型"进入"我的模型"界面并点击"创建任务"

如图 5‑91 所示,在"训练模型"界面,填写相关信息并点击"下一步"按钮。进一步地,在"训练模型"界面跳出的"开通付费"窗口点击"确定"按钮(图 5‑92)。在"训练模型"界面完成"数据准备"并点击"下一步"(图 5‑93)。

图 5 - 91 在"训练模型"界面填写相关信息并点击"下一步"按钮

图 5 - 92 在"训练模型"界面跳出的"开通付费"窗口点击"确定"按钮

图 5 - 93 在"训练模型"界面完成"数据准备"并点击"下一步"

如图 5‑94 所示,在"训练模型"界面,进行训练环境配置并查看"训练费用",点击"前往购买"。进一步地,执行"前往购买"操作后跳转至百度账号登录界面(图 5‑95)。

图 5‑94 在"训练模型"界面进行训练环境配置并查看"训练费用",点击"前往购买"

图 5‑95 执行"前往购买"操作后跳转至百度账号登录界面

如图 5‑96 所示,登录之后,在百度智能云"控制台总览"界面,实施"小时包资源购买"。进一步地,确认"小时包资源购买"在线支付金额(图 5‑97)。提交"小时包资源购买"订单并"确认支付"(图 5‑98)。

图 5‑96 在百度智能云"控制台总览"界面实施"小时包资源购买"

时长	单价	计费方式
1年	￥180	量包

产品金额：　　￥180.00

代金券：　　￥0.00

实付金额：　　￥180.00

*后付费服务将根据使用情况从账户余额中扣除，请保证有足够的金额。

《百度智能云线上订购协议》

返回修改　　下一步

图 5‑97 确认"小时包资源购买"在线支付金额

图 5‑98　提交"小时包资源购买"订单并"确认支付"

如图 5‑99 所示，在度小满"快捷支付"界面，执行"确认支付"操作。在订单"支付成功"后点击"返回商户页"(图 5‑100)。进一步地，在百度智能云"控制台总览"界面，显示训练资源服务"开通成功"(图 5‑101)。之后，在"训练模型"界面选择已购买的"GPU P4"训练资源(图 5‑102)。

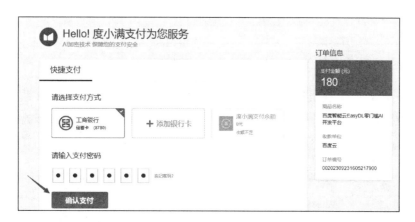

图 5‑99　在度小满快捷支付界面"确认支付"

图 5‑100　订单"支付成功"后点击"返回商户页"

百度
https://console.bce.baidu.con
国庆旅游26个小镇
控制台总览
全局
ICP备案
工单
文档
开通成功!
您购买的服务将在1-5分钟内开通，请耐心等待。您可点击 查看订单明细 了解更多信息。
管理控制台

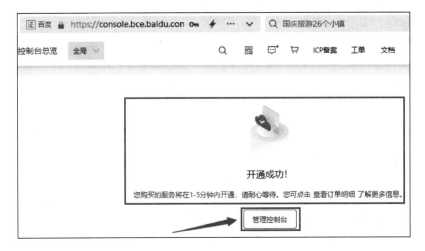

图 5-101　百度智能云“控制台总览”界面显示训练资源服务“开通成功”

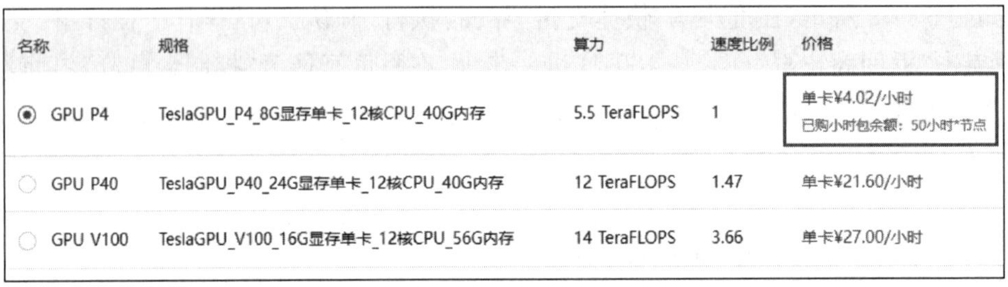

名称
规格
算力
速度比例
价格
GPU P4
TeslaGPU_P4_8G显存单卡_12核CPU_40G内存
5.5 TeraFLOPS
1
单卡¥4.02/小时
已购小时包余额：50小时*节点
GPU P40
TeslaGPU_P40_24G显存单卡_12核CPU_40G内存
12 TeraFLOPS
1.47
单卡¥21.60/小时
GPU V100
TeslaGPU_V100_16G显存单卡_12核CPU_56G内存
14 TeraFLOPS
3.66
单卡¥27.00/小时

图 5-102　在“训练模型”界面选择已购买的“GPU P4”训练资源

如图 5-103 所示，在“训练模型”界面，点击“开始训练”。进一步地，在跳出的提示窗口中点击“继续训练”(图 5-104)。之后，在“我的模型”界面中，训练状态显示“排队中”(图 5-105)。

数据增强
云服务数据...
摄像头数据...
模型中心
我的模型
训练模型
校验模型
发布模型
展开/收起
训练环境：
名称
GPU P4
GPU P40
GPU V100
训练设备数：
1
上一步
开始训练
取消

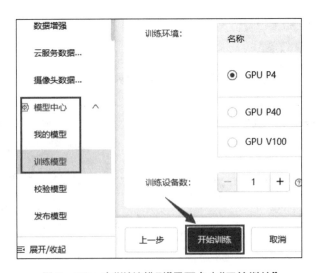

图 5-103　在“训练模型”界面点击“开始训练”

图 5‒104　在跳出的提示窗口中点击"继续训练"

图 5‒105　在"我的模型"界面中训练状态显示"排队中"

　　如图 5‒106 所示，在"我的模型"界面，训练状态显示"训练中 22％"。进一步地，在"我的模型"界面中显示"训练完成"（图 5‒107）。一般来说，百度只能在"控制台总览"界面中查看 EasyDL 图像"定制服务列表"（图 5‒108）。

图 5‒106　在"我的模型"界面中训练状态显示"训练中 22％"

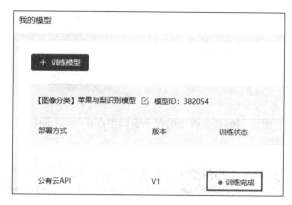

图 5‑107　在"我的模型"界面中显示"训练完成"

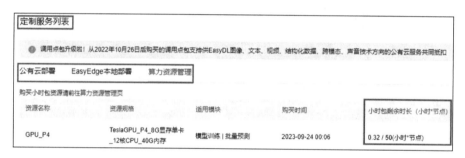

图 5‑108　在百度智能云控制台总览界面查看 EasyDL 图像"定制服务列表"

5.3.4　测试苹果与梨识别模型

如图 5‑109 所示,在"我的模型"界面,执行"校验"操作。进一步地,在"校验模型"界面点击"启动模型校验服务"(图 5‑110)。同时,查看"校验模型"界面,一段时间后显示模型校验"启动中"(图 5‑111)。

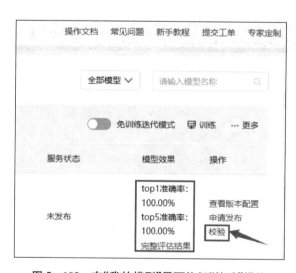

图 5‑109　在"我的模型"界面执行"校验"操作

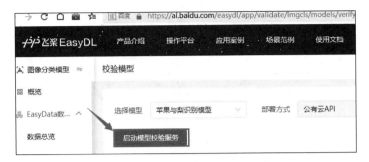

图 5‑110　在"校验模型"界面点击"启动模型校验服务"

图 5‑111　在"校验模型"界面中显示模型校验"启动中"

如图 5‑112 所示，在"校验模型"界面"点击添加图片"，并选择被测试图片"苹果"（图 5‑113）。

图 5‑112　在"校验模型"界面"点击添加图片"

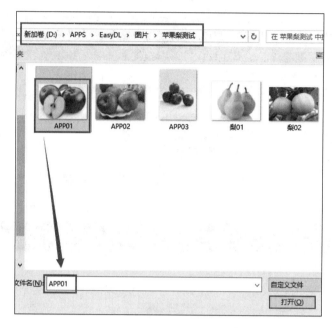

图 5 - 113 选择被测试图片"苹果"

如图 5 - 114 所示,在"校验模型"界面中显示识别结果为"苹果"(置信度 97.1%)。进一步地,在"校验模型"界面选择添加测试图片"梨"(图 5 - 115)。之后,在"校验模型"界面,显示识别结果为"梨"(置信度 90.52%)并点击"申请上线"(图 5 - 116)。

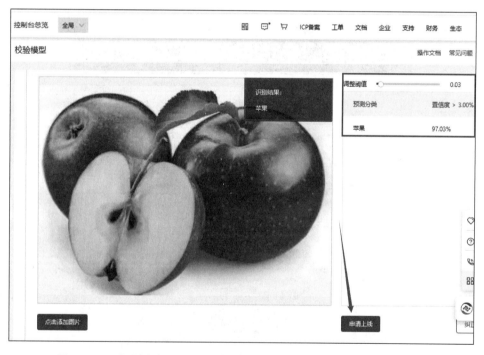

图 5 - 114 在"校验模型"界面中显示识别结果为"苹果"(置信度 97.03%)

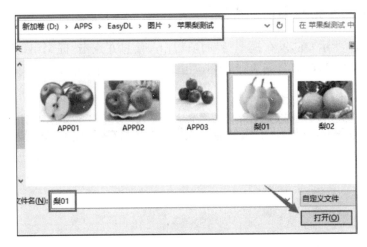

图 5‑115　选择被测试图片"梨"

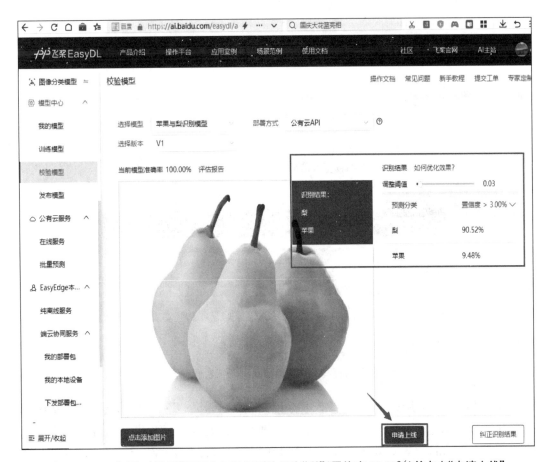

图 5‑116　在"校验模型"界面中显示识别结果为"梨"(置信度 **90.52%**)并点击"申请上线"

5.3.5　发布苹果与梨识别模型

如图 5‑117 所示,在"发布模型"界面填写相关信息并点击"提交申请"按钮。进一步地,在"公有云部署"界面服务列表行右侧点击"体验 H5"(图 5‑118)。

图 5‑117　在"发布模型"界面填写相关信息并点击"提交申请"按钮

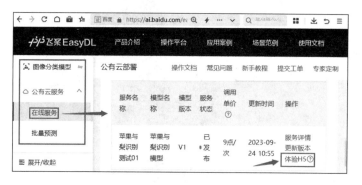

图 5‑118　在"公有云部署"界面服务列表行右侧点击"体验 H5"

H5(HTML5)应用是指基于超文本标记语言 5(Hyper Text Markup Language 5,HTML5)技术构建的网络应用程序。H5 是一种用于构建网页的标准技术,包括 HTML、CSS 和 JavaScript,还支持丰富的多媒体内容和交互功能。① 跨平台性:H5 应用可以在各种设备和操作系统上运行,包括 PC、手机、平板电脑等。② 无须安装:与原生应用不同,H5 应用无须通过应用商店下载和安装,可以通过浏览器直接访问。③ 实时更新:由于不需要安装,开发者可以随时更新 H5 应用,用户无须手动升级。④ 节省空间:H5 应用不会占用设备的存储空间,适用于存储有限的设备。⑤ 灵活性:H5 应用可以与网页互动,可以嵌入网页中,也可以单独作为应用使用。⑥ 多媒体支持:H5 提供了丰富的多媒体功能,包括音频、视频等,可以用于创建富媒体应用。⑦ 交互性:通过 JavaScript 和层叠样式表 3(Cascading Style Sheets 3,CSS3)等技术,可以实现丰富的用户交互效果,提升用户体验。⑧ 可索引性:H5 应用可以被搜索引擎索引,使其更容易被用户找到。

H5 应用的开发通常涉及 HTML、CSS 和 JavaScript 等前端技术。此外,还可以使用框架和库来简化开发过程,如 React、Vue 等。总的来说,H5 应用是一种灵活、跨平台的网络应用开发方式,适用于多种场景,包括网页游戏、移动应用等。

如图 5-119 所示,如果目前用户账号下还未创建 EasyDL 应用,可点击"创建应用"按钮,前往百度智能云 Console 创建后可体验 H5。如图 5-120 所示,"创建 EasyDL 应用"需要重新登录百度账号,并在百度智能云"控制台总览"界面点击"马上创建"(图 5-121)。

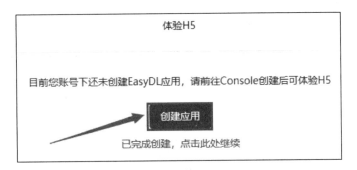

图 5-119　在"体验 H5"窗口点击"创建应用"按钮

图 5-120　"创建 EasyDL 应用"需要重新登录百度账号

图 5 - 121　在百度智能云"控制台总览"界面点击"马上创建"

　　如图 5 - 122 所示,在"创建应用"界面填写应用名称,确认应用归属选择"个人"并点击"立即创建"按钮(图 5 - 123)。进一步地,在百度智能云"控制台总览"界面显示 EasyDL 应用创建完毕并点击"下载 SDK"按钮(图 5 - 124),然后进入百度 AI 所提供的图像识别 SDK 下载界面(图 5 - 125)。

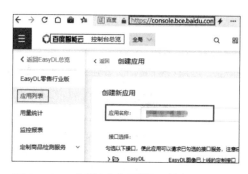

图 5 - 122　在"创建应用"界面填写应用名称

图 5 - 123　在"创建应用"界面确认应用归属选择"个人"并点击"立即创建"按钮

图 5‑124　在百度智能云"控制台总览"界面显示 EasyDL 应用创建完毕并点击"下载 SDK"按钮

图 5‑125　百度 AI 所提供的图像识别 SDK 下载界面

5.3.6　创建及测试苹果与梨识别应用

如图 5‑126 所示,返回"体验 H5"窗口并点击"已完成创建,点击此处继续"。进一步地,在"体验 H5"窗口,选择调用 APP(图 5‑127),选择调用已创建的 APPID(图 5‑128)。

如图 5‑129 所示,在"体验 H5"窗口查看"体验 H5 说明"并点击"下一步"。进一步地,在"体验 H5"窗口的"自定义样式"中填写相关信息并点击"下一步"(图 5‑130)。进而,"体验 H5"窗口显示 H5 体验配置完成信息并生成体验 H5 二维码(图 5‑131)。

图 5‑126　返回"体验 H5"窗口并点击"已完成创建，点击此处继续"

体验H5

·H5中的图像分类功能将使用你的APP进行调用。

·每次体验检测将消耗个人帐号下的调用次数

调用APP：　请选择　　　　　　　　　　∨

图 5‑127　在"体验 H5"窗口选择调用 APP

体验H5

·H5中的图像分类功能将使用你的APP进行调用。

·每次体验检测将消耗个人帐号下的调用次数

调用APP：　请选择　　　　　　　　　　∧

苹果与梨识别测试-APPID：39892780

图 5‑128　在"体验 H5"窗口选择调用已创建的 APPID

体验H5

①　体验H5说明　　　②　自定义样式　　　③　完成

·H5中的图像分类功能将使用你的APP进行调用。

·每次体验检测将消耗个人帐号下的调用次数

调用APP：　苹果与梨识别测试-APPID：39892780　∨

下一步

图 5‑129　在"体验 H5"窗口查看"体验 H5 说明"并点击"下一步"

图 5‑130　在"体验 H5"窗口的"自定义样式"中填写相关信息并点击"下一步"

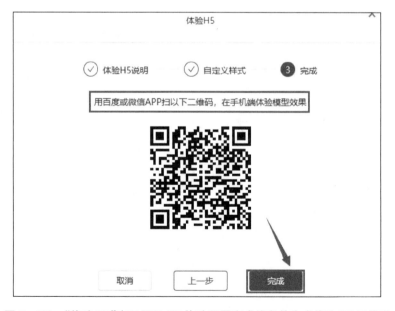

图 5‑131　"体验 H5"窗口显示 H5 体验配置完成信息并生成体验 H5 二维码

　　如图 5‑132 所示,在手机端体验 H5 主界面,上传图片"苹果"并查看识别结果。进一步地,在手机端体验 H5 主界面上传图片"梨"并查看识别结果(图 5‑133)。

图 5‑132 在手机端体验 H5 主界面及上传图片"苹果"并查看识别结果

图 5‑133 在手机端体验 H5 主界面上传图片"梨"并查看识别结果

5.3.7 EasyDL 在线应用管理

如图 5‑134 所示,在"公有云部署"界面服务列表所在行点击"服务详情"。进一步地,在"服务详情"界面接口地址下点击"使用文档"(图 5‑135)。同时,在"帮助文档"界面,可查看"如何发布图像分类 API"(图 5-136)。同样地,在"服务详情"界面接口地址下也可点击"控制台"(图 5-137),即可在"控制台总览"的"公有云部署"中查看 API 列表并开通服务(图 5-138)。

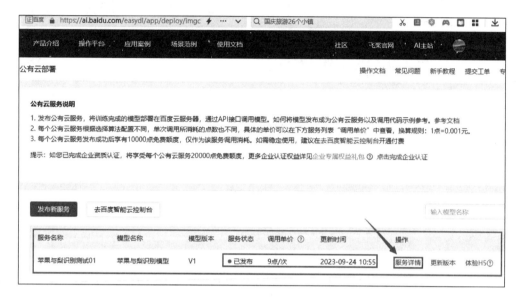

图 5-134　在"公有云部署"界面服务列表所在行点击"服务详情"

图 5-135　在"服务详情"界面接口地址下点击"使用文档"

图 5‐136 在"帮助文档"界面查看"如何发布图像分类 API"

图 5‐137 在"服务详情"界面接口地址下点击"控制台"

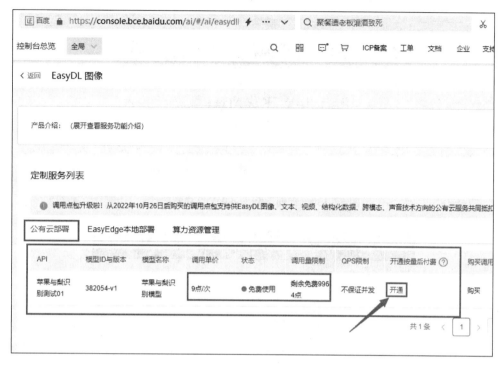

图 5 - 138 在"控制台总览"的"公有云部署"中查看 API 列表并开通服务

5.4 PaddleX

PaddleX 是百度开源的深度学习工具库,旨在为开发者提供一个全面且易于使用的工具集,以便在计算机视觉领域进行快速模型训练、部署和服务化。PaddleX 是飞桨(PaddlePaddle)的全流程开发工具,集飞桨核心框架、模型库、工具及组件等深度学习开发所需全部能力于一身,打通了深度学习开发全流程。PaddleX 同时提供简明易懂的 Python API 及一键下载安装的图形化开发客户端。用户可根据实际生产需求选择相应的开发方式,获得飞桨全流程开发的最佳体验。PaddleX 提供工业级多端多平台部署加速的预编译飞桨软件开发工具包(Software Development Kit,SDK),通过配置业务逻辑流程文件即可以低代码方式快速完成推理部署。PaddleX 支持飞桨视觉套件 PaddleDetection、PaddleClas、PaddleSeg、PaddleX 的端到端统一部署能力。PaddleX 是一个全面的深度学习工具库,专注于计算机视觉任务,提供了许多方便实用的功能和 API,使得从模型训练到部署都变得非常容易。同时,它也是百度 AI 技术的一部分,得到了持续的更新和维护。

5.4.1 PaddleX 软件下载与安装

如图 5 - 139 所示,从官网(https://www.paddlepaddle.org.cn/paddle/paddleX)下载 PaddleX 客户端,并选择 Windows 版(图 5 - 140)。

图 5‑139 官网下载 PaddleX 客户端软件

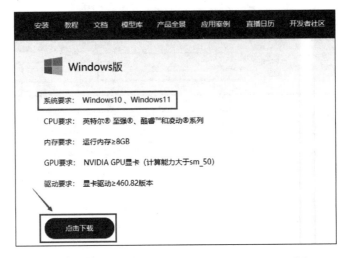

图 5‑140 选择下载 PaddleX 客户端的 Windows 版

下载过程中,如果跳出提交个人信息窗口,则需要填写相关信息(图 5‑141)。

图 5‑141 下载之前先提交个人相关信息并保存

如图 5‑142 所示,下载并将 PaddleX-2.2.1.506.exe 存储到指定的文件夹。

图 5‑142　下载并保存 PaddleX 安装文件

下载完成后,找到 PaddleX-2.2.1.506.exe 文件,双击安装(图 5‑143)。如图 5‑144 所示,在 PaddleX 软件安装启动界面点击"下一步"。

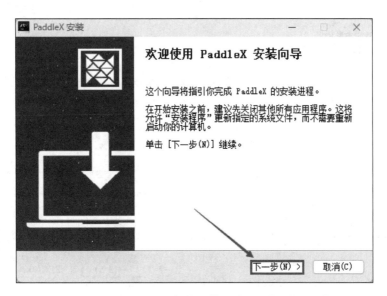

图 5‑143　查看并双击执行 PaddleX-2.2.1.506.exe 软件

图 5‑144　在 PaddleX 软件安装启动界面点击"下一步"

如图 5-145 所示,查看 PaddleX 软件产品服务协议,点击"我同意"。进一步地,选择 PaddleX 软件所需要安装的文件夹(图 5-146)及工作空间目录(图 5-147),密切关注安装进度(图 5-148)。

如图 5-149 所示,在 PaddleX 软件安装完成界面选择"运行 PaddleX",同时,在 PaddleX 软件运行启动界面中允许网络访问(图 5-150)。同时,在 PaddleX 软件"更新概览"界面中点击"关闭"(图 5-151)。

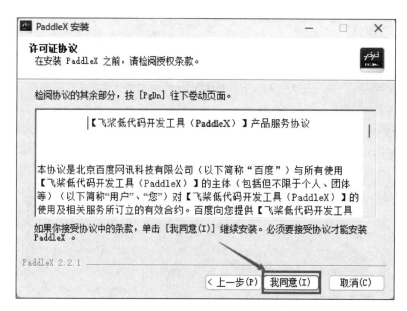

图 5-145 查看服务协议并选择"我同意"

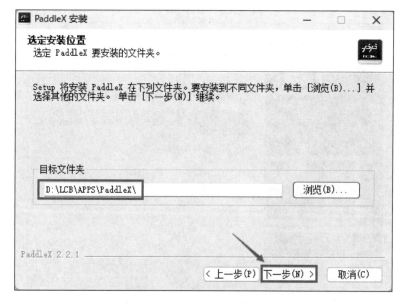

图 5-146 选择 PaddleX 软件所需要安装的文件夹

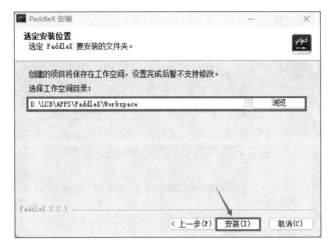

图 5‒147　选择 PaddleX 软件的工作空间目录

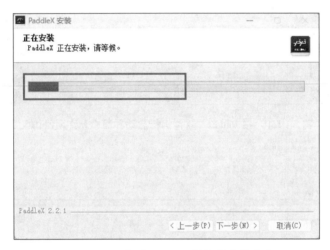

图 5‒148　查看 PaddleX 软件的安装进度

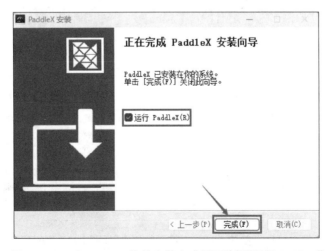

图 5‒149　在 PaddleX 软件安装完成界面选择"运行 PaddleX"

图 5‑150 在 PaddleX 软件运行启动界面中允许网络访问

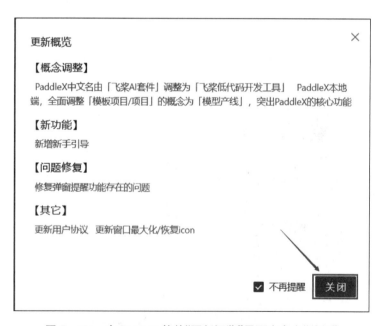

图 5‑151 在 PaddleX 软件"更新概览"界面中点击"关闭"

5.4.2　PaddleX 通用图像分割模型测试

图像分割任务作为计算机视觉基础任务之一，被广泛用于街景分割、医学图像分割、道路分割等场景。PaddleX 提供了不同精度和性能的图像分割模型，包括高精度模型 OCRNet 和 PaddleSeg 团队开发的轻量级模型 PP-LiteSeg。如图 5 - 152 所示，点击"创建"图像分割模型。

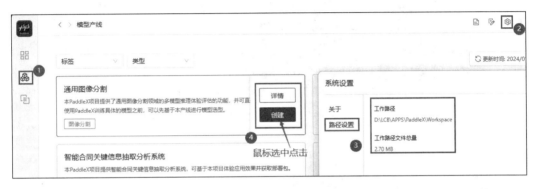

图 5 - 152　点击"创建"图像分割模型

如图 5 - 153 所示，在"模型产线详情"界面点击"进入开发"按钮，在"工具箱模式"界面跳出的提示窗口中点击"我知道了"（图 5 - 154），在"重新加载"跳出的提示窗口中点击"我知道了"（图 5 - 155），在"教程文档"跳出的提示窗口中点击"关闭"（图 5 - 156）。如图 5 - 157 所示，在"工具箱模式"界面选择模型及设备并执行"开始测试"操作，并在"工具箱模式"界面查看图像分割测试结果（图 5 - 158）。

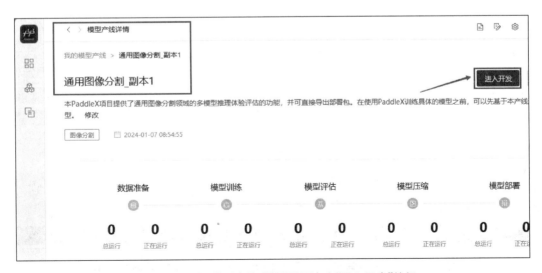

图 5 - 153　在"模型产线详情"界面点击"进入开发"按钮

图 5‑154　在"工具箱模式"界面跳出的提示窗口中点击"我知道了"

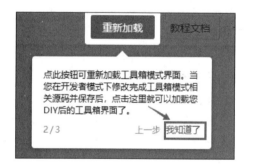

**图 5‑155　在"重新加载"跳出的提示
窗口中点击"我知道了"**

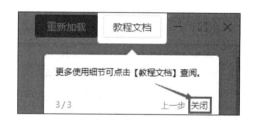

**图 5‑156　在"教程文档"跳出的提示
窗口中点击"关闭"**

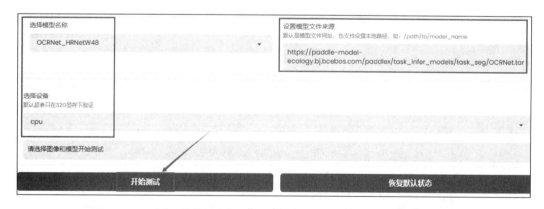

图 5‑157　在"工具箱模式"界面选择模型及设备并执行"开始测试"操作

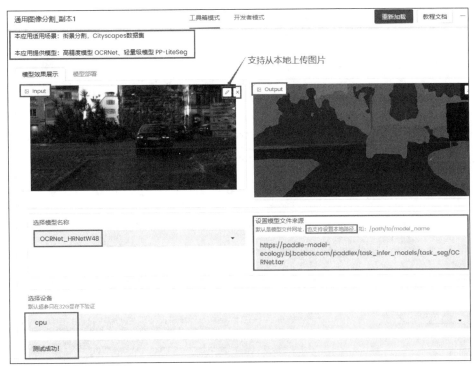

图 5 - 158　在"工具箱模式"界面查看图像分割测试结果

5.4.3　PaddleX 车载路面垃圾检测模型测试

智慧环卫是智慧城市中不可缺少的板块。随着作业严格化、服务综合化、人口老龄化等趋势的发展,环卫行业面临诸多新问题和新挑战,而人工智能的发展成为一大助力,帮助环卫智能升级,实现设施智能化、运营管理信息化、分析决策智慧化。PaddleX 提供了一套完整的智慧城市垃圾检测方案(图 5 - 159 至图 5 - 161),通过在市政环卫车辆上安装摄像头,对路面垃圾进行检测并分析,实现对路面垃圾进行监控(图 5 - 162),记录并通知环卫人员清理,大幅提升了环卫效率。

图 5 - 159　在"模型产线"界面点击"创建"

图 5‑160　在"模型产线详情"界面点击"进入开发"

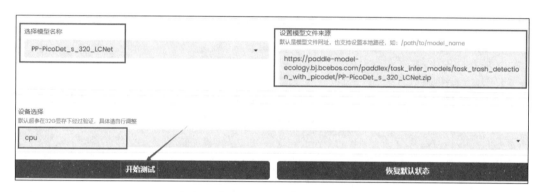

图 5‑161　在"模型产线详情"界面选择模型及设备并执行"开始测试"

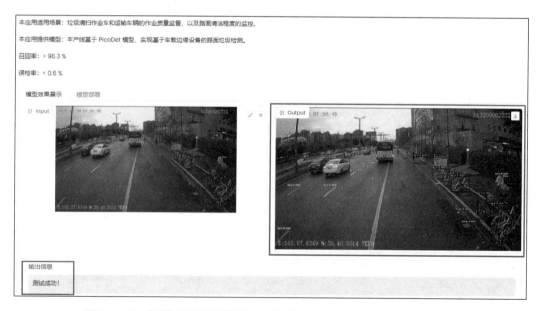

图 5‑162　在"模型产线详情"界面查看测试结果,实现对路面垃圾的监控

5.4.4　PaddleX 通用图像分类模型测试

PaddleX 通用图像分类模型可实现对重点网站平台上图片等信息的智能化识别与筛选,实现图片的快速分类及定位追溯可疑图片来源。

如图 5‑163 所示,在"模型产线"界面选择创建"通用图像分类"模型。进一步地,在"模型产线详情"界面点击"进入开发"按钮(图 5‑164)。同时,在"模型产线详情"界面选择模型及设备并执行"开始测试"(图 5‑165)。

图 5‑163　在"模型产线"界面选择创建"通用图像分类"模型

图 5‑164　在"模型产线详情"界面点击"进入开发"按钮

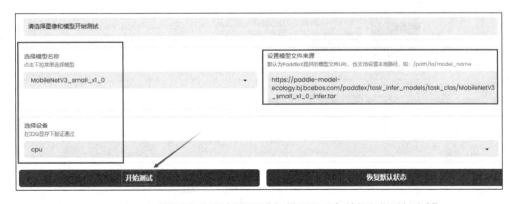

图 5‑165　在"模型产线详情"界面选择模型及设备并执行"开始测试"

如图 5-166 所示,在"通用图像分类任务"界面可查看测试结果。进一步地,在"模型效果展示"界面,可"点击上传"本地图片进行图像分类测试(图 5-167)。

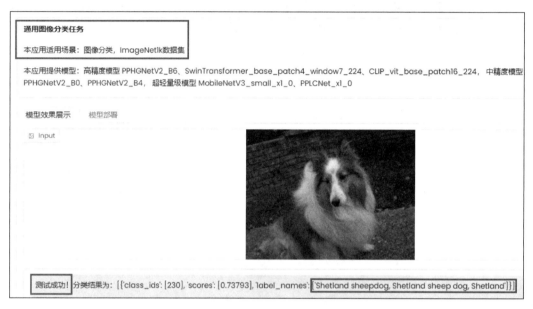

图 5-166   在"通用图像分类任务"界面查看测试结果

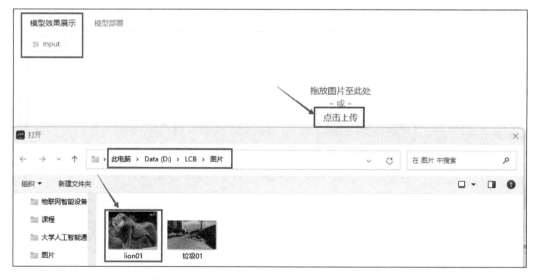

图 5-167   在"模型效果展示"界面可"点击上传"本地图片进行图像分类测试

5.5 小结

本章主要讨论了飞桨 EasyDL 桌面版的安装及测试,包括 EasyDL 软件的下载、

EasyDL 安装过程及飞桨 EasyDL 桌面版测试。本地测试内容,包括提前准备训练数据、创建数据集、导入数据、标注数据、创建训练任务、模型校验、发布模型、导出模型文件及部署 SDK 等。同时,本章也详述了 EasyDL 在线测试,包括注册登录 EasyDL 平台、创建项目、模型训练、测试模型、发布模型、创建及测试 H5 应用、EasyDL 在线应用管理等。

实践作业

1. 按照 5.1 节相关步骤,完成 EasyDL 人工智能开发软件的下载与安装。

2. 按照 5.2 节相关步骤,基于 EasyDL 桌面版软件,完成"猫狗"数据创建、模型训练及模型校验。

3. 按照 5.3 节相关步骤,基于 EasyDL 在线平台,完成"苹果与梨"数据创建、模型训练、模型校验及 H5 手机端应用创建。

4. 注册腾讯账号,测试在线人工智能学习平台(https://cloud.tencent.com/product/tione)。

5. 注册华为账号,测试华为人工智能学习平台(https://www.huaweicloud.com/product/modelarts.html)。

案例

基于 EasyDL 的水果分类系统

随着人们对健康生活方式的追求,水果成为日常饮食中不可或缺的一部分。然而,在水果市场或超市中,由于种类繁多,往往难以快速准确地识别和分类各种水果。为了解决这一问题,某水果零售商决定利用 EasyDL 人工智能应用开发平台,开发一套水果分类系统。

该系统基于 EasyDL 提供的图像识别技术,结合深度学习算法,可对水果进行自动分类。首先,收集大量不同种类水果的图像数据,并对这些数据进行标注和处理。然后,在 EasyDL 平台上训练和优化模型,使其能够准确识别出各种水果的特征并进行分类。

在实际应用中,该系统被部署在水果销售区域,顾客可以通过手机扫描水果的二维码或拍摄水果照片并上传至系统,系统会对上传的图像进行自动处理和分析,快速准确地识别出水果的种类,并提供相关信息,如产地、季节、营养价值等。

基于 EasyDL 开发的水果分类系统,极大地提升了顾客的购物体验。顾客可以更加方便地了解和选择自己喜爱的水果,同时也减少了因误认水果种类而产生的纠纷。此外,该系统还为水果零售商提供了一种新颖的营销手段,吸引了更多顾客的关注和购买。

该案例展示了 EasyDL 在水果分类领域的成功应用,为水果零售行业带来了创新和便利。未来,随着技术的不断发展,基于 EasyDL 的水果分类系统有望在更多场景中得到应用,为人们的生活带来更多便利和乐趣。

参考文献

［1］百度文档.EasyDL 平台简介.https://ai.baidu.com/ai-doc/EASYDL/pk38n3odv, 2024.2.12.

［2］百度文档.EasyDL 图像介绍.https://ai.baidu.com/ai-doc/EASYDL/ok38n2w9h, 2024.2.12.

［3］郝聪,郝婷,邓乐晨,等.EasyDL 在矿井人员监测与预警中的应用[J].无线互联科技, 2023(18)：92-96.

［4］沈兆宇,林忠晨,薛朝阳,等.基于 EasyDL 的芯片表面缺陷检测方法研究[J].科技视界,2023(6)：115-118.

［5］朱金坛.百度 EasyDL 人工智能技术助力高校控烟应用研究[J].现代信息科技,2023 (10)：129-132.

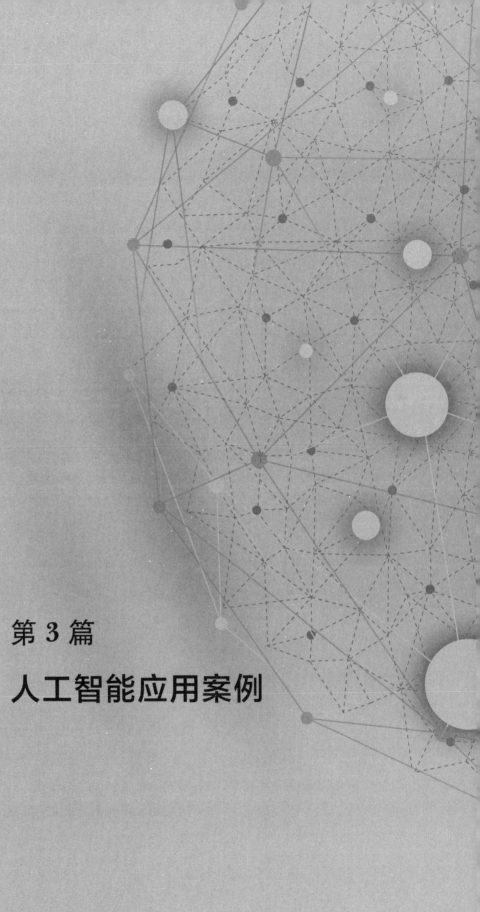

第 3 篇

人工智能应用案例

第**6**章

智 能 预 测

新能源发电量智能预测是一个涉及物理学、统计学、人工智能等多个学科领域的复杂过程。其主要目标是预测新能源(如太阳能、风能等)在未来一段时间内的发电量,以便进行电力调度和规划。通过 EasyDL 时序预测功能可以快速训练新能源发电预测模型,综合考虑发电性能、天气环境等因素,准确预测发电量波动,辅助工业厂区能源管理、电力企业能源调度。

6.1 智能预测简介

智能预测是一种利用人工智能技术对未来结果进行推断和预测的方法,通过收集和分析大量数据,运用机器学习、深度学习等,发现数据中的模式和趋势,从而预测未来的结果。智能预测在众多领域都有广泛的应用,下面将详细阐述其定义、应用领域、基本方法以及成功案例。

1. 定义

智能预测是指利用人工智能技术,通过对历史数据的分析和学习,来推测未来的趋势和结果。这种预测可以基于各种数据类型,如时间序列数据、文本数据、图像数据等,可以应用于多个领域,如金融、医疗、交通等。

2. 应用领域

金融领域:智能预测在金融领域的应用,主要体现在风险控制、投资决策和客户分析等方面。通过对历史金融数据的分析,可以预测股票市场的走势,为投资决策提供依据。同时,还可以利用智能预测来评估客户的信用风险,以制定更合理的风险控制策略。

医疗领域:在医疗领域,智能预测可以助力医生更准确地进行诊断、治疗和预测疾病趋势。例如,通过对病人的历史病历和生理数据进行分析,可以预测某种疾病的发生风险,从而提前采取干预措施。

交通领域:智能预测在交通领域的应用,包括预测交通拥堵情况、路况评估与智能交通管理系统。这些预测可以帮助交通管理部门优化交通网络,降低能耗并减少拥堵,从而提高交通效率和安全性。

其他领域：除了上述领域外,智能预测还可以应用于教育、制造业、环保、文化娱乐等多个领域,实现个性化教学、智能化生产、环境监测和预测,以及为用户提供个性化的娱乐推荐等功能。

3. 基本方法

使用人工智能技术进行预测分析的基本方法,包括数据收集、数据清洗、模型选择和结果评估。首先,需要从各种渠道收集大量多样化的数据。然后,对数据进行清洗和处理以确保数据质量。接着,选择合适的模型进行预测分析,如线性回归、决策树、支持向量机、神经网络等。最后,对模型的预测结果进行评估以判断其准确性和可靠性。

4. 成功案例

啤酒与尿布：超市发现购买尿布的男性顾客通常会顺便购买啤酒,于是将尿布和啤酒搭配销售,从而提高了两者的销量。这个案例体现了智能预测在商品关联销售中的应用。

癌症治疗：对自身所有 DNA 和肿瘤 DNA 进行排序,医生根据基因数据为病人量身定制了治疗方案,可延长了病人的生命。这个案例展示了智能预测在个性化医疗中的重要作用。

预测流感：谷歌通过分析用户的搜索词汇,成功预测了流感的传播趋势和地区分布。这个案例证明了智能预测在公共卫生领域的应用价值。

6.2　时序预测简介

新能源发电是指利用可再生能源或非传统能源来进行发电的过程。相对于传统的化石能源发电方式(如煤炭、石油、天然气等)来说,其具有环保、可持续、低碳排放等优点。利用太阳能光伏板将阳光转化为电能,是目前应用最广泛的新能源发电方式之一。太阳能发电的效率和产量受到许多因素的影响：① 日照是太阳能发电的基本资源；② 地理位置、季节、天气等都是影响太阳能电池板接收阳光的因素；③ 太阳能电池板的温度会影响其效率,高温会降低电池板的能量转化效率。

时序预测模型(Time Series Forecasting Model,TSFM)是一种用于分析并预测时间序列数据的统计模型。时间序列是按时间顺序排列的一系列数据点,通常是在连续的时间间隔内收集的。时序预测模型通过分析这些数据点之间的模式和关系,来预测未来一段时间内的数据点。时序预测模型有很多种,以下介绍几种常见的模型。

(1) 自回归模型(Auto Regressive Model,ARM)：假设当前值是其过去值的线性组合加上一个随机扰动项,模型通过估计这些线性组合的系数来预测未来值。

(2) 移动平均模型(Moving Average Model,MAM)：假设当前值是一个或多个过去随机扰动项的线性组合,这些扰动项是时间序列中的白噪声,模型通过估计这些组合的权重来预测未来值。

（3）自回归移动平均模型（Auto Regressive Moving Average Model，ARMAM）：自回归移动平均模型是自回归模型和移动平均模型的结合。其假设当前值既依赖于过去的值，也依赖于过去的随机扰动项。

（4）自回归积分滑动平均模型（Auto Regressive Integrated Moving Average Model，ARIMAM）：ARIMAM 模型用于处理非平稳时间序列，通过差分运算将非平稳序列转化为平稳序列，然后应用 ARIMAM 模型进行拟合和预测。

（5）季节性自回归移动平均模型（Seasonal Autoregressive Integrated Moving Average Model，SARIMAM）：SARIMAM 模型用于处理具有季节性成分的时间序列数据，其结合了季节性差分和非季节性差分来捕捉时间序列中的季节性和非季节性模式。

（6）长短期记忆网络（Long Short-Term Memory，LSTM）：LSTM 是一种递归神经网络（Recursive Neural Network，RNN）的变体，特别适用于处理长时间依赖关系的时间序列数据。其通过引入记忆单元和门控机制来克服传统 RNN 在处理长序列时的梯度消失问题。

（7）Transformer 模型：Transformer 模型最初是为自然语言处理任务设计的，但也可以应用于时间序列预测。其通过自注意力机制捕捉序列中的长期依赖关系，且具有并行计算的优势。

在选择合适的时序预测模型时，需要考虑数据的特性（如平稳性、季节性、趋势性等）、预测的准确性要求、计算资源的限制，以及模型的复杂性和可解释性等因素。通常，模型的参数需要通过历史数据进行估计，并使用统计方法（如最大似然估计）或机器学习算法进行优化。然后，可以使用训练好的模型对未来一段时间内的数据进行预测。

6.3　时序预测应用案例

6.3.1　新能源发电预测背景

在"碳达峰""碳中和"背景下，风电、光伏等新能源电力并网容量显著提升，并逐步在企业园区自备电厂推广使用。新能源发电与精准调度可以最大限度地节约新能源、提高新能源利用率。

当前，精准预估新能源发电量是一个行业难题。新能源调度的核心依据来自一段时间内对新能源发电量的预测，精准预估发电量可以保证能源调度的合理性。新能源作为消费类产品，其发电量受天气等环境因素影响较大，发电量波动较大，对电网稳定性、能源调度都带来了极大的挑战。除此之外，设备状态、装机容量也是影响发电量预测准确性的关键因素。

可通过 EasyDL 快速构建 AI 预测模型，精准预估新能源发电量，满足上述场景需求。

通过全面采集新能源发电影响因子(社会活动、天气、季节、设备状态等),选择 EasyDL 结构化数据场景的时序预测任务类型,可自动训练不同时间尺度的发电量(天、周、月等)预测模型,有效提升预测准确率。一般来说,新能源发电量智能预测系统的工作流程如下。

(1) 数据收集:系统收集新能源发电站的气象信息,如风速、风向、太阳辐射强度、温度等,以及电网设备运行状态信息。这些信息对于预测发电量至关重要。

(2) 预处理:收集到的数据可能包含噪声、异常值或缺失值,需要进行预处理以提高数据质量。预处理可能包括数据清理、填充缺失值、平滑噪声等。

(3) 特征工程:从预处理后的数据中提取有意义的特征,用于构建预测模型。特征可能包括历史发电量、气象因素、时间因素(季节性、日周期性等)等。

(4) 模型构建:使用机器学习或深度学习算法构建预测模型。常用的算法,包括回归分析、时间序列分析、神经网络等。这一步通常需要根据问题的具体性质和可用数据来选择最合适的算法。

(5) 模型训练与优化:使用历史数据训练模型,并通过调整模型参数来优化预测性能。这一步可能需要使用交叉验证、网格搜索等技术来找到最优参数。

(6) 预测:训练好的模型可以用于预测未来一段时间内的发电量。预测结果通常以概率分布或置信区间的形式给出,以反映预测的不确定性。

6.3.2　创建新能源发电预测数据集

时序预测使用的数据集包含时间列、目标列。新能源发电预测建模所需的数据为时序数据,一般来自发电设备管理系统、天气预报系统等,可线下合并为一份 Excel/CSV 文件后导入 EasyData 数据服务系统用于训练。本示例中使用的数据为时间颗粒度,包含了 Date(日期,时间列)、Temperature(不同测点的环境温度)、Irradiation_intensity(辐照强度)、Full_field_power(全场功率)。

如图 6-1 所示,在已经登录的飞桨 EasyDL 在线开发平台点击左上角的切换符号界面,选择时序预测模型(图 6-2)。进一步地,如图 6-3 所示,在时序预测模型工作界面点击"数据总览",并在"我的数据总览"工作界面点击"创建数据集"(图 6-4)。

图 6-1　在已经登录的飞桨 EasyDL 在线开发平台点击左上角的切换符号

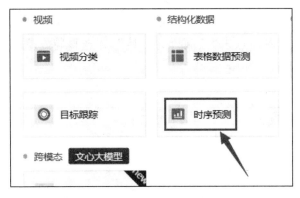

图 6 - 2　选择时序预测模型

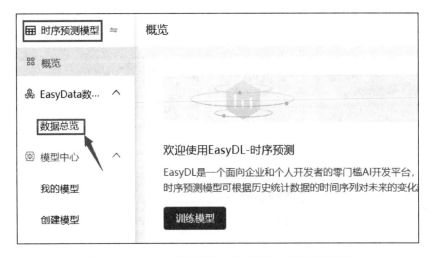

图 6 - 3　在时序预测模型工作界面点击"数据总览"

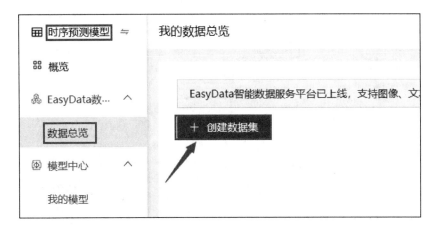

图 6 - 4　在"我的数据总览"工作界面点击"创建数据集"

　　如图6-5所示,在"创建数据集"工作界面填写名称并点击"创建并导入"。进一步地,在"导入数据"工作界面,选择"本地导入"并点击"上传文件"(图6-6)。如图6-7所示,在"上传文件"工作界面点击"已阅读并上传",并选择特定数据集文件点击"打开"(图6-8)。

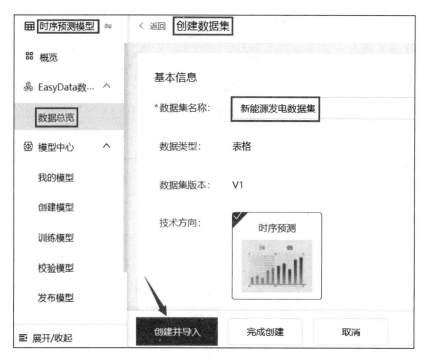

图6-5　在"创建数据集"工作界面填写名称并点击"创建并导入"

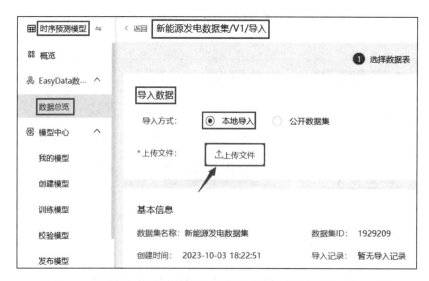

图6-6　在"导入数据"工作界面选择"本地导入"并点击"上传文件"

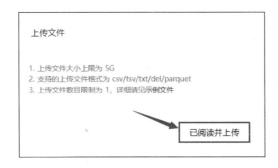

图 6-7　在"上传文件"工作界面点击"已阅读并上传"

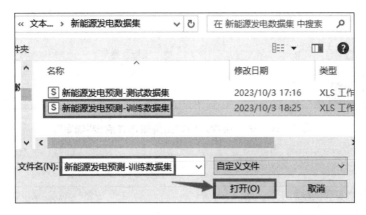

图 6-8　选择特定数据集文件点击"打开"

如图 6-9 所示,在"导入数据"工作界面,确认已上传的数据集并点击"下一步"。进一步地,确认所导入的数据集描述并点击"确定"(图 6-10)。同时,密切关注数据集导入进度(图 6-11)。如图 6-12 所示,查看已导入的数据集状态。之后,可以在已导入的数据集状态界面点击"统计分析"(图 6-13),并可查看已导入的数据集统计分析结果展示(图 6-14)。

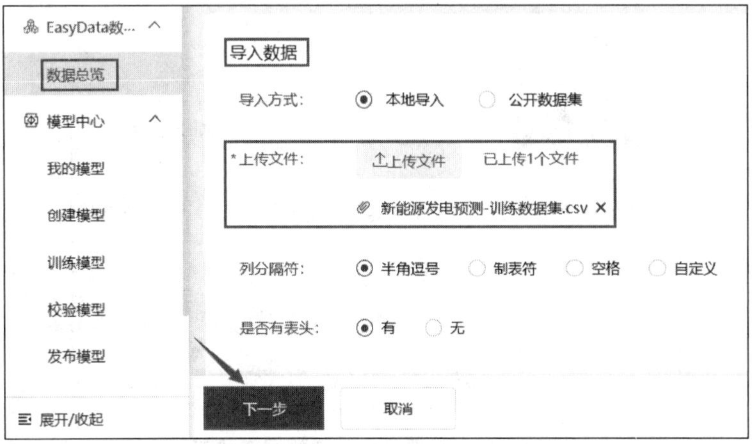

图 6-9　在"导入数据"工作界面确认已上传的数据集并点击"下一步"

图 6-10　确认所导入的数据集描述并点击"确定"

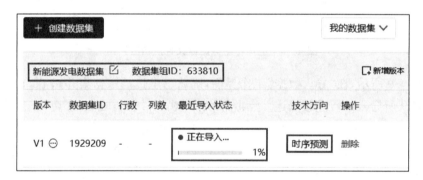

图 6-11　数据集导入进度界面

图 6-12　查看已导入的数据集状态

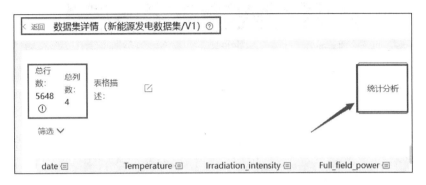

图 6-13　已导入的数据集状态界面点击"统计分析"

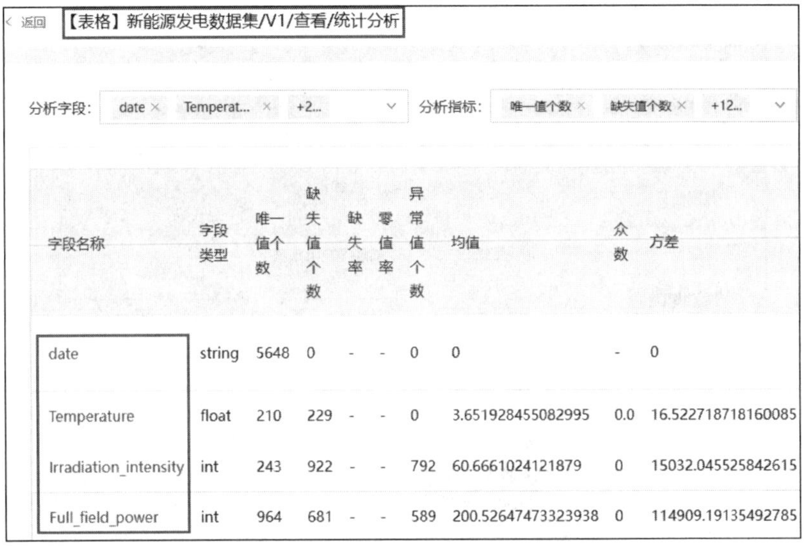

字段名称	字段类型	唯一值个数	缺失值个数	缺失率	零值率	异常值个数	均值	众数	方差
date	string	5648	0	-	-	0	0	-	0
Temperature	float	210	229	-	-	0	3.651928455082995	0.0	16.522718718160085
Irradiation_intensity	int	243	922	-	-	792	60.6661024121879	0	15032.045525842615
Full_field_power	int	964	681	-	-	589	200.52647473323938	0	114909.19135492785

图 6-14　已导入的数据集统计分析结果展示

6.3.3　发起新能源发电预测训练任务

　　数据导入平台后,可进入 EasyDL 时序预测模块进行模型训练。EasyDL 时序预测模块将根据历史的时间序列数据对目标列未来的变化趋势进行预测。根据预测字段长度设置,模型每次可预测未来 1 个或多个点。在配置训练任务时,需指定数据集中的时间列、目标列,平台将根据数据颗粒度自动解析时间间隔。用户可根据预测需求,配置历史滑动窗口大小、预测长度大小。滑动窗口大小往往根据场景经验进行配置,若训练效果不佳,也可返回,尝试不同的滑动窗口大小重新训练。

　　如图 6-15 所示,在"我的模型"界面点击"创建模型",填写相关信息并点击"完成并训练"(图 6-16)。进一步地,在"训练模型"界面选择数据集及训练环境(图 6-17),选择时间列、目标列及训练环境并点击"开始训练"(图 6-18)。同时,在"我的模型"界面查看训练状态(图 6-19)及训练完成后的模型效果展示(图 6-20)。

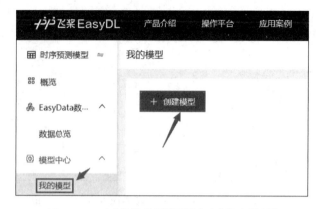

图 6‑15 在"我的模型"界面点击"创建模型"

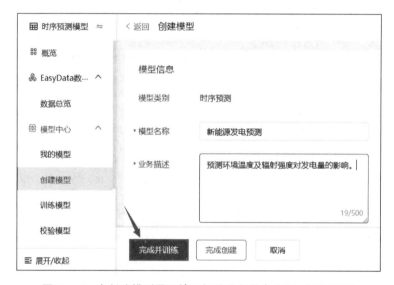

图 6‑16 在创建模型界面填写相关信息并点击"完成并训练"

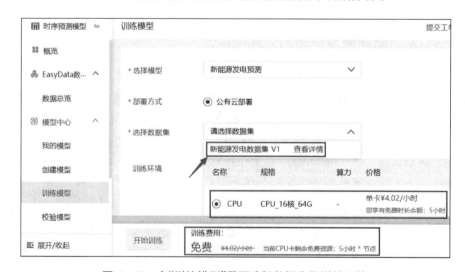

图 6‑17 在"训练模型"界面选择数据集及训练环境

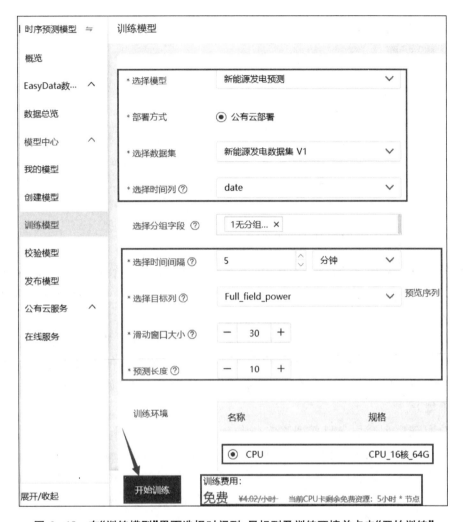

图 6‑18　在"训练模型"界面选择时间列、目标列及训练环境并点击"开始训练"

图 6‑19　在"我的模型"界面查看训练状态

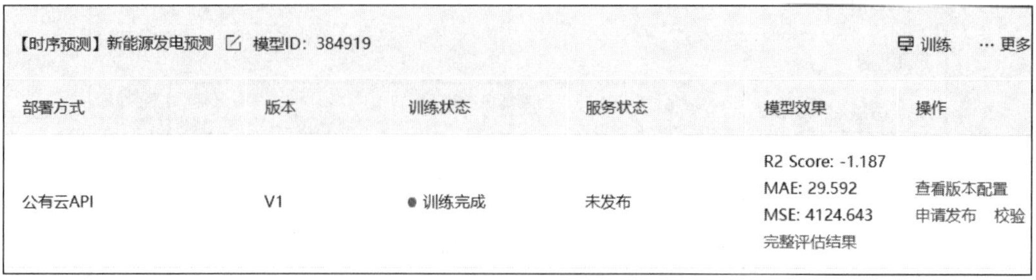

部署方式	版本	训练状态	服务状态	模型效果	操作
公有云API	V1	● 训练完成	未发布	R2 Score: -1.187 MAE: 29.592 MSE: 4124.643 完整评估结果	查看版本配置 申请发布 校验

【时序预测】新能源发电预测 ✎ 模型ID: 384919　🖥 训练 ⋯ 更多

图 6 - 20　训练完成后的模型效果展示

6.3.4　新能源发电预测模型评估与优化

模型训练完成后,可在"评估报告"页面查看模型的主要评价指标。在时间序列预测任务中,一般关注 R2 Score(决定系数)回归得分函数。R2 Score 是一种用于评估回归模型性能的指标,它表示模型预测值与实际观测值之间的相关性程度,取值范围在 0~1 之间。R2 Score 的计算公式为:R2=1-(SSR/SST)。式中,SSR 表示模型预测值与实际观测值之间的残差平方和;SST 表示实际观测值与观测值平均值之间的总平方和。R2 Score 的取值范围在 0~1 之间,越接近 1 表示模型的拟合效果越好,越接近 0 表示模型的拟合效果越差。

部分时间序列数据集目标列真实值与预测值的关系如图 6 - 21 所示;数据集目标列真实值与预测值的差值与时间列的关系如图 6 - 22 所示。进一步地,可查看完整时间序列数据集目标列真实值与预测值的关系(图 6 - 23)。如图 6 - 24 所示,在训练模型结果界面点击"校验"按钮,对所训练出来的模型做进一步的测试。

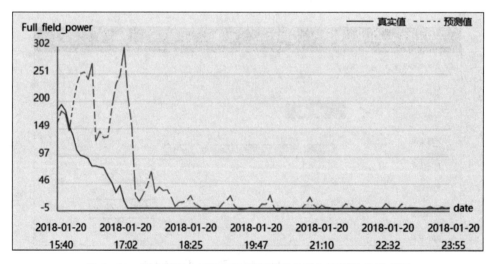

图 6 - 21　部分时间序列数据集目标列真实值与预测值的关系图

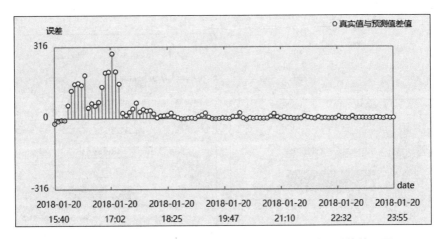

图 6‑22　数据集目标列真实值与预测值的差值与时间列的关系图

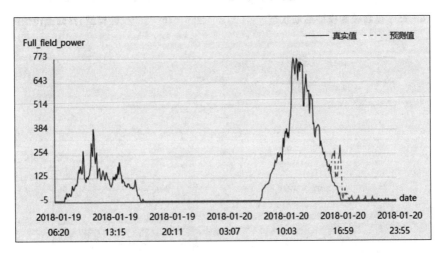

图 6‑23　完整时间序列数据集目标列真实值与预测值的关系图

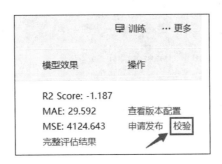

图 6‑24　在训练模型结果界面点击"校验"

如图 6‑25 所示,可查看校验模型启动状态。如图 6‑26 所示,在校验模型界面上传预测数据集。进一步地,在"校验模型"界面查看上传的需要预测的数据集并点击"预测"按钮(图 6‑27)。如图 6‑28 所示,可查看模型预测结果。同样地,可在"校验模型"界面上传新的预测数据集(图 6‑29),并在"校验模型"界面查看真实数据与预测值的比较(图 6‑30)。

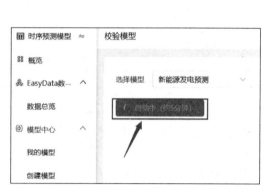

图 6 - 25　查看校验模型启动状态

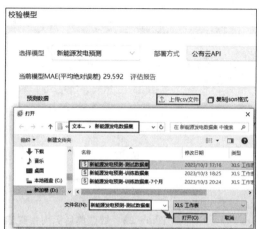

图 6 - 26　在"校验模型"界面上传预测数据集

图 6 - 27　在"校验模型"界面点击"预测"按钮

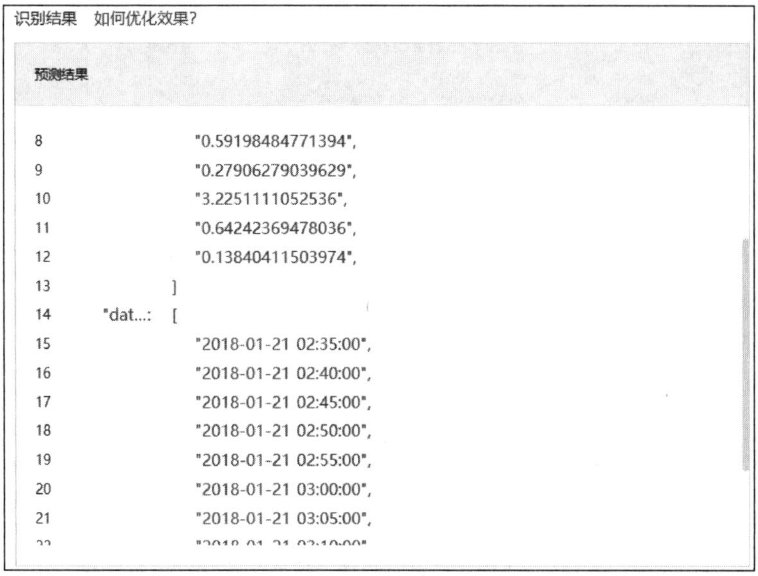

识别结果 如何优化效果？

预测结果

8	"0.59198484771394",
9	"0.27906279039629",
10	"3.2251111052536",
11	"0.64242369478036",
12	"0.13840411503974",
13	]
14	"dat...: [
15	"2018-01-21 02:35:00",
16	"2018-01-21 02:40:00",
17	"2018-01-21 02:45:00",
18	"2018-01-21 02:50:00",
19	"2018-01-21 02:55:00",
20	"2018-01-21 03:00:00",
21	"2018-01-21 03:05:00",
22	"2018-01-21 03:10:00",

图 6-28 查看模型预测结果

图 6-29 在"校验模型"界面上传新的预测数据集

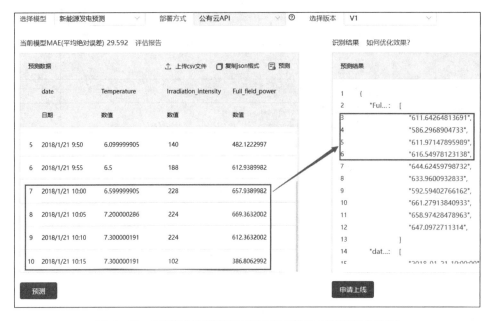

图 6‑30   在"校验模型"界面查看真实数据与预测值的比较

R2 Score(决定系数)的值为−1.187。当模型的拟合效果非常差时,R2 Score 可能会变为负数,通常发生在模型无法捕捉到数据中的任何模式或关系时,该情况下模型的预测值与实际值之间的差异非常大。在小样本量或高维度数据的情况下,模型的自由度可能较高,容易导致过拟合或不稳定的估计,这可能导致 R2 Score 的计算结果出现负数,因为模型在训练数据上表现良好,但在测试数据上表现糟糕。少量时序模型相关数据集训练出来的模型精度不够高,需要使用更大的数据集来训练出精准度更高的时序预测模型。

如图 6‑31 所示,在"我的数据总览"界面点击"创建数据集"按钮。进一步地,在"创建数据集"界面填写名称并点击"创建并导入"按钮(图 6‑32)。同时,在"导入数据集"界面跳出的窗口中点击"已阅读并上传"按钮(图 6‑33),并选择上传含有 53 000 条数据的训练数据集(图 6‑34)。

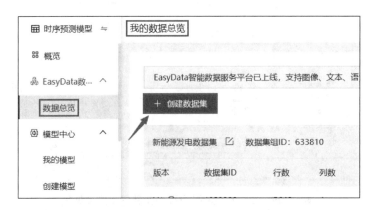

图 6‑31   在"我的数据总览"界面点击"创建数据集"按钮

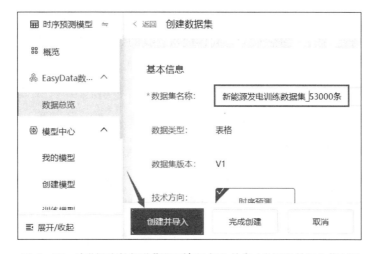

图 6-32　在"创建数据集"界面填写名称并点击"创建并导入"按钮

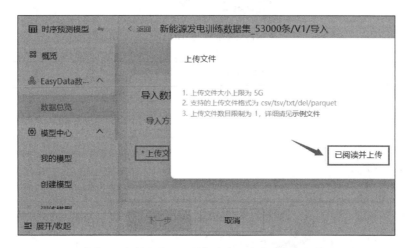

图 6-33　在"导入数据集"界面跳出的窗口中点击"已阅读并上传"按钮

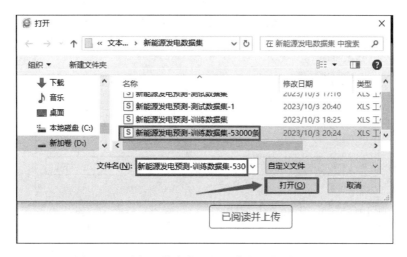

图 6-34　选择上传含有 53 000 条数据的训练数据集

如图 6-35 所示,在"导入数据集"界面点击"下一步"按钮。进一步地,查看所导入的数据集并点击"确定"按钮(图 6-36)。同样地,在"我的数据总览"界面查看所导入的数据集信息(图 6-37)。

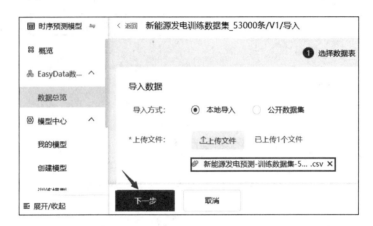

图 6-35 在"导入数据集"界面点击"下一步"按钮

图 6-36 查看所导入的数据集并点击"确定"按钮

图 6-37 在"我的数据总览"界面查看所导入的数据集信息

如图6-38所示,在"我的模型"界面点击"创建模型"按钮。进一步地,在"创建模型"界面填写相关信息并点击"完成并训练"按钮(图6-39)。

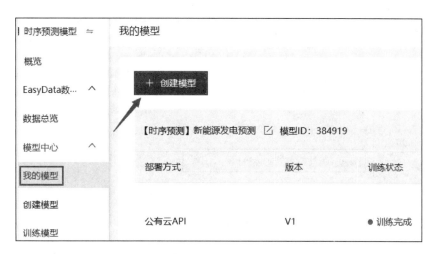

图6-38 在"我的模型"界面点击"创建模型"按钮

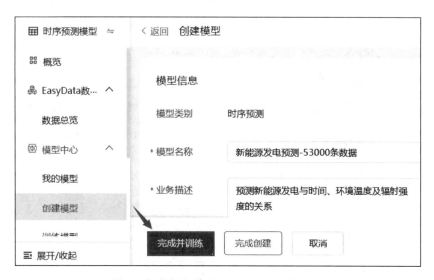

图6-39 在"创建模型"界面填写相关信息并点击"完成并训练"按钮

如图6-40所示,在"训练模型"界面选择数据集目标列及训练环境,并点击"开始训练"按钮。进一步地,在"我的模型"界面查看训练状态(排队中)(图6-41)。

如图6-42所示,在"我的模型"界面查看训练状态(训练中7%)。进一步地,可在"我的模型"界面查看所训练完成后的模型效果(图6-43)。同样地,在"我的模型"界面"模型效果"下方点击"完整评估结果"(图6-44)。同时,在"模型评估报告"界面,可查看训练时长(图6-45)。

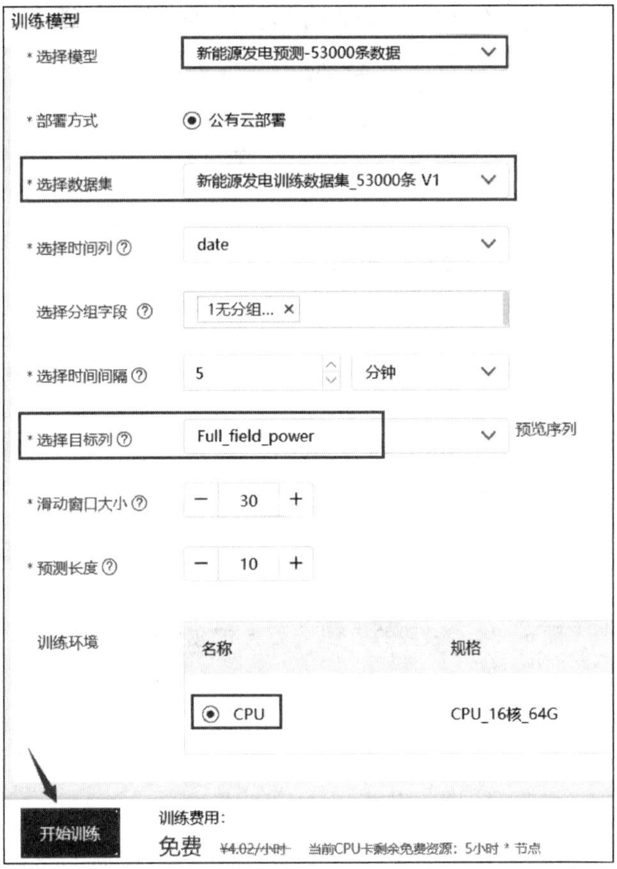

图 6 - 40 在"训练模型"界面选择数据集目标列及训练环境并点击"开始训练"按钮

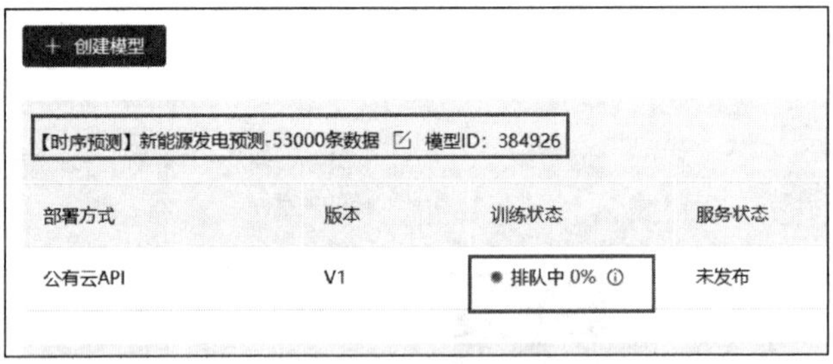

图 6 - 41 在"我的模型"界面查看训练状态(排队中)

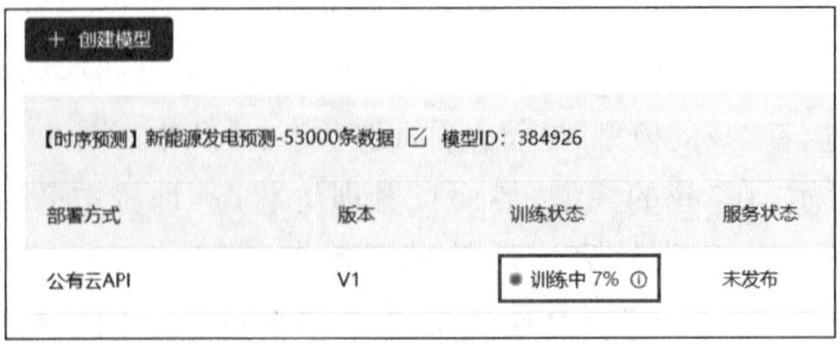

图 6 - 42 在"我的模型"界面查看训练状态(训练中 7%)

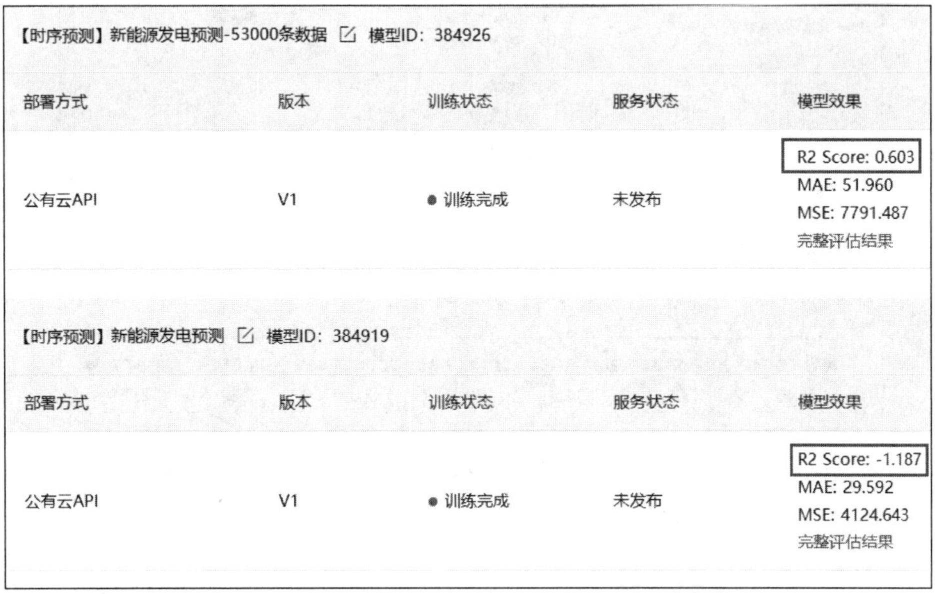

图 6‑43　在"我的模型"界面查看所训练完成后的模型效果

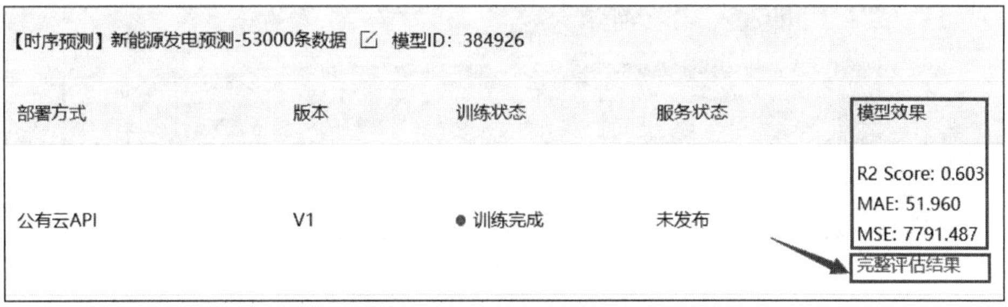

图 6‑44　在"我的模型"界面"模型效果"下方点击"完整评估结果"

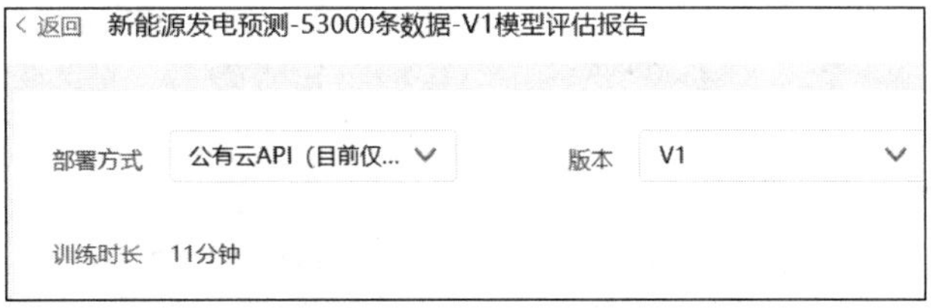

图 6‑45　"模型评估报告"界面显示训练时长

　　如图 6‑46 所示,在"模型评估报告"界面,查看目标列真实值与预测值的关系。进一步地,在"模型评估报告"界面,可查看误差与时间的关系(图 6‑47)。同样地,在"模型评估报告"界面,可查看完整序列真实值与预测值的关系(图 6‑48)。之后,在"我的模型"界面点击"校验"(图 6‑49)。

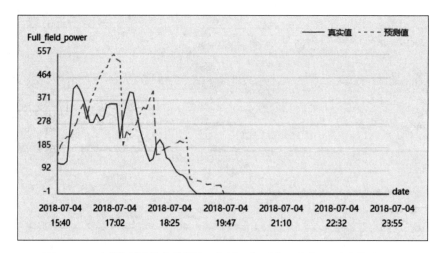

图6‑46 在"模型评估报告"界面查看目标列真实值与预测值的关系图

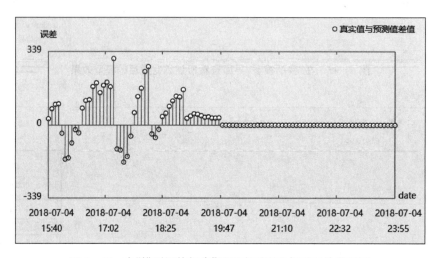

图6‑47 在"模型评估报告"界面查看误差与时间的关系图

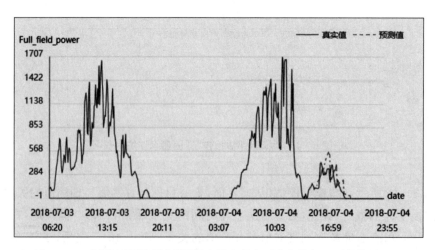

图6‑48 在"模型评估报告"界面查看完整序列真实值与预测值的关系图

图 6‑49 在"我的模型"界面点击"校验"

如图 6‑50 所示,在"校验模型"界面,点击"启动模型校验服务"。进一步地,在"校验模型"界面查看模型服务启动状态(图 6‑51)。同时,在"校验模型"界面查看模型相关信息(图 6‑52)。之后,在"校验模型"界面上传测试数据集(图 6‑53)。

图 6‑50 在"校验模型"界面点击"启动模型校验服务"

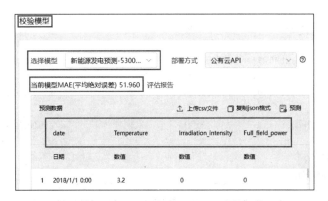

图 6‑51 在"校验模型"界面查看模型服务启动状态

图 6‑52 在"校验模型"界面查看模型相关信息

当前模型MAE(平均绝对误差) 51.960 评估报告
预测数据
上传csv文件
复制json格式
预测
打开
文本... › 新能源发电数据集
在 新能源发电数据集 中搜索
组织
新建文件夹
下载
音乐
桌面
本地磁盘 (C:)
新加卷 (D:)
名称
修改日期
类型
新能源发电预测-测试数据集-1
2023/10/3 20:40
新能源发电预测-训练数据集
2023/10/3 18:25
新能源发电预测-训练数据集-53000条
2023/10/3 21:02
文件名(N): 新能源发电预测-测试数据集-1
XLS 工作表
打开(O)
取消

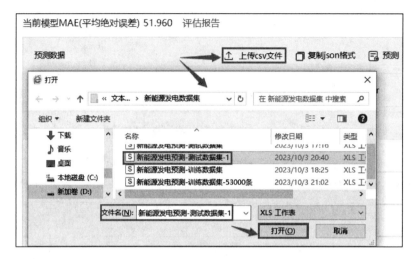

图 6－53　在“校验模型”界面上传测试数据集

如图 6－54 所示，在“校验模型”界面查看测试数据集信息并执行“预测”操作。进一步地，可在“校验模型”界面对比测试数据真实值与预测值(图 6－55)。

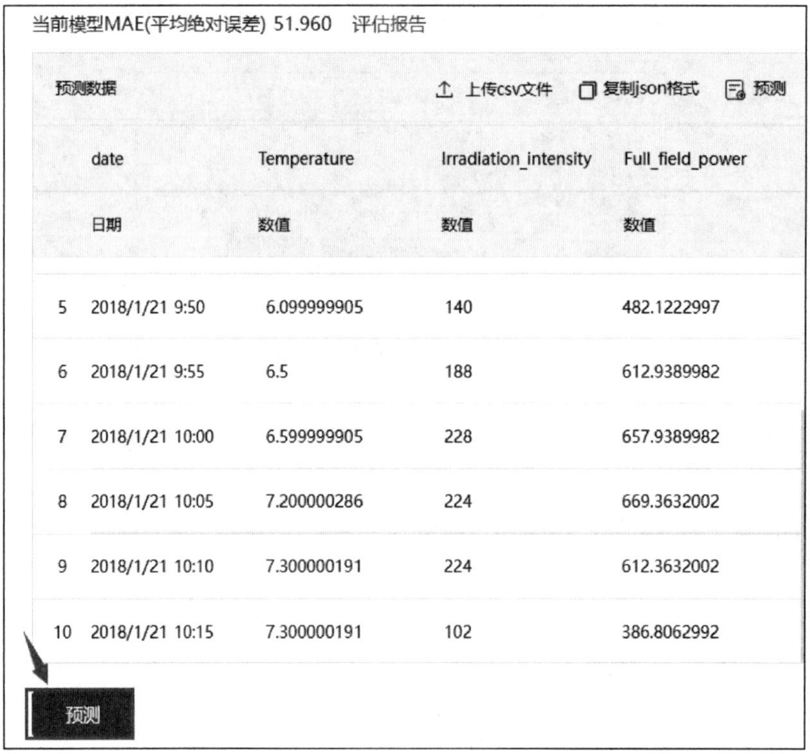

当前模型MAE(平均绝对误差) 51.960 评估报告
预测数据
上传csv文件
复制json格式
预测
date
Temperature
Irradiation_intensity
Full_field_power
日期
数值
数值
数值
5 2018/1/21 9:50 6.099999905 140 482.1222997
6 2018/1/21 9:55 6.5 188 612.9389982
7 2018/1/21 10:00 6.599999905 228 657.9389982
8 2018/1/21 10:05 7.200000286 224 669.3632002
9 2018/1/21 10:10 7.300000191 224 612.3632002
10 2018/1/21 10:15 7.300000191 102 386.8062992
预测

图 6－54　在“校验模型”界面查看测试数据集信息并执行“预测”操作

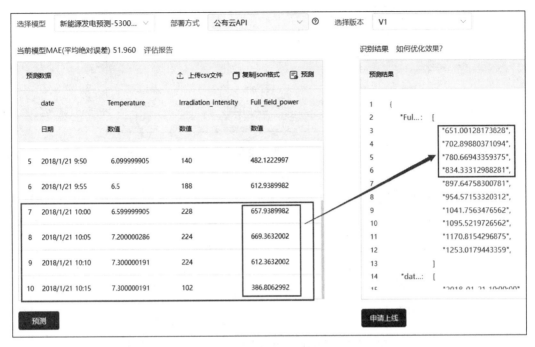

图 6 - 55　在"校验模型"界面对比测试数据真实值与预测值

6.3.5　新能源发电预测模型部署

完成训练的模型可直接发布为公有云 API 进行使用,并集成至业务系统(如能源调度系统),使其结合新能源发电量预测结果进行能源调度。

如图 6 - 56 所示,在"我的模型"界面,执行"申请发布"操作。进一步地,在"公有云部署"界面查看发布服务状态(审核中)(图 6 - 57)。过一段时间,在"公有云部署"界面查看发布服务状态(发布中)(图 6 - 58)。最后,在"公有云部署"界面可看到发布服务状态变为"已发布"(图 6 - 59)。

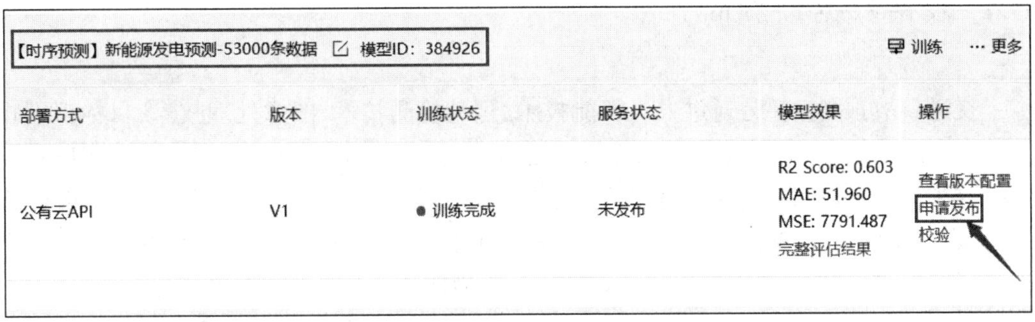

部署方式	版本	训练状态	服务状态	模型效果	操作
公有云API	V1	● 训练完成	未发布	R2 Score: 0.603 MAE: 51.960 MSE: 7791.487 完整评估结果	查看版本配置 申请发布 校验

【时序预测】新能源发电预测-53000条数据　　模型ID: 384926　　训练　… 更多

图 6 - 56　在"我的模型"界面执行"申请发布"操作

发布新服务
去百度智能云控制台
输入模型名称
服务名称
模型名称
模型版本
服务状态
调用单价
更新时间
操作
新能源发电量预测
新能源发电预测-53000条数据
V1
审核中
-
--
服务详情
更新版本

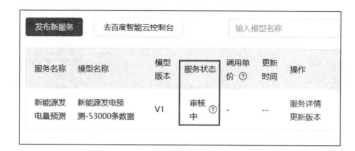

图 6－57　在“公有云部署”界面查看发布服务状态(审核中)

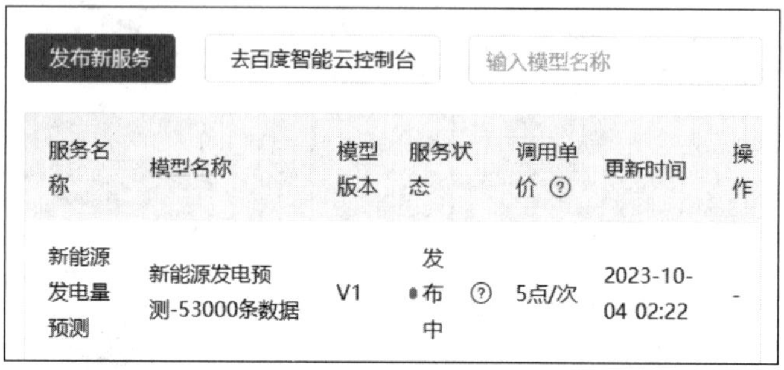

发布新服务
去百度智能云控制台
输入模型名称
服务名称
模型名称
模型版本
服务状态
调用单价
更新时间
操作
新能源发电量预测
新能源发电预测-53000条数据
V1
发布中
5点/次
2023-10-04 02:22
-

图 6－58　在“公有云部署”界面查看发布服务状态(发布中)

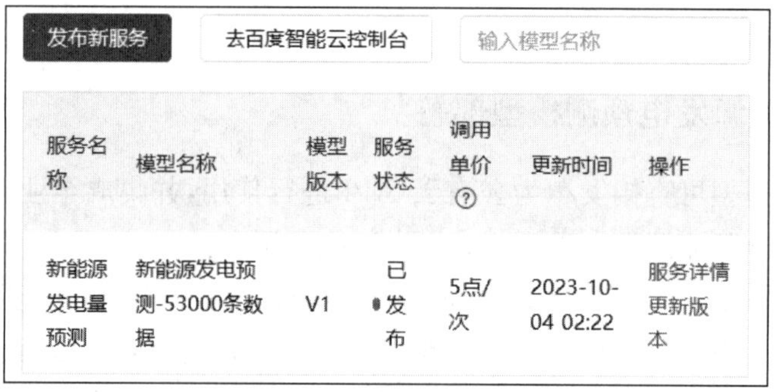

发布新服务
去百度智能云控制台
输入模型名称
服务名称
模型名称
模型版本
服务状态
调用单价
更新时间
操作
新能源发电量预测
新能源发电预测-53000条数据
V1
已发布
5点/次
2023-10-04 02:22
服务详情
更新版本

图 6－59　在“公有云部署”界面查看发布服务状态(已发布)

6.4 表格数据预测简介

交通事故预测主要是通过人工智能技术、运动检测技术、图像处理技术、目标识别技术和目标跟踪技术等手段,实现对道路交通事件过程的实时识别、检测、传输、通信和统计。这种系统可以对各种交通违法行为进行自动识别,包括但不限于闯红灯、压实线、违法掉头、滞留网格线、逆向行驶、违法停车等。同时,这种系统也能实时检测和自动报警道路交通突发事件,使用户能够轻松掌握路段的交通情况并及时发现路段异常事件。

此外,交通事故预测系统还可以结合天气、时间、地点等信息分析事故易发地的数据关联性,做到提前预警、合理调度,为交通规划和指挥调度提供数据支持。这种系统的应用可以显著提高交通执法的效能,有效规范车辆的交通行为,降低交通事故的发生率,保障道路交通的安全和畅通。基于交通事故数据,可通过 EasyDL 表格预测功能训练交通事故模型,为交通事故预测打下基础。

6.5　表格数据预测应用案例

快速识别车主的异常驾驶情况,具有以下必要性:① 提升交通安全性:快速识别异常驾驶行为可以及时采取措施,防止潜在的交通事故发生,从而保障交通参与者的生命和财产安全。② 降低交通事故风险:对于那些表现出异常驾驶行为的车主,及时采取干预措施可以降低其在道路上的风险,减少事故发生的可能性。③ 提高执法效率:传统的交通执法方式可能需要大量的人力资源和时间,而通过智能技术,可以实现自动化的异常驾驶识别,提高执法效率。④ 提升智慧交通水平:快速识别异常驾驶情况是智慧交通系统的重要组成部分,可以通过先进技术实现对交通行为的实时监控和分析,为城市交通管理提供更准确的数据支持。

总的来说,快速识别车主的异常驾驶情况对于保障交通安全、提高执法效率、促进交通文明等方面都具有重要的现实意义。它是智慧交通系统中的关键功能,有助于提升交通管理水平,保障公众的出行安全。

6.5.1　交通事故预测业务背景

在智能汽车发展的背景下,汽车成为一种新型消费产品,逐步具备了强大的状态感知和智能分析功能。各类驾驶数据、车况数据可上传至数据服务中心,帮助监测车辆异常状态,并为车主提供更便捷的售后服务。

6.5.2　交通事故预测业务难题

在大规模车辆运营的情况下,如何快速识别车主的异常驾驶情况,针对性提供售后支持是汽车服务行业提高服务效率的关键问题。

6.5.3　交通事故预测解决思路

基于表格数据的交通事故预测是指利用结构化的表格数据(如事故报告、交通流量统计等)进行分析和处理,以识别交通事故的发生和特征。

基于表格数据的交通事故预测通常包括以下五个步骤:① 数据收集:获取包括时间、地点、车辆信息、伤亡情况等在内的交通事故相关数据,通常以表格形式存储。② 数据预处理:对数据进行清洗、去重、填充缺失值等操作,以保证数据的质量和完整性。③ 特征提取:从表格数据中提取出与交通事故相关的特征,比如事故发生时间、地点、天气条件、车速等。④ 模型训练:使用机器学习或深度学习等技术,将提取的特征用于训练模型,以便识别交通事故。⑤ 预测和评估:使用训练好的模型对新的表格数据进行预测,判断是否存在交通事故,并评估事故的严重程度。

这种方法的优势在于可以利用大量的结构化数据来进行分析和预测,但也需要注意数据的准确性和完整性,以及选择合适的特征和模型来进行训练。基于交通事故数据,可通过 EasyDL 表格预测功能训练交通事故模型,为交通事故预测打下基础。

通过 EasyDL 结构化数据场景表格预测任务类型,快速构建车辆碰撞智能识别 AI 预测模型,可以快速自动识别驾驶事故、预判事故严重程度,在大规模车辆运营、远程提供售后服务场景下,为用户提供高效的服务。

6.5.4 创建交通事故预测数据集

本示例中使用的车辆数据包含了整车控制信息、电池信息、电机信息等,以上数据通过线下整理汇集在了一个 csv 文件包中,上传至平台。其中 Label 列标记了车辆事故的严重程度(Accident_Severity)与相关的环境因素如 Time、Road Surface Condition、Day of WeekSpeed、limit、Light Conditions、Urban or Rural Area、Road Type、Number of Vehicles、Number of Casualties、Weather Conditions。

登录 EasyDL 在线平台,如图 6‐60 所示,在飞桨 EasyDL 主界面点击选择模型类型符号。进一步地,在"选择模型类型"界面点击选择"表格数据预测"(图 6‐61)。同样地,在"表格数据预测"界面点击"数据总览"(图 6‐62)。之后,在"我的数据总览"界面点击"创建数据集"(图 6‐63)。

图 6‐60　在飞桨 EasyDL 主界面点击
选择模型类型符号

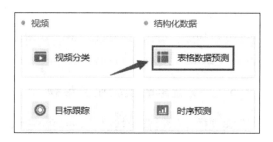

图 6‐61　在"选择模型类型"界面点击
选择"表格数据预测"

图 6‐62　在"表格数据预测"界面点击"数据总览"

图 6‐63　在"我的数据总览"界面点击"创建数据集"

如图 6 - 64 所示,在"创建数据集"界面填写名称信息并点击"创建并导入"。进一步地,在"导入数据"界面,点击"上传文件"(图 6 - 65)。同样地,在"上传文件"界面,点击"阅读并上传"(图 6 - 66),上传交通事故训练数据集(图 6 - 67)。

如图 6 - 68 所示,在"导入数据"界面,查看上传文件并点击"下一步"。进一步地,在"导入数据"界面,查看上传文件数据信息并点击"确定"(图 6 - 69)。之后,在"我的数据总览"界面查看数据集导入状态(图 6 - 70)。接着,在"我的数据总览"界面,完成数据集导入后执行"查看"操作(图 6 - 71),并继续进入数据集下查看"统计分析"界面(图 6 - 72)。

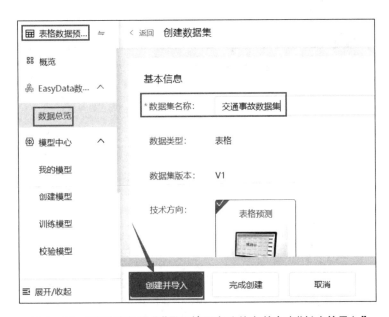

图 6 - 64　在"创建数据集"界面填写名称信息并点击"创建并导入"

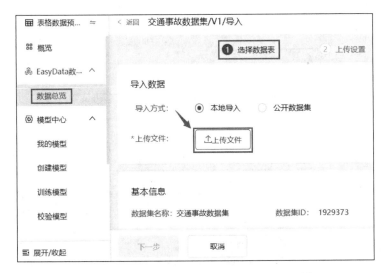

图 6 - 65　在"导入数据"界面点击"上传文件"

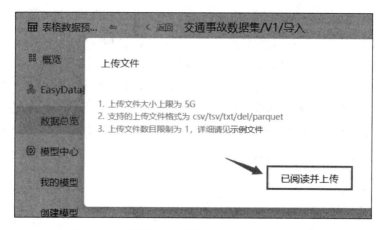

图 6-66 在"上传文件"界面点击"阅读并上传"

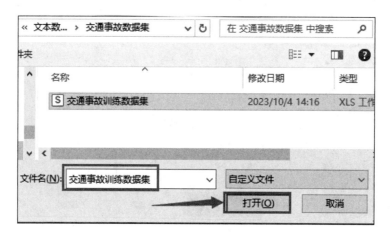

图 6-67 上传交通事故训练数据集

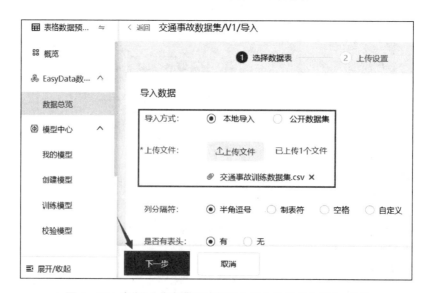

图 6-68 在"导入数据"界面查看上传文件并点击"下一步"

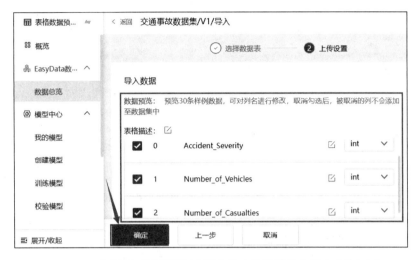

图 6‑69 在"导入数据"界面查看上传文件数据信息并点击"确定"

我的数据总览

EasyData智能数据服务平台已上线，支持图像、文本、语音、视频在内的多种数据格式的采集、
据服务 立即前往

+ 创建数据集   我的数据集 ∨

交通事故数据集 ☑   数据集组ID: 633941   ☐新增版本

版本	数据集ID	行数	列数	最近导入状态	技术方向	操作
V1 ☺	1929373	-	-	● 正在导入... 1%	表格预测	删除

图 6‑70 在"我的数据总览"界面查看数据集导入状态

+ 创建数据集   我的数据集 ∨

交通事故数据集 ☑   数据集组ID: 633941   ☐新增版本

版本	数据集ID	行数	列数	最近导入状态	技术方向	操作
V1 ☺	1929373	117536	12	● 已完成	表格预测	查看 导入 删除

图 6‑71 在"我的数据总览"界面完成数据集导入后执行"查看"操作

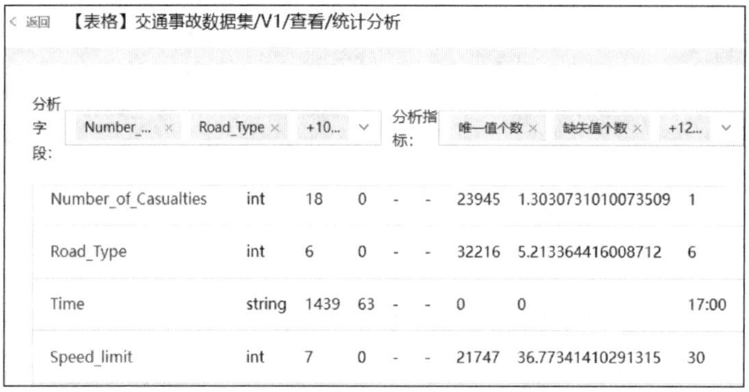

分析字段:	Number_... ×	Road_Type ×	+10... ∨	分析指标:	唯一值个数 ×	缺失值个数 ×	+12... ∨
Number_of_Casualties	int	18	0	- -	23945	1.3030731010073509	1
Road_Type	int	6	0	- -	32216	5.213364416008712	6
Time	string	1439	63	- -	0	0	17:00
Speed_limit	int	7	0	- -	21747	36.77341410291315	30

图 6-72　数据集查看下的"统计分析"界面

6.5.5　发起交通事故预测模型训练任务

如图 6-73 所示,在"我的模型"界面执行"创建模型"操作。同时,在"创建模型"界面,填写相关信息并执行"完成并训练"操作(图 6-74)。

图 6-73　在"我的模型"界面执行"创建模型"操作

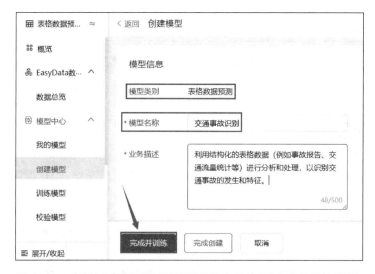

图 6-74　在"创建模型"界面填写相关信息并执行"完成并训练"操作

　　如图 6-75 所示,在"训练模型"界面,选择训练多分类模型,并选择目标列为 Accident_Severity,确定训练环境配置并执行"开始训练"操作。

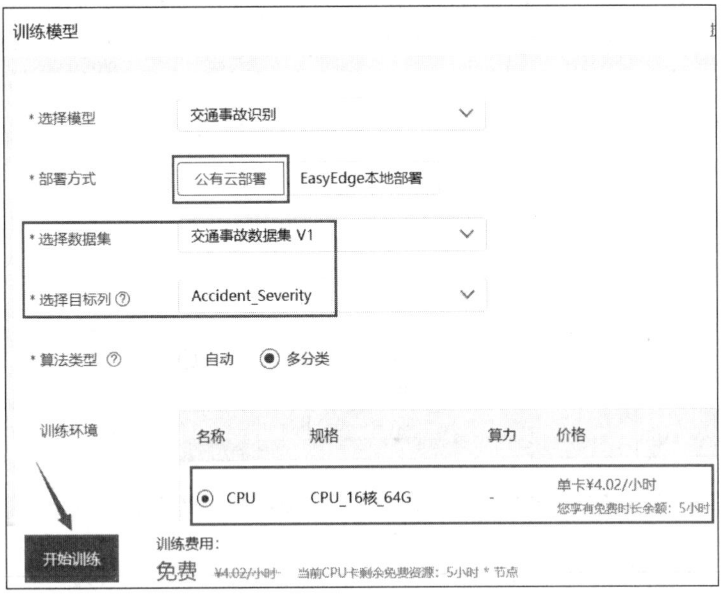

图 6-75　在"训练模型"界面填写相关信息并执行"开始训练"操作

　　进一步地,在"我的模型"界面查看训练状态(排队中)(图 6-76)。经过一定的时间, "我的模型"界面中显示训练状态已变为"训练完成"(图 6-77)。

图 6-76　在我的模型界面查看训练状态(排队中)

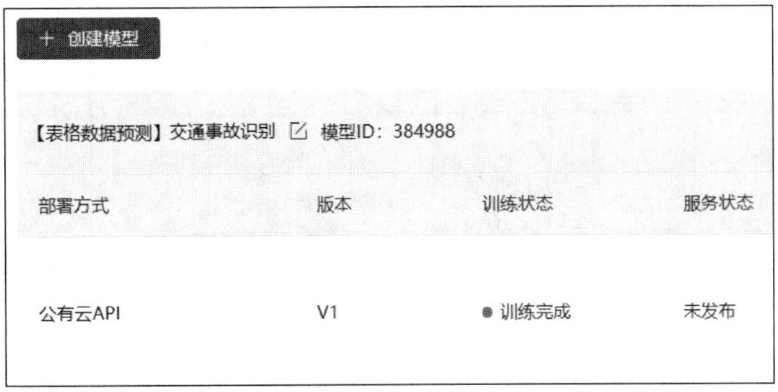

图 6-77　在"我的模型"界面查看训练状态(训练完成)

6.5.6 交通事故预测模型评估与优化

如图 6-78 所示,模型训练完成后,可在"完整评估结果"中查看模型的主要评价指标 (准确率、精确率、召回率等),并可通过混淆矩阵了解不同类标签下模型的预测效果。可通过特征贡献度图表进一步查看影响模型预测效果的主要特征变量,判断模型预测是否合理,解释模型预测逻辑。每个输入都有一个权重,这些权重可以在训练过程中进行调整。

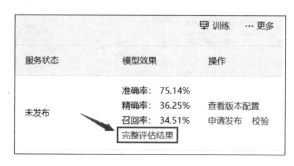

图 6-78 在"我的模型"界面查看模型效果并点击查看"完整评估结果"

准确率为正确分类的样本数与总样本数之比,该值越接近 1 越好。精确率为某类样本正确预测为该类的样本数占预测为该类的总样本数的比值,此处为各类别精确率的平均数,该值越接近 1 越好。召回率为某类样本正确预测为该类的样本数占标注为该类的总样本数的比值,此处为各类别召回率的平均数,该值越接近 1 越好。

图 6-79 所示为接收者操作特征(Receiver Operating Characteristic,ROC)曲线,该曲线显示了预测模型对不同刺激值的真阳性率与假阳性率的比值。曲线爬升越快,模型效果越好。相反,曲线接近对角线,则说明模型效果越差。ROC 曲线下的面积(Area Under Curve,AUC),即 ROC 曲线与坐标轴横轴围成的面积,该值越接近 1,表示模型的分类越准确。

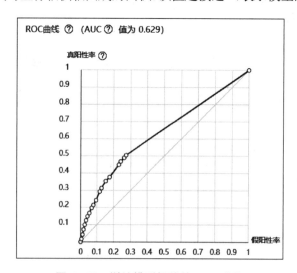

图 6-79 训练模型相关的 ROC 曲线

如图6-80所示,P-R曲线描述了精确率和召回率之间的关系,可用于比较模型效果的优劣。如果一个模型的P-R曲线被另一个模型的P-R曲线包围,则说明后者的性能优于前者。

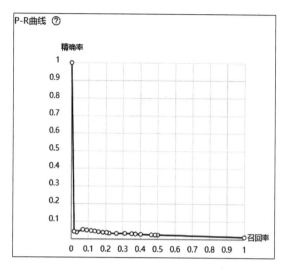

图6-80　训练模型的P-R曲线

6.5.7　交通事故预测模型部署

当预测效果不佳时,可基于车辆信号之间的物理关系补充,构造新特征加入预测。例如,通过驾驶方向瞬时变化量、车速等数据构造向心加速度特征,用于表征车辆在打滑等特殊情况下的运动情况,进一步提高模型在相关场景下的预测能力。

完成训练的模型可直接发布为公有云API进行使用,并集成至业务系统(如车联网智能运营平台),使其可结合车联碰撞识别服务预警车主的异常驾驶情况,针对性地提供服务。API请求数据为单次预测所需的时间窗数据,返回为模型时序预测结果。

如图6-81所示,在"我的模型"界面执行"校验"操作。进一步地,在"校验模型"界面执行"启动模型校验服务"操作(图6-82)。一般情况下,基于百度智能云的模型校验启动,需要大约5分钟的准备时间(图6-83)。

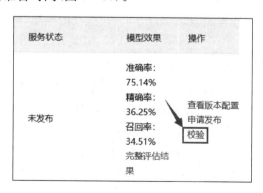

图6-81　在"我的模型"界面执行"校验"操作

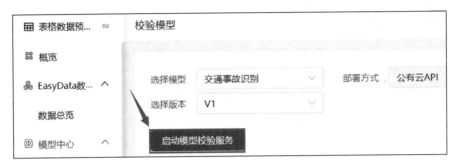

图 6 - 82   在"校验模型"界面执行"启动模型校验服务"操作

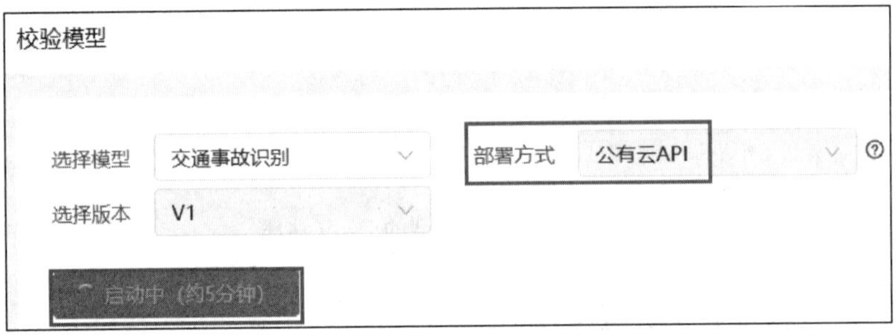

图 6 - 83   在"校验模型"界面查看启动状态

在进行模型校验时,首先要关注的是预测数据的来源和质量。预测数据通常来源于以下两个方面:① 历史数据:这些数据具有真实性和可追溯性,是模型训练的基础;② 实时数据:这些数据能够反映当前状态,对模型的实时预测能力至关重要。

预测数据的特点可能包括:① 高维度:包含多个特征和变量;② 非线性:变量之间的关系可能是非线性的;③ 噪声和异常值:数据中可能存在错误记录或异常点;④ 时变性:数据分布可能随时间变化。

如图 6 - 84 所示,在"校验模型"界面查看预测数据属性并执行"预测"操作。进一步地,在"校验模型"界面,查看预测结果(图 6 - 85);在"我的模型"界面实施"申请发布"操作(图 6 - 86)。

完成模型校验测试后,用户可以选择将模型发布到云端。模型发布步骤一般包括填写模型的发布信息,如版本描述、使用说明、定价策略等。同时,使用百度智能云发布模型之后,可使用百度智能云提供的监控工具跟踪模型的性能和使用情况。进一步地,可通过API 接口和 SDK 工具方便地管理和调用所创建的模型。

如图 6 - 87 所示,在"发布模型"界面,填写相关信息并点击"提交申请"按钮。进一步地,在提示窗口点击"确定"按钮(图 6 - 88)。然后,可以密切关注"公有云部署"界面,查看服务状态"审核中"(图 6 - 89)、"发布中"(图 6 - 90)及"已发布"(图 6 - 91)。

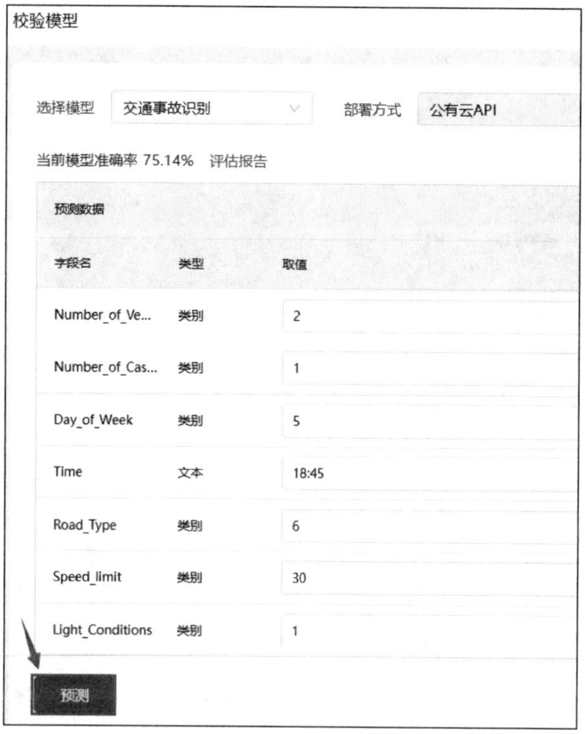

图 6-84　在"校验模型"界面查看预测数据属性并执行"预测"操作

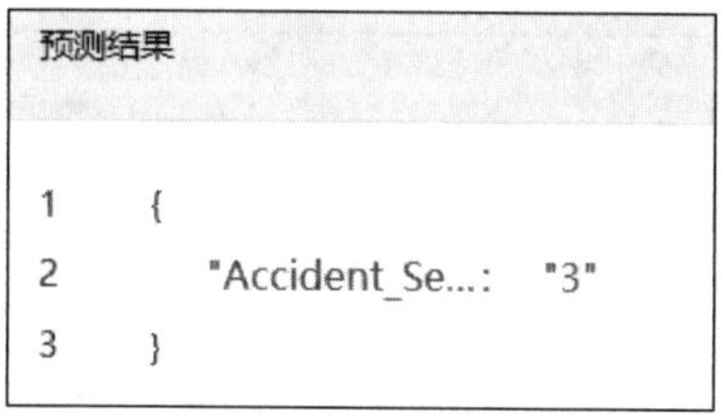

图 6-85　在"校验模型"界面查看预测结果

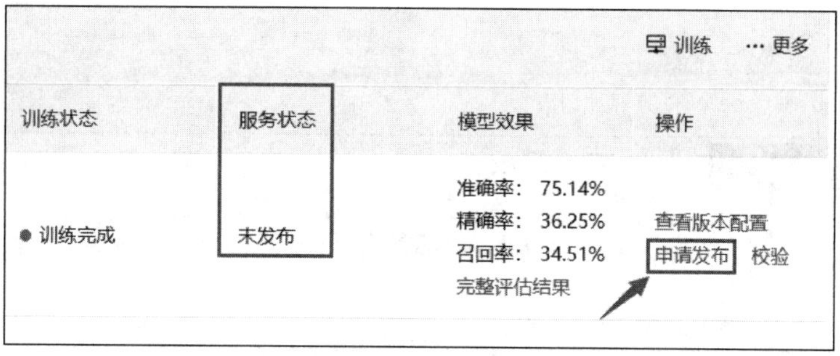

图 6-86　在"我的模型"界面实施"申请发布"操作

图 6 - 87   在"发布模型"界面填写相关信息并点击"提交申请"按钮

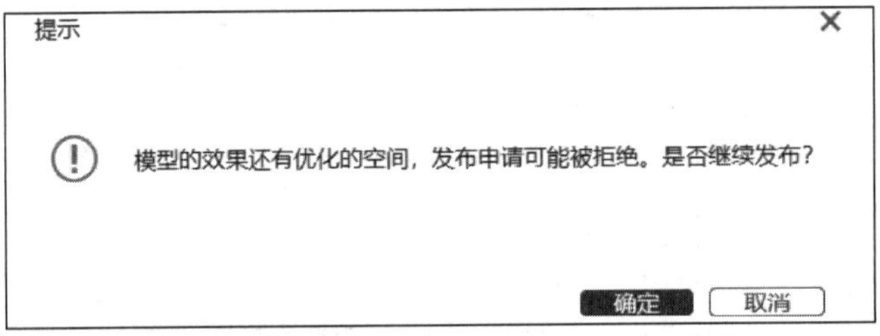

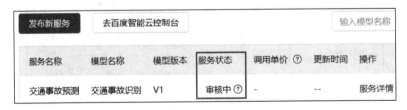

图 6 - 88   在提示窗口点击"确定"按钮

服务名称	模型名称	模型版本	服务状态	调用单价 ⑦	更新时间	操作
交通事故预测	交通事故识别	V1	审核中 ⑦	-	--	服务详情

图 6 - 89   在"公有云部署"界面查看服务状态(审核中)

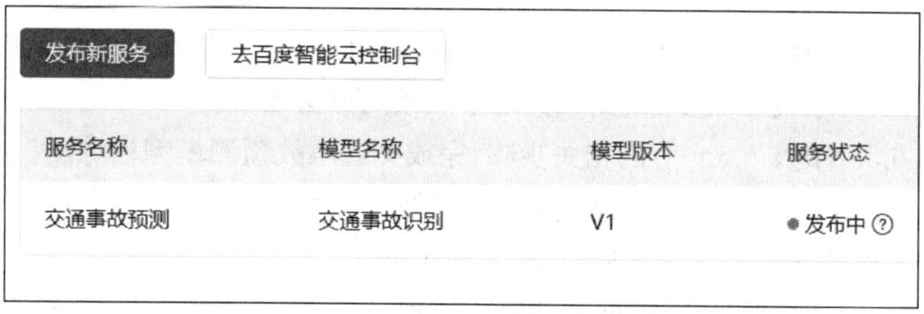

图 6-90 在"公有云部署"界面查看服务状态(发布中)

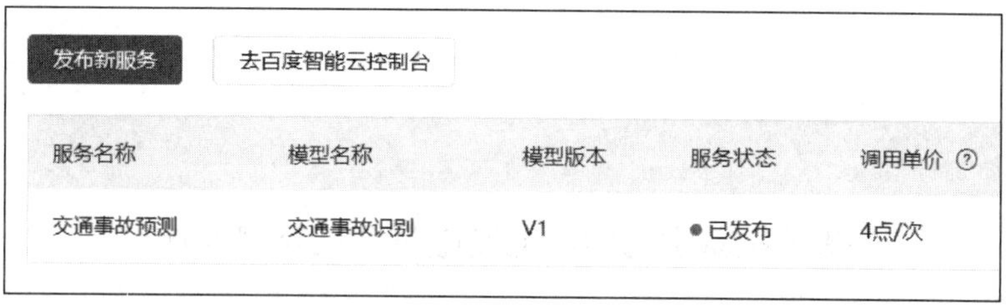

图 6-91 在"公有云部署"界面查看服务状态(已发布)

6.6 小结

本章主要阐述了新能源发电量智能预测,包括项目说明、新能源预测业务难题、人工智能解决思路、新能源数据准备、模型训练、模型评估与优化等。新能源发电量的智能预测是一个持续优化的过程,需要不断收集新的数据、更新模型参数和结构,以适应不断变化的环境条件和市场需求。同时,为了提高预测的准确性和稳定性,还需要加强对数据质量的管理和控制,以及对预测结果的验证和评估。本章还叙述了交通事故预测的相关内容,包括交通事故预测相关项目说明、业务背景、业务难题、解决思路、数据准备及模型训练等;介绍了如何发起交通事故预测模型训练任务、模型评估与优化及模型部署等相关内容。交通事故预测具有广泛的应用前景和重要的现实意义,可以为提高交通安全水平、减少交通事故损失作出积极贡献。

实践作业

1. 按照 6.3.2 节的相关步骤,完成新能源发电预测数据准备。
2. 按照 6.3.3 节及 6.3.4 节的相关步骤,完成新能源发电预测模型训练。
3. 按照 6.3.5 节的相关步骤,完成新能源发电预测模型部署。

4. 通过百度搜索时间序列天气数据集,利用 EasyDL 进行天气预测模型训练。

5. 通过百度搜索时间序列大气污染数据集,利用 EasyDL 进行大气污染模型训练。

6. 按照 6.5.4 节的相关步骤,完成交通事故预测数据准备。

7. 按照 6.5.5 节及 6.5.6 节的相关步骤,完成交通事故预测模型训练。

8. 按照 6.5.7 节的相关步骤,完成交通事故预测模型部署。

9. 通过百度搜索时间序列交通数据集,利用 EasyDL 进行交通状况预测模型训练。

10. 通过百度搜索时间序列交通事故数据集,利用 EasyDL 进行交通事故预测模型训练。

案例

基于机器学习的风能发电量智能预测系统

随着全球对可再生能源的日益重视,风能发电作为一种清洁、可再生的能源形式,正逐渐成为电力系统的重要组成部分。然而,风能发电的间歇性和不稳定性给电力系统的供需平衡带来了挑战。为了解决这一问题,某电力公司决定开发一套基于机器学习的风能发电量智能预测系统。

该系统利用机器学习算法对历史风能发电数据进行分析和学习,识别出影响发电量的关键因素,并建立预测模型。通过对实时气象数据、地理信息数据以及风电场运行数据的综合处理,使系统能够准确预测未来一段时间内的风能发电量。

在实际应用中,该系统被集成到电力公司的能源管理系统中,为调度人员提供决策支持。通过提前预测风能发电量,调度人员可以更加合理地安排其他能源形式的发电计划,确保电力系统的供需平衡。

基于机器学习的风能发电量智能预测系统的应用,显著提高了电力公司对风能发电的利用率和管理效率,减少了因风能发电不稳定而导致的电力波动,提高了电力系统的稳定性和可靠性。同时,该系统还为电力公司节省了大量的人力和时间成本,提升了运营效益。

该案例展示了新能源发电量智能预测在风能发电领域的应用潜力,为电力系统的智能化和可持续发展提供了有力支持。

基于深度学习的交通事故预测系统

随着城市交通的快速发展,交通事故频繁发生,给人们的生命和财产安全带来了严重威胁。为了提高交通事故处理的效率和准确性,某城市交通管理部门决定引入基于深度学习的交通事故预测系统。

该系统利用深度学习算法和计算机视觉技术,对交通监控摄像头捕捉到的视频图像进行实时分析。通过训练和优化模型,系统能够自动识别出交通事故的关键特征,如车辆碰撞、行人跌倒等,并立即发出警报。

在实际应用中,该系统被部署在城市的各个交通路口和关键路段,与交通信号灯控制系统和应急响应系统相连。一旦系统检测到交通事故发生,它会立即将事故信息发送给相关部门,并自动调整交通信号灯的运行策略,以避免二次事故的发生。

基于深度学习的交通事故预测系统的应用,显著提高了交通事故处理的效率和准确性。该系统能够在事故发生后迅速做出反应,减少了救援人员的响应时间,降低了事故造成的伤亡和财产损失。同时,该系统还能够提供事故现场的图像和数据,为事故调查和责任认定提供有力证据。

该案例展示了交通事故预测技术在城市交通管理中的重要性和应用潜力,为提升交通安全水平和应急响应能力提供了有力支持。

参考文献

［1］陈元峰,马溪原,程凯,等.基于气象特征量选取与 SVM 模型参数优化的新能源超短期功率预测［J］.太阳能学报,2023(12):568-576.

［2］李俊华,王海涛,张劲光,等.浅谈大数据与人工智能技术在新能源汽车行业中的应用［J］.内燃机与配件,2024(1):80-82.

［3］陈羽飞,赵琦,何永君,等.人工智能在电力系统中的应用综述［J］.分布式能源,2023(6):49-57.

［4］张俊,徐箭,许沛东,等.人工智能大模型在电力系统运行控制中的应用综述及展望［J］.武汉大学学报(工学版),2023(11):1368-1379.

［5］田晓鹏,邵雅宁,张峰,等.新一代人工智能在新能源领域中的典型应用场景分析［J］.电气时代,2022(5):70-73.

［6］牟凯,张舒,曹洪斌.人工智能技术在智慧交通领域的应用研究［J］.物流科技,2022(20):98-100+105.

［7］杨晓光,马成元,王一喆,等.交通人工智能及其发展综述研究［J］.人工智能,2022(4):18-29.

［8］曹阳,朱镕琦,沈琴琴,等.基于时域图卷积神经网络的交通流预测模型［J］.计算机工程与设计,2023(12):3700-3706.

［9］彭坤,赵迪,陈长,等.城市地下快速路交通智能管控策略研究［J］.交通科技,2023(6):115-120.

［10］杨晓光,胡仕星月,张梦雅.智能高速公路交通应用技术发展综述［J］.中国公路学报,2023(10):142-164.

第 *7* 章

智 能 分 类

智能分类是利用人工智能,尤其是机器学习和深度学习技术,对数据进行分类和标记的过程。这种技术可以应用于各种数据类型,如文本、图像、音频或视频,以及更复杂的多维数据。智能分类的目标是将数据自动分类到预先定义的类别中,提高处理大量数据的效率并支持更复杂的决策过程。

7.1 智能分类简介

1. 技术基础

智能分类通常依赖于以下技术:① 监督学习:这是最常见的方法,需要一个预先标记的训练数据集。模型通过学习输入数据与其对应的标签之间的关系,来预测新数据的类别。② 无监督学习:在没有标签的情况下对数据进行分类,通常称为聚类。利用这种方法,试图发现数据中的自然分组。③ 半监督学习:结合少量标记数据和大量未标记数据进行分类,尤其适用于标记数据成本高昂的情况。

2. 应用领域

智能分类技术广泛应用于多个领域:① 图像识别:自动将图像分类到不同的类别,如动物种类、场景识别等。② 文本分类:自动对文本内容进行分类,常见于垃圾邮件检测、情感分析、新闻分类等。③ 音频分类:识别和分类音频文件中的声音,如语音命令识别、音乐类型分类等。④ 视频分类:自动识别视频内容中的特定事件或对象,常用于监控视频分析、体育赛事分析等。

3. 关键模型和算法

不同的数据类型和应用场景需要不同的模型和算法:① 决策树和随机森林:易于理解和实现,适用于表格数据的分类。② 支持向量机:适用于高维数据的分类,特别是在文本和图像分类中效果良好。③ 神经网络:包括深度神经网络、卷积神经网络和循环神经网络,适用于复杂的图像、音频和视频的分类。④ 梯度提升机:提供强大的预测能力,尤其适用于处理具有复杂分布的数据。

4. 挑战与发展趋势

智能分类面临的挑战主要包括三个方面:① 数据不平衡:某些类别的样本数量远多

于其他类别,可能会导致模型偏向于多数据样本的那一类。② 过拟合:模型在训练数据上表现很好,但对未见过的新数据表现差。③ 透明度和可解释性:特别是在深度学习模型中,决策过程可能不透明,难以解释。

随着技术的发展,智能分类正朝着自动化、个性化和实时性方向发展。此外,模型解释性和公平性的研究也日益重要,其可以确保技术的伦理性和适用性。

7.2 图像分类简介

图像分类是计算机视觉领域中的一个核心任务,其目标是将图像自动分配到预定义的类别中。这个过程涉及识别和解释图像内容,依此判断出图像所表示的是什么。图像分类广泛应用于多个领域,如医疗影像分析、自动驾驶车辆、安全监控、社交媒体内容过滤等。

1. 图像分类的基本流程

图像分类的基本流程通常包括以下几个步骤:① 预处理:包括调整图像大小、归一化、增强对比度等,以改善模型训练效果。② 特征提取:从图像中提取有效的特征,这些特征应能够代表图像的关键信息。在传统方法中,这些特征可能包括颜色直方图、纹理、形状描述符等。在深度学习方法中,特征提取通常由模型自动完成。③ 分类器设计:使用机器学习算法(如支持向量机、决策树等)或深度学习模型(如卷积神经网络)来对特征进行学习,并进行分类。④ 模型训练:在大量已标记的图像上训练分类器,以学习如何从图像特征中区分不同的类别。⑤ 评估和优化:使用验证集和测试集来评估模型的性能,并进行必要的调整以优化模型。

2. 深度学习在图像分类中的应用

深度学习已经成为图像分类的主流方法,特别是卷积神经网络(CNN)。CNN 能够自动从原始图像中学习层次化的特征,这些特征在初级层表示边缘和纹理,在更高级的层代表更复杂的对象部分和整体结构。一些著名的 CNN 架构包括:① LeNet:最早的卷积网络之一,通常用于手写数字识别。② AlexNet:2012 年 ImageNet 挑战赛的冠军,标志着深度学习在视觉任务中的突破。③ VGGNet:通过重复使用简单的卷积层和池化层在深度上进行扩展,改进了特征的层次化表示。④ ResNet:引入了残差学习的概念,通过跳跃连接解决了深度网络中的退化问题。⑤ Inception(GoogleNet):通过多尺度的卷积核设计,增强了网络对尺度的适应性。

3. 挑战和发展趋势

尽管图像分类取得了显著的进步,但仍面临着一些挑战:① 数据不平衡:某些类别的样本远多于其他类别,可能导致模型偏向那些常见的类别。② 对抗样本:通过对输入图像进行微小但精心设计的修改,可能误导深度学习模型作出错误的分类决策。③ 泛化能力:提高模型对未见过的新环境或新数据的分类能力。

未来的发展趋势可能包括：① 自监督学习和无监督学习方法：可减少对大量标记数据的依赖。② 发展跨模态学习：它是一个多学科领域，涉及使用机器学习技术来处理和关联来自多种不同模态（即数据类型）的信息。

7.3 图像分类应用案例

图像分类垃圾识别是深度学习的一个经典应用。输入一张图片，经过一些处理，进入一个深度学习的模型，该模型会返回这个图片中垃圾的类别，借助现在的深度学习方法，来对垃圾进行识别和分类。通过训练图像分类人工智能定制化模型，实现对垃圾箱内投递垃圾进行自动识别，及时发现分类错误情况，提高垃圾分类效率。

7.3.1 垃圾分类背景

2017 年 3 月底，国家发展改革委、住房和城乡建设部共同发布了《生活垃圾分类制度实施方案》，要求在直辖市、省会城市、计划单列市以及第一批生活垃圾分类示范城市先行实施生活垃圾强制分类工作。当前，居民养成垃圾分类的习惯还需要一定的时间，对于居民的垃圾分类监控，辅助分类等成为政府、环保部门的痛点问题。通过 AI 能力对居民投放的垃圾进行分类，以智能垃圾箱的形态来监管居民的垃圾投放以建立垃圾回收的生态。

7.3.2 垃圾分类难点

人工智能模型的训练需要有图片对应标注的数据集，海量的垃圾图片需要进行标注，成本高，且人工标注效率低；模型效果调优周期长，需要反复添加数据进行模型迭代，效率低下；智能垃圾箱位于户外，联网条件不稳定，需要边缘硬件部署人工智能能力；批量硬件部署成本高，部署效率低下。

7.3.3 垃圾分类解决方案

使用 EasyDL 开展图像分类，无须了解人工智能算法知识，提交少量图片进行训练，很快即可获得能够识别各类垃圾照片的人工智能模型。标注少量数据后可使用智能标注功能，完成大量原始数据的标注，依此进行模型训练与迭代。EasyDL 还提供软硬一体方案，将人工智能模型部署于性价比高的百度 EdgeBoard 智算盒（图 7－1），多路摄像头分别对应不同垃圾箱传送带进行推理，高性能进行人工智能应用，满足实时识别居民垃圾投放的场景需求。

图 7－1 EdgeBoard 智算盒

7.3.4　垃圾数据采集

用户最终的应用场景是在智能垃圾箱中提供投放的垃圾分类功能,因此数据采集的照片要尽量贴合用户拍摄的场景,具备真实性,包含多种光照条件(必须包括早/晚/开灯/未开灯的情况),这样才能保证训练模型的效果。应用场景中,需要对厨余垃圾、可回收垃圾、有害垃圾、其他垃圾进行分类;对于将垃圾包装为整体扔入垃圾箱的居民,需要及时进行反馈和警告。

7.3.5　垃圾数据导入与标注

登录 EasyDL 在线平台后,如图 7-2 所示,在"物体检测模型"界面,点击"选择模型类型"符号。进一步地,在"选择模型类型"界面,选择在线使用"图像分类"(图 7-3),并在"我的数据总览"界面执行"创建数据集"操作(图 7-4)。

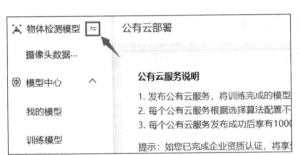

图 7-2　在"物体检测模型"界面
点击"选择模型类型"符号

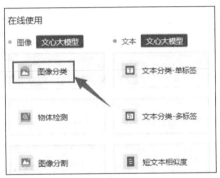

图 7-3　在"选择模型类型"界面选择
在线使用"图像分类"

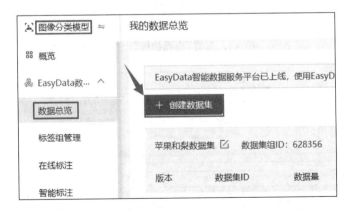

图 7-4　在"我的数据总览"界面执行"创建数据集"操作

如图 7-5 所示,在"创建数据集"界面填写相关信息并执行"创建并导入"操作。进一步地,在"导入配置"界面执行"上传压缩包"操作(图 7-6),并在"上传压缩包"界面查看说明并点击"已阅读并上传"按钮(图 7-7)。

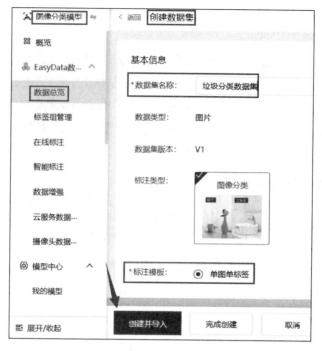

图 7 - 5   在"创建数据集"界面填写相关信息并执行"创建并导入"操作

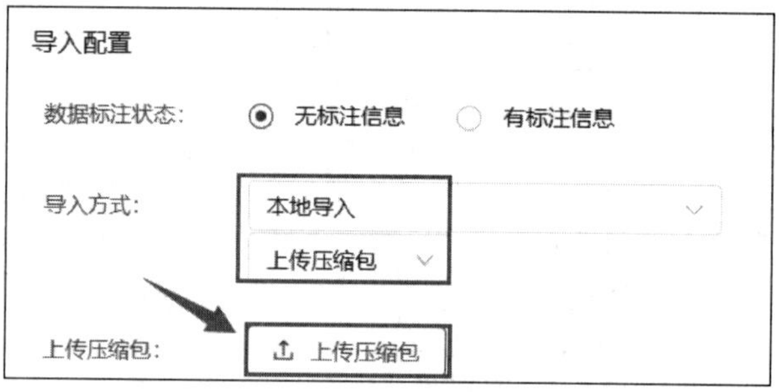

导入配置

数据标注状态: ◉ 无标注信息   ○ 有标注信息

导入方式: 本地导入   ∨

            上传压缩包 ∨

上传压缩包: ⬆ 上传压缩包

图 7 - 6   在"导入配置"界面执行"上传压缩包"操作

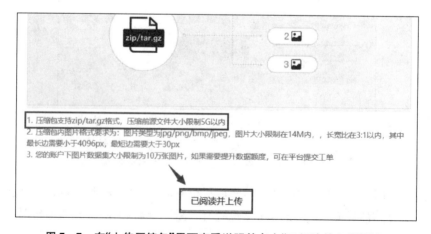

图 7 - 7   在"上传压缩包"界面查看说明并点击"已阅读并上传"按钮

如图 7-8 所示,在"上传图片"界面选择"厨余垃圾"压缩包,并执行"打开"操作。进一步地,在"导入配置"界面,查看上传"厨余垃圾"压缩包进度(图 7-9),确认上传完成并执行"确认并返回"操作(图 7-10)。

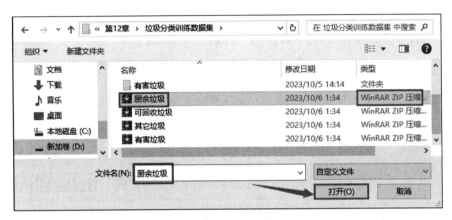

图 7-8　在"上传图片"界面选择"厨余垃圾"压缩包并执行"打开"操作

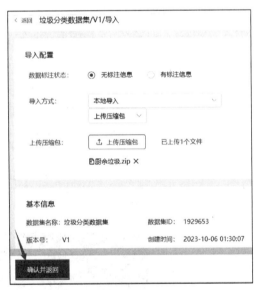

图 7-9　在"导入配置"界面查看上传
"厨余垃圾"压缩包进度

图 7-10　在"导入配置"界面查看"厨余垃圾"
压缩包上传完成信息并执行
"确认并返回"操作

如图 7-11 所示,在"我的数据总览"界面查看数据导入状态"正在导入"、导入状态"已完成"(图 7-12)。

如图 7-13 所示,在"我的数据总览"界面,查看标注状态并执行"标注"操作,并在"标注"界面查看标注信息(图 7-14)。

图 7‑11　在"我的数据总览"界面查看数据导入状态(正在导入 1%)

图 7‑12　在"我的数据总览"界面查看数据导入状态(已完成)

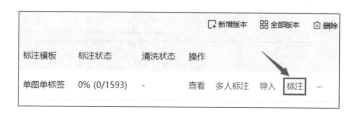

图 7‑13　在"我的数据总览"界面查看标注状态并执行"标注"操作

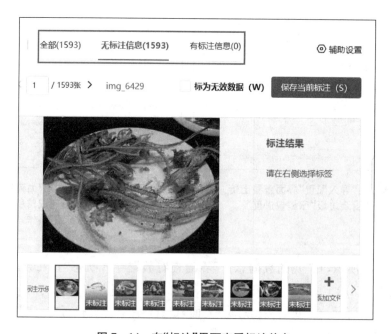

图 7‑14　在"标注"界面查看标注信息

如图 7-15,在"标注"界面执行"添加标签"操作。进一步地,在"标注"界面,添加"厨余垃圾"标签并点击"确定"按钮(图 7-16),并查看是否添加成功(图 7-17)。在"标注"界面,对垃圾图片进行标注并执行"保存当前标注"操作(图 7-18),并查看标注统计信息(图 7-19)。

图 7-15　在"标注"界面执行"添加标签"操作

图 7-16　在"标注"界面添加"厨余垃圾"标签并点击"确定"按钮

图 7-17　在"标注"界面查看已添加的"厨余垃圾"标签

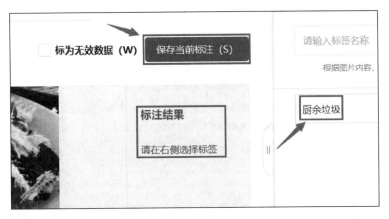

图 7-18　在"标注"界面对垃圾图片进行标注并执行"保存当前标注"操作

全部(1593)
无标注信息(1568)
有标注信息(25)
辅助设置
3
/ 1568张
img_6391
标为无效数据 (W)
保存当前标注 (S)
标注结果
请在右侧选择标签

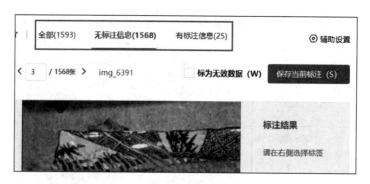

图 7－19　在"标注"界面查看标注信息

如图 7－20 所示，在"标注"界面执行"开启智能标注"操作。进一步地，在"创建智能标注"界面，选择数据集并执行"提交"操作(图 7－21)。然后，查看使用流程介绍并执行"创建智能标注任务"操作(图 7－22)。

垃圾分类数据集 / V1
开启智能标注
标签栏
添加标签
辅助设置
请输入标签名称
保存当前标注 (S)
根据图片内容，选择唯一标签
厨余垃圾
快捷键 1

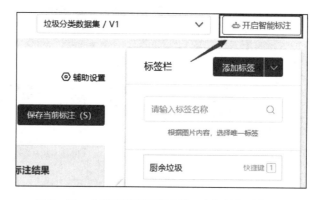

图 7－20　在"标注"界面执行"开启智能标注"操作

创建智能标注
智能标注任务未结束之前，暂时无法进行数据清洗或数据增强任务。
针对主动学习任务，由于系统筛选图片需一定时间，该功能将在每个分类标签下的图片数大于10张且未标图片数大于10张时方可启动
针对指定模型任务，该功能将在未标图片数大于0时方可启动
数据集量级会影响任务时长，请参考任务时长预估表 主动学习 指定模型
选择数据集
垃圾分类数据集 / V1
系统将对您选择的数据集进行校验，请确保每个标签的图片都达到10个
您的智能标注任务预计需要 5-10分钟 完成
任务类型
主动学习
指定模型
提交
返回

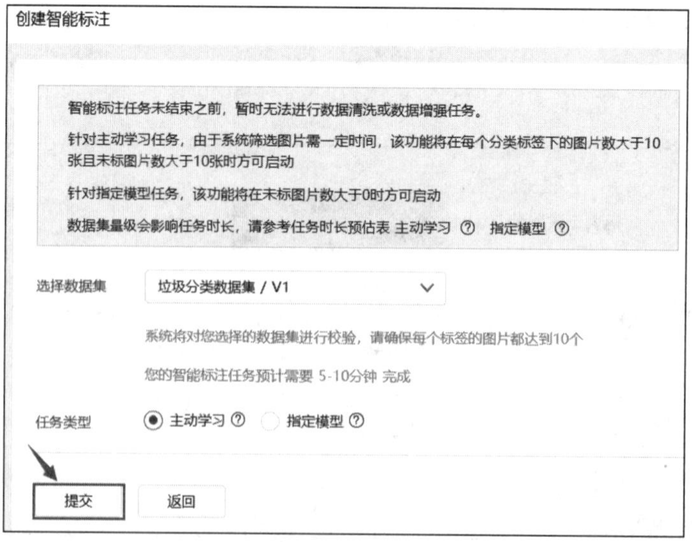

图 7－21　在"创建智能标注"界面，选择数据集并执行"提交"操作

图 7‑22　查看使用流程介绍并执行"创建智能标注任务"操作

如图 7‑23 所示,查看智能标注启动失败信息。查找智能标注启动失败原因,解决存在问题之后,再次启动智能标注服务,直至成功,并进入"智能标注"界面。如图 7‑24 所示,在"标注工作"界面查看当前"待确认标注"信息。进一步地,查看第 1 轮难例阶段信息(图 7‑25)及第 2 轮难例阶段信息(图 7‑26)。

图 7‑23　查看智能标注启动失败信息

| ▽ | 全部(1603) | 有标注信息(71) | 无标注信息(1532) | 待确认标注(0) |

1、修改标注后,您可通过点击【保存当前标注】按钮或翻页完成保存,支持您对标注修改后再保存

2、您只有对【待确认标注】下所有预标注结果完成确认,所有难例均升级为已标状态,才可进入下一阶

图 7‑24　在"标注工作"界面查看当前"待确认标注"信息

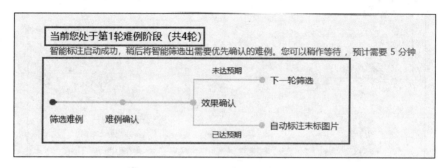

图 7-25　在"标注工作"界面查看第 1 轮难例阶段信息

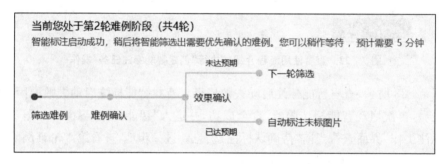

图 7-26　在"标注工作"界面查看第 2 轮难例阶段信息

如图 7-27 所示,在"我的数据总览"界面查看第 1 批数据标注信息。进一步地,在"导入配置"界面上传"可回收垃圾"压缩包(图 7-28)。然后,在"我的数据总览"界面查看第 2 批数据导入状态(图 7-29)。

导入可回收垃圾图片之后,如图 7-30 所示,在"标注"界面查看标注信息。进一步地,在"标注"界面查看第 1 轮难例阶段相关信息(图 7-31),确认"待确认标注"图片并执行"保存当前标注"操作(图 7-32)。

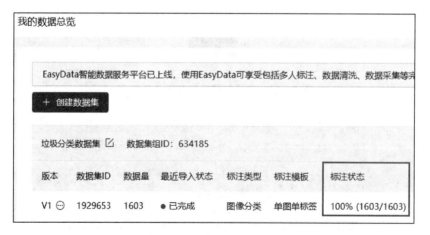

图 7-27　在"我的数据总览"界面查看第 1 批数据标注信息

图 7-28 在"导入配置"界面上传"可回收垃圾"压缩包

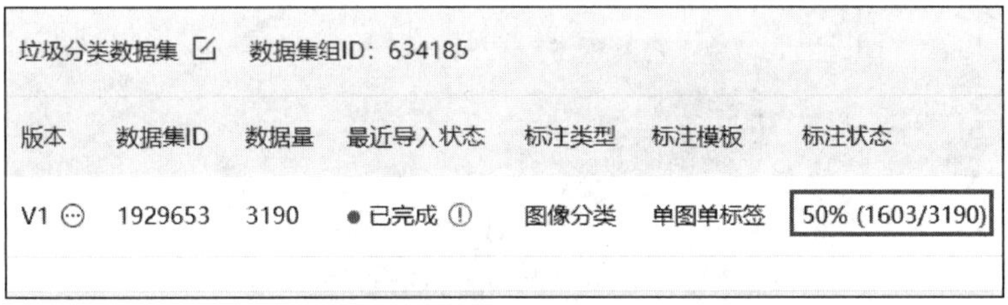

图 7-29 在"我的数据总览"界面查看第 2 批数据导入状态

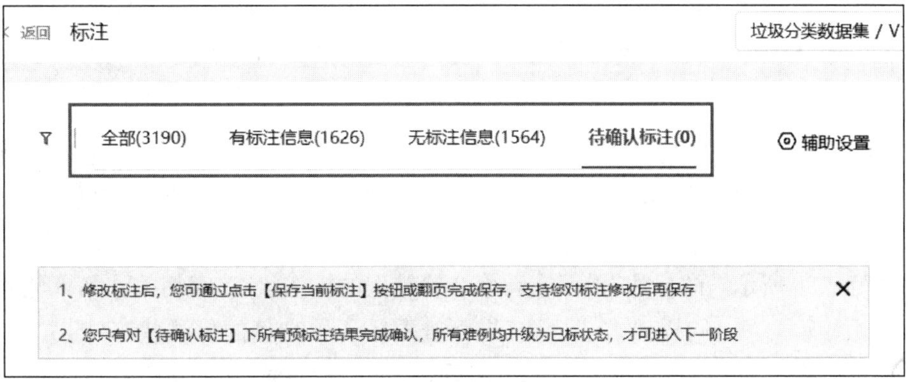

图 7-30 在"标注"界面查看标注信息

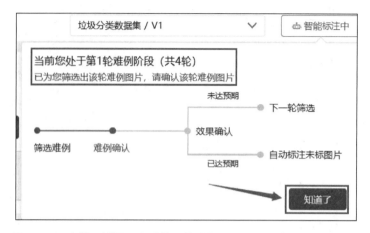

图 7-31　在"标注"界面查看第 1 轮难例阶段相关信息(智能标注中)

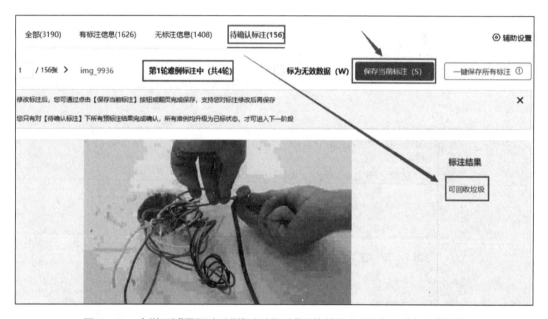

图 7-32　在"标注"界面确认"待确认标注"图片并执行"保存当前标注"操作

　　如图 7-33 所示,在"标注"界面,针对标注错误的图片重新人工标注。进一步地,第 1 轮难例的预标注结果已全部完成确认(图 7-34)。紧接着,在"标注"界面实施第 2 轮难例标注(图 7-35)。

　　如图 7-36 所示,在"标注"界面查看第 3 轮难例的标注状态,密切关注第 3 轮难例标注的实施(图 7-37)。同样地,在"标注"界面查看第 4 轮难例的标注状态(图 7-38),并关注第 4 轮难例标注的实施(图 7-39)。然后,在"标注"界面,完成难例预标注确认并执行"自动标注未标图片"操作(图 7-40)。

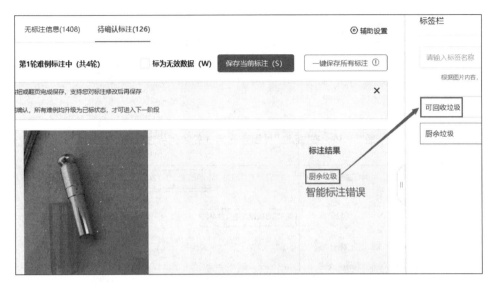

图 7 - 33　在"标注"界面针对标注错误的图片重新人工标注

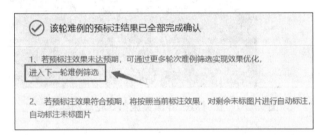

图 7 - 34　第 1 轮难例的预标注结果已全部完成确认

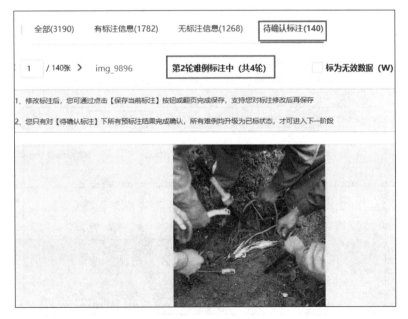

图 7 - 35　在"标注"界面实施第 2 轮难例标注

图 7－36 在"标注"界面查看第 3 轮难例标注状态

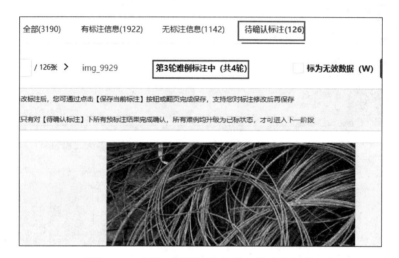

图 7－37 在"标注"界面实施第 3 轮难例标注

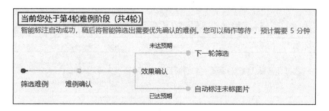

图 7－38 在"标注"界面查看第 4 轮难例的标注状态

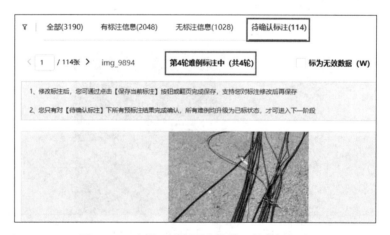

图 7－39 在"标注"界面实施第 4 轮难例标注

该轮难例的预标注结果已全部完成确认
若预标注效果符合预期，将按照当前标注效果，对剩余未标图片进行自动标注，
自动标注未标图片

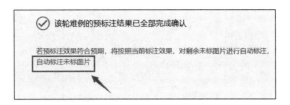

图 7－40　完成难例预标注确认并执行“自动标注未标图片”操作

如图 7－41 所示，在“导入配置”界面查看“有害垃圾”压缩包上传信息，并执行“确认并返回”操作。进一步地，在“我的数据总览”界面查看数据导入及标注状态(图 7－42)。然后，在“标注”界面添加“有害垃圾”标签(图 7－43)。

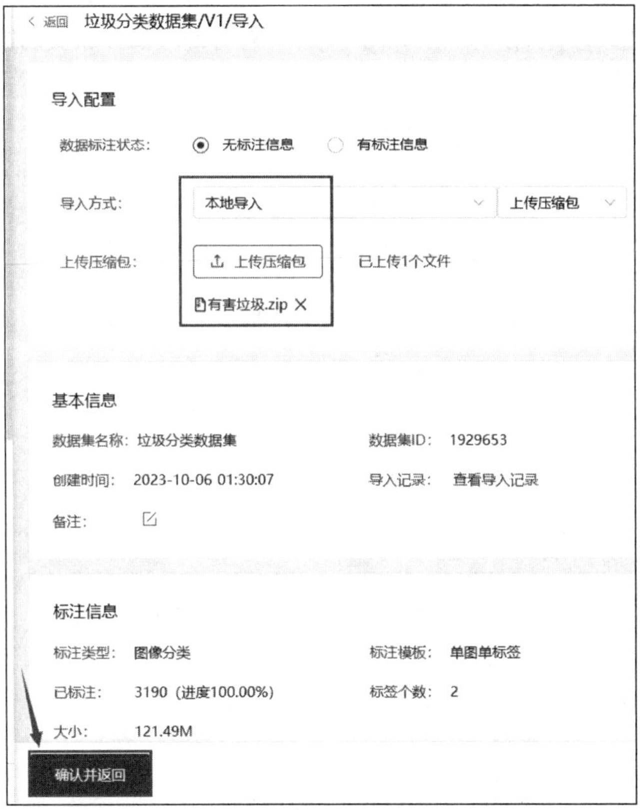

返回　垃圾分类数据集/V1/导入
导入配置
数据标注状态：
无标注信息
有标注信息
导入方式：
本地导入
上传压缩包
上传压缩包：
上传压缩包
已上传1个文件
有害垃圾.zip
基本信息
数据集名称：垃圾分类数据集
数据集ID：1929653
创建时间：2023-10-06 01:30:07
导入记录：查看导入记录
备注：
标注信息
标注类型：图像分类
标注模板：单图单标签
已标注：3190（进度100.00%）
标签个数：2
大小：121.49M
确认并返回

图 7－41　在“导入配置”界面查看“有害垃圾”压缩包上传信息并执行“确认并返回”操作

垃圾分类数据集　数据集组ID：634185
版本　数据集ID　数据量　最近导入状态　标注类型　标注模板　标注状态
V1　1929653　4353　已完成　图像分类　单图单标签　73% (3190/4353)

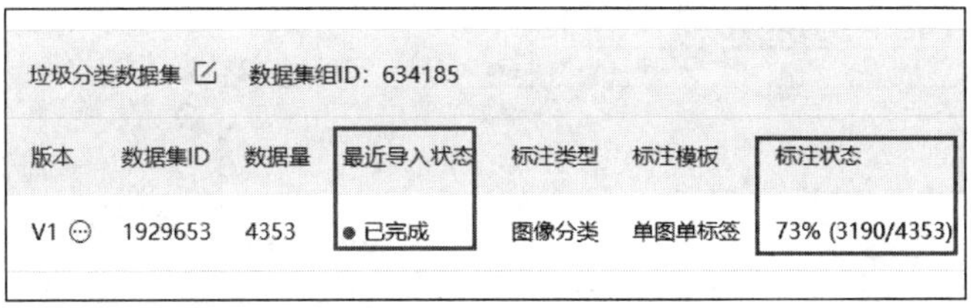

图 7－42　在“我的数据总览”界面查看数据导入及标注状态

图 7 - 43 在"标注"界面添加"有害垃圾"标签

完成一定数量的有害垃圾图片的标注后,实施智能标注。如图 7 - 44 所示,重新创建智能标注任务。进一步地,在"标注"界面,查看与有害垃圾图片相关的第 1 轮难例阶段状态(图 7 - 45)。

图 7 - 44 重新创建智能标注任务

图 7 - 45 在"标注"界面查看第 1 轮难例阶段状态

如图 7 - 46 所示,在"标注"界面查看第 2 轮难例阶段状态,并及时实施第 2 轮难例标注(图 7 - 47)。同样地,在"标注"界面,查看第 3 轮难例阶段状态(图 7 - 48),并密切关注第 3 轮难例标注的实施状态(图 7 - 49)。

如图 7 - 50 所示,在"导入配置"界面,查看上传的"其它垃圾"压缩包并执行"确认并返回"操作。进一步地,在"我的数据总览"界面,查看数据导入及标注状态(图 7 - 51)。

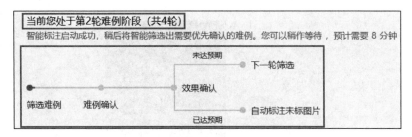

图 7 - 46　在"标注"界面查看第 2 轮难例阶段状态

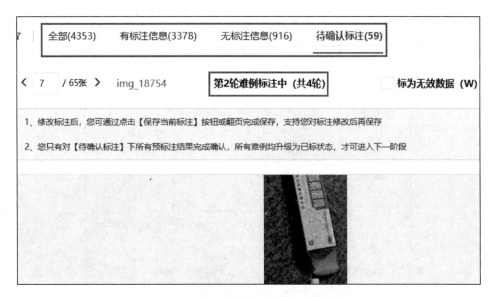

图 7 - 47　在"标注"界面实施第 2 轮难例标注

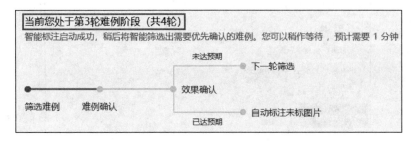

图 7 - 48　在"标注"界面查看第 3 轮难例阶段状态

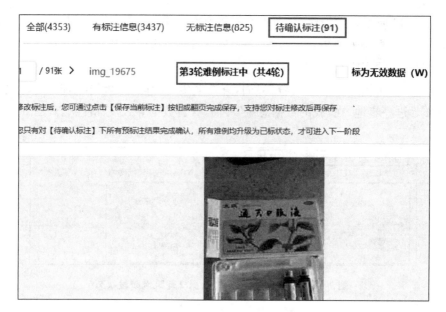

图 7 – 49   在"标注"界面实施第 3 轮难例标注

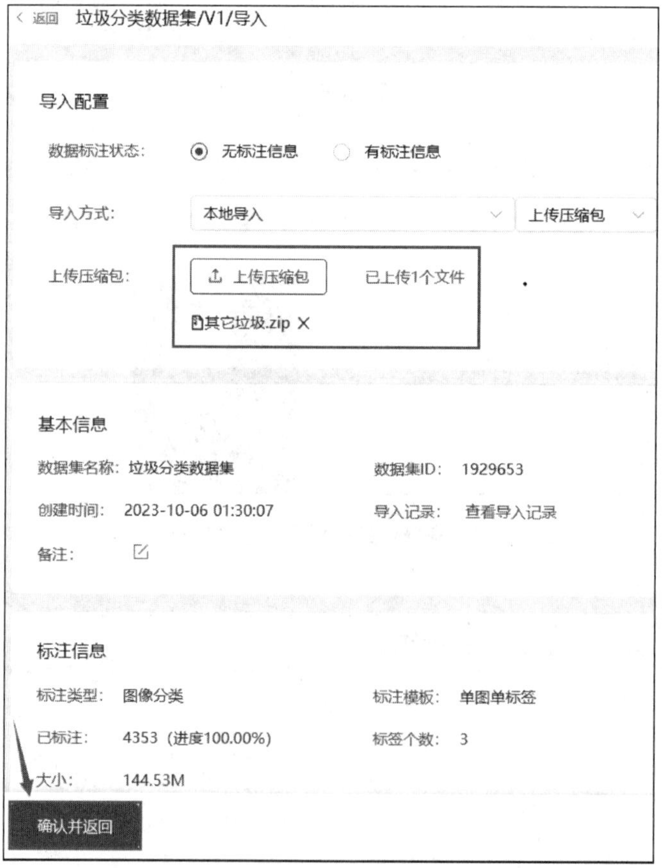

图 7 – 50   在导入配置界面查看上传的"其它垃圾"压缩包并执行"确认并返回"操作

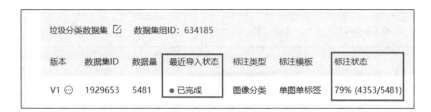

图 7-51 在"我的数据总览"界面查看数据导入及标注状态

如图 7-52 所示,在"标注"界面,添加"其它垃圾"标签,并进一步查看全部标签信息 (图 7-53)。与之前的智能标注类似,经过实施几轮的难例标注之后,可完成所有参与模型训练的垃圾图片的标注(图 7-54)。

图 7-52 在"标注"界面添加"其它垃圾"标签

图 7-53 在"标注"界面查看全部标签信息

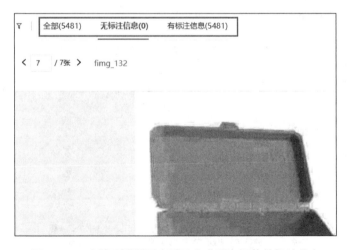

图 7-54 在"标注"界面查看已完成所有图片的标注信息

7.3.6 垃圾分类模型训练

垃圾分类的数据标注完成后,接下来进行模型训练。如图 7-55 所示,在"我的模型"界面点击"训练模型"按钮,启动模型训练配置工作。

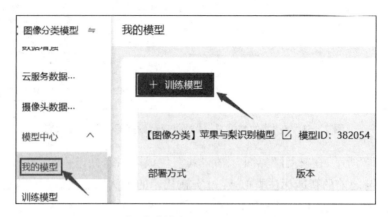

图 7 - 55　在"我的模型"界面点击"训练模型"按钮

如图 7 - 56 所示,在"训练模型"界面,填写相关信息并执行"下一步"操作。进一步地,在"训练模型"界面,选择已标注好的垃圾分类数据集,即涵盖有害垃圾、可回收垃圾、厨余垃圾及其他垃圾 4 类标签标注的数据集,并执行"下一步"操作(图 7 - 57)。同时,在"训练模型"界面,选择训练环境并执行"开始训练"操作(图 7 - 58)。百度智能云提供的"GPU P4,TeslaGPU_P4_8G 显存单卡"训练环境是一种高性能计算环境,专为需要大规模并行处理能力的深度学习和其他计算密集型任务而设计。Tesla P4,是一款 NVIDIA Pascal 架构的专业图形处理单元(GPU),专为加速深度学习、机器学习和高性能计算(High Performance Computing,HPC)工作负载而设计,拥有 8 GB 的 GDDR5 显存,提供了足够的内存带宽来处理大型数据集和模型。

图 7 - 56　在"训练模型"界面填写相关信息并执行"下一步"操作

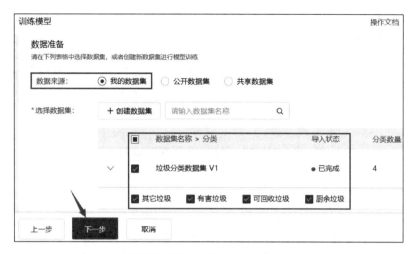

图 7-57　在"训练模型"界面选择数据集并执行"下一步"操作

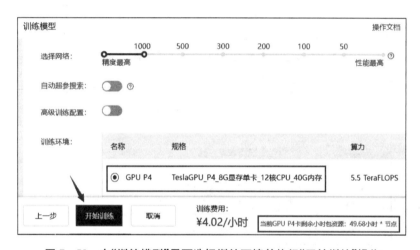

图 7-58　在"训练模型"界面选择训练环境并执行"开始训练"操作

　　如图 7-59 所示,在"我的模型"界面,可查看训练状态(排队中)。训练速度可能会比较慢,过一段时间,继续在"我的模型"界面查看训练状态(训练中 30%)(图 7-60)。经过 30 多个小时的模型训练之后,在"我的模型"界面,查看训练状态,训练已完成(图 7-61)。另外,在"我的模型"界面,可查看模型效果并点击"完整评估结果"按钮(图 7-62),进一步查看准确的模型训练时长(图 7-63)。

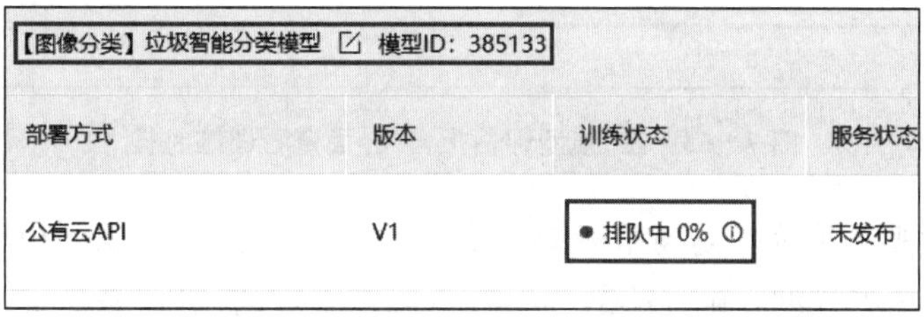

图 7-59　在"我的模型"界面查看训练状态(排队中)

图 7 - 60　在"我的模型"界面查看训练状态(训练中 30%)

图 7 - 61　在"我的模型"界面查看训练状态(训练完成)

图 7 - 62　在"我的模型"界面查看模型效果并点击"完整评估结果"按钮

图 7 - 63　在"模型评估报告"界面查看训练时长

　　图像分类模型的准确率是衡量模型性能的重要指标之一,反映了模型正确分类图像的能力。准确率是指模型正确预测的样本数占总样本数的比例,是最直观和常用的评价指标之一,可用于评估分类模型的整体性能。在图像分类任务中,准确率为模型正确分类的图像数量与测试集中总图像数量的比值。

　　F1 - score，又称平衡 F 分数（Balanced Score），是精确率（Precision）和召回率（Recall）的调和平均数。精确率是指在所有被预测为正例的样本中，实际为正例的比例；召回率则是指在所有实际为正例的样本中，被正确预测为正例的比例。F1 - score 同时考虑了精确率和召回率，提供了一种综合性的评估指标，避免了只关注其中一个指标的偏颇。此外，F1 - score 的取值范围在 0～1 之间，使人们可以直观地比较不同模型之间的性能差异。

　　如图 7 - 64 所示，在"模型评估报告"界面，可以看到其准确率及 F1 - score 非常优良。

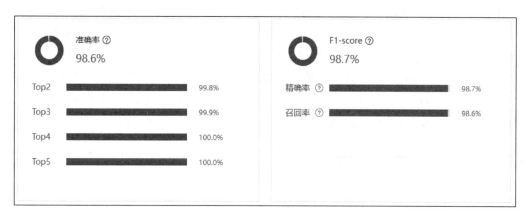

图 7 - 64　在"模型评估报告"界面查看准确率及 F1 - score

7.3.7　垃圾分类模型校验

　　垃圾分类模型校验是一个综合性的过程，旨在验证模型正确识别各类垃圾的能力，并为模型的实际部署提供性能保障。除了常规的评估指标如准确率、精确率、召回率和 F1 - score 外，识别结果的置信度也是一个重要的考量因素。识别结果的置信度反映了模型对其预测结果的确定性。在垃圾分类模型中，除了输出预测的类别外，模型还可以输出一个置信度分数，表示模型对该预测有多大的信心。如图 7 - 65 所示，在"我的模型"界面，执行"校验"操作，在"校验模型"界面，执行"启动模型校验服务"操作（图 7 - 66）。

图 7 - 65　在"我的模型"界面执行"校验"操作

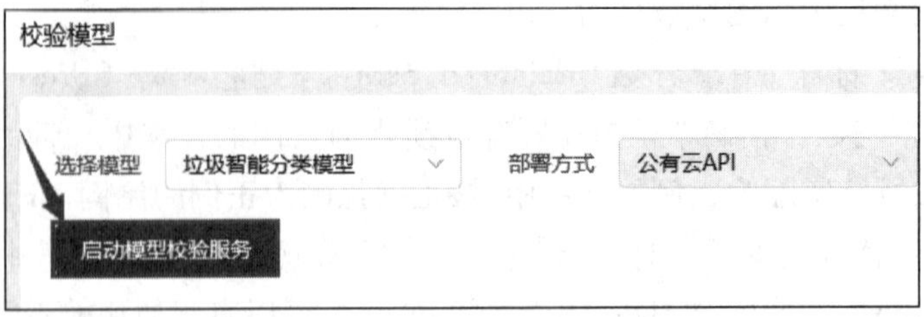

图 7 - 66　在"校验模型"界面执行"启动模型校验服务"操作

　　如图 7 - 67 所示,查看模型校验服务启动状态。进一步地,在"校验模型"界面,执行
"点击添加图片"操作(图 7 - 68),并选择"厨余垃圾"图片进行校验测试(图 7 - 69)。

　　置信度通常是一个介于 0 和 100% 之间的数值,越接近 100%,表示模型对该预测越
有信心;越接近 0,表示模型对该预测越不确定。可以设置一个置信度阈值,只有当模型
的置信度超过这个阈值时,才接受模型的预测结果。例如,如果置信度阈值设置为 80%,
那么只有当模型对某个图像的预测置信度大于或等于 80% 时,才认为该预测是可靠的。
校验过程中,厨余垃圾被成功识别,置信度 > 99%(图 7 - 70)。

图 7 - 67　查看模型校验服务启动状态

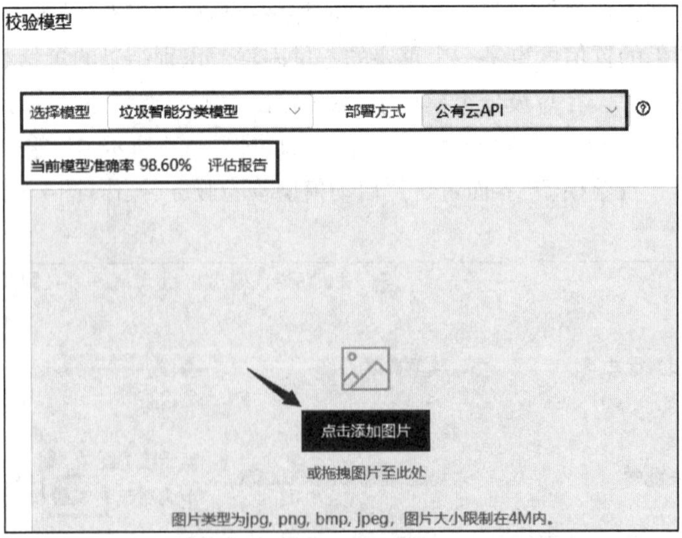

图 7 - 68　在"校验模型"界面执行"点击添加图片"操作

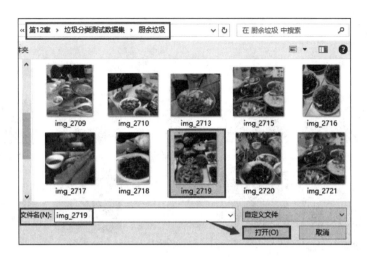

图7-69 选择"厨余垃圾"图片进行校验测试

图7-70 校验测试结果:"厨余垃圾"(置信度>99%)

如图7-71所示,选择"可回收垃圾"图片进行校验测试,其被识别为"可回收垃圾",置信度>99%(图7-72)。进一步地,选择"有害垃圾"图片进行校验测试(图7-73),其被识别为"有害垃圾",置信度>99%(图7-74)。最后,选择"其它垃圾"图片进行校验测试(图7-75),其被识别为"其它垃圾",置信度>99%(图7-76)。

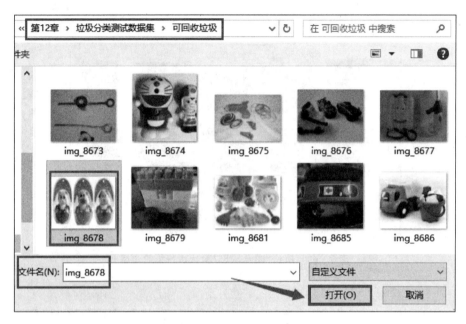

图 7-71 选择"可回收垃圾"图片进行校验测试

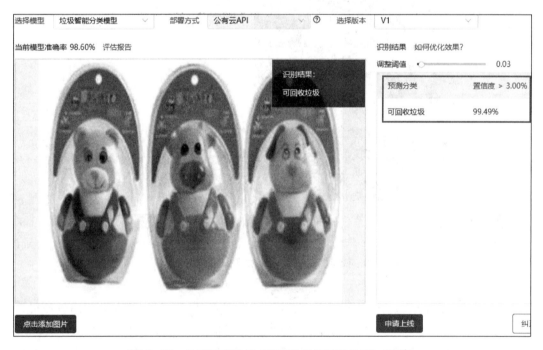

图 7-72 校验测试结果:"可回收垃圾"(置信度＞99%)

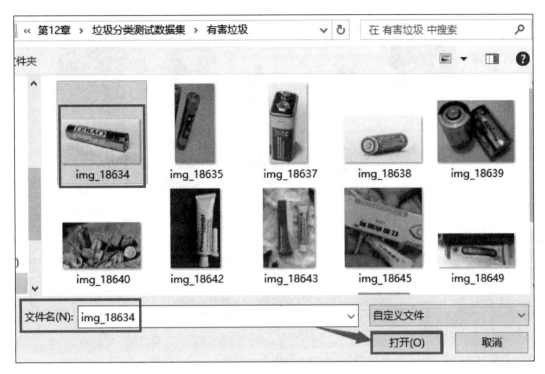

图 7-73　选择"有害垃圾"图片进行校验测试

图 7-74　校验测试结果:"有害垃圾"(置信度＞99%)

图 7 - 75 选择"其它垃圾"图片进行校验测试

图 7 - 76 校验测试结果:"其它垃圾"(置信度＞99%)

7.3.8　垃圾分类模型部署

在模型训练完成后,可点击对应操作栏的申请发布,将模型发布为 EdgeBoard 专项适配的 SDK -纯离线服务。例如,使用视觉系统来指导工业机器人进行精细操作。智能垃圾箱正式投入应用后,会遍布城市的各个角落,此时各个智算盒子的管理就成了难题,模型 SDK -纯离线服务的部署成本也极高,需要逐个进行手动操作。这种情况下,EasyEdge 智能边缘控制台就可以很好地解决问题。如图 7 - 77 所示,智能边缘控制台多节点版是兼顾边缘资源管理和模型服务应用的智能边缘平台,可在中心节点统一纳管海量边缘盒子,支持一键模型服务批量下发,灵活部署 AI 模型。如图 7 - 78 所示,在"我的模型"界面,执行"申请发布"操作。

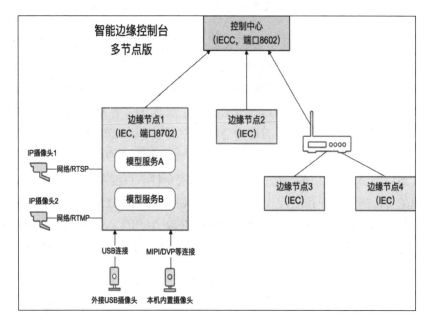

图 7 - 77　智能边缘控制台多节点版示意图

图 7 - 78　在"我的模型"界面执行"申请发布"操作

百度智能云是百度提供的一种云计算服务,它集成了百度在人工智能、大数据、云计算等领域的技术能力,旨在为企业提供全面的数字化和智能化解决方案。作为百度智能云的一个重要组成部分,人工智能模型发布服务是帮助用户将训练好的 AI 模型快速、高效地部署到生产环境中的一项服务。如图 7-79 所示,在"发布模型"界面选择模型及部署方式。

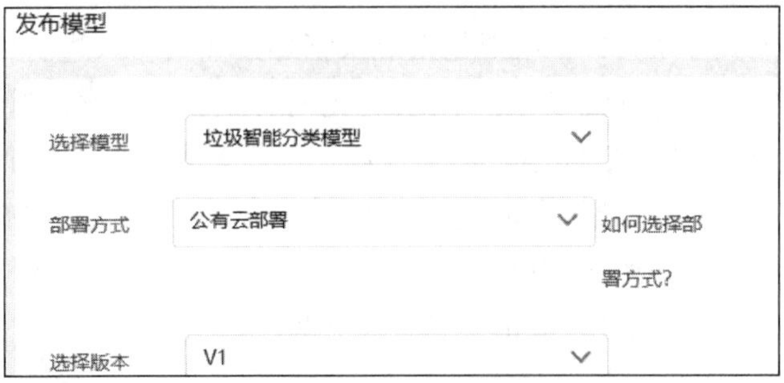

图 7-79　在"发布模型"界面选择模型及部署方式

进一步地,在"发布模型"界面填写相关信息并执行"提交申请"操作(图 7-80)。在"公有云部署"界面查看服务状态(审核中)(图 7-81),过一段时间服务状态变为"发布中"(图 7-82)。最后,在"公有云部署"界面查看服务状态,显示状态变为"已发布",进而执行"体验 H5"操作(图 7-83)。如图 7-84 所示,在"体验 H5"界面,确定百度智能云客户端服务 APPID 并执行"下一步"操作。百度智能云客户端服务 APPID 是一个用于标识和验证百度智能云客户端服务的唯一标识符。每个使用百度智能云客户端服务的应用或系统都会被分配一个独特的 APPID,以确保服务的正确性和安全性。百度智能云可以根据 APPID 对客户端使用的资源进行管理和监控,以确保服务的稳定性和高效性。使用百度智能云客户端服务时,用户通常需要在创建应用或注册服务时获取 APPID。这个过程中,用户可能需要提供一些必要的信息,如应用名称、描述、联系方式等,以便百度智能云进行管理和联系。

图 7-80　在"发布模型"界面填写服务名称及接口地址并执行"提交申请"操作

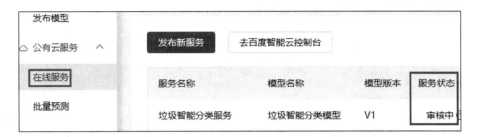

图 7‑81　在"公有云部署"界面查看服务状态(审核中)

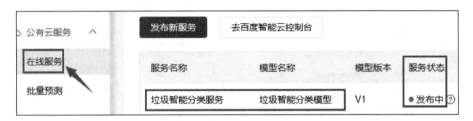

图 7‑82　在"公有云部署"界面查看服务状态(发布中)

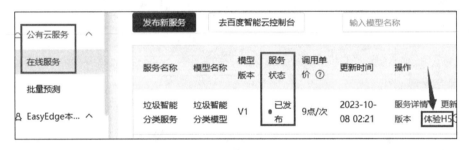

图 7‑83　在"公有云部署"界面查看服务状态(已发布)并执行"体验 H5"操作

图 7‑84　在"体验 H5"界面确定百度智能云客户端服务 APPID 并执行"下一步"操作

如图 7‑85 所示,在"体验 H5"界面,填写相关信息并执行"下一步"操作。进一步地,在"体验 H5"界面,扫二维码并执行"完成"操作(图 7‑86)。

图 7 - 85　在体验 H5 界面填写相关信息并执行"下一步"操作

图 7 - 86　在"体验 H5"界面扫二维码并执行"完成"操作

如果想用手机体验智能垃圾分类模型的效果,可用百度或微信 APP 扫二维码。扫描成功后,手机通常会自动跳转到相应的 H5 页面。根据页面提示,上传垃圾的图片来体验模型的效果。如图 7 - 87 所示,H5 手机客户端垃圾智能分类结果为:"厨余垃圾",置信度 >98%;成功识别,分类结果为"有害垃圾""厨余垃圾",置信度 >93%(图 7 - 88);成功识别,分类结果为"可回收垃圾""其它垃圾",置信度 >98%(图 7 - 89)。

图 7-87　H5 手机客户端垃圾智能分类结果："厨余垃圾"（置信度＞98％）

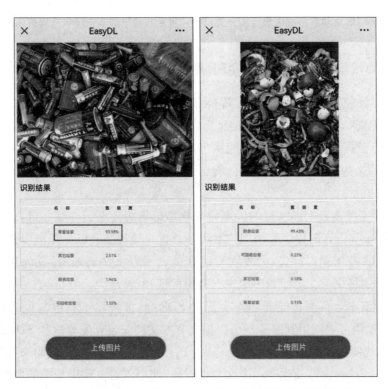

图 7-88　H5 手机客户端垃圾智能分类结果："有害垃圾""厨余垃圾"（置信度＞93％）

图 7-89　H5 手机客户端垃圾智能分类结果:"可回收垃圾""其它垃圾"(置信度＞98%)

7.3.9　百度智能云在线服务 API 调用步骤

通过百度智能云所训练的人工智能模型部署为公有云在线服务之后,可编写 Python、Java 程序,使用云服务"接口地址",在线调用百度人工智能服务。

百度智能云提供了多种人工智能服务,包括但不限于语音识别、图像识别、自然语言处理等。这些服务都可以通过公有云平台进行部署,并通过 API 接口供开发者调用。

一旦将百度智能云上训练好的人工智能模型部署为公有云在线服务,就可以通过编写 Python、Java 等语言的程序来调用这些服务。这一过程涉及以下几个步骤。

(1) 获取 API 密钥。首先,需要在百度智能云平台上注册账号,并为项目获取 API 密钥。这些密钥将用于在应用程序中进行身份验证和授权。

(2) 安装 SDK。百度智能云通常会提供 SDK(软件开发工具包),以方便开发者在 Python、Java 等语言中调用其服务。可以根据官方文档安装和配置这些 SDK。

(3) 编写代码。使用选择的编程语言(如 Python 或 Java),编写代码来调用百度智能云的在线服务。这通常涉及创建一个客户端对象,使用该对象调用相应的服务,并处理返回的响应。

通过以上步骤，就可以在 Python、Java 等程序中成功地调用百度智能云上的人工智能服务了。同时，通过查看百度智能云的官方文档，用户可获取最新的 API 信息和使用示例。

7.3.10　创建应用及准备在线服务接口地址

如图 7 - 90 所示，登录百度智能云在线管理平台。进一步地，在百度智能云"控制台总览"界面，查看并启动所购买的相关智能服务产品（图 7 - 91），执行"立即使用"EasyDL 开发平台操作（图 7 - 92）。

图 7 - 90　登录百度智能云在线管理平台

图 7 - 91　在百度智能云"控制台总览"界面查看并启动所购买的相关智能服务产品

图 7‑92 执行"立即使用"EasyDL 开发平台操作

如图 7‑93 所示,在"在线使用"界面选择文心大模型应用类别,查看百度智能云在线服务列表并点击"详情"按钮(图 7‑94)。同时,在"服务详情"界面查看接口地址(图 7‑95),在"应用接入"界面查看 API Key 及 Secret Key(图 7‑96)。

图 7‑93 在"在线使用"界面选择文心大模型应用类别

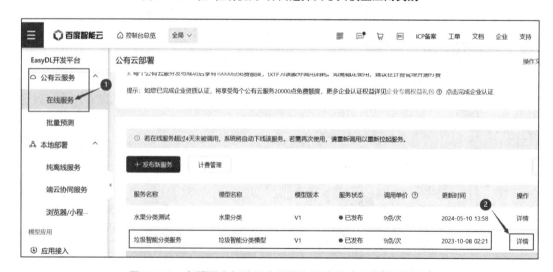

图 7‑94 查看百度智能云在线服务列表并点击"详情"按钮

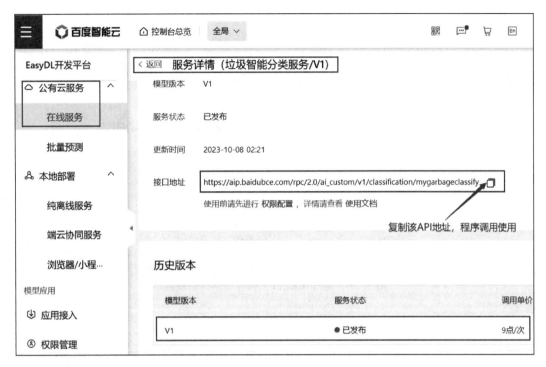

图 7 - 95　在"服务详情"界面查看接口地址

图 7 - 96　在"应用接入"界面查看 API Key 及 Secret Key

7.3.11　Python 编程及智能垃圾分类 API 调用测试

如图 7 - 97 所示,在 PyCharm 工作界面创建新项目,并在新项目配置界面确定项目地址及编译环境(图 7 - 98)。

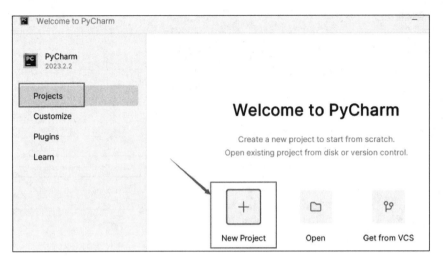

图 7-97 在 PyCharm 工作界面创建新项目

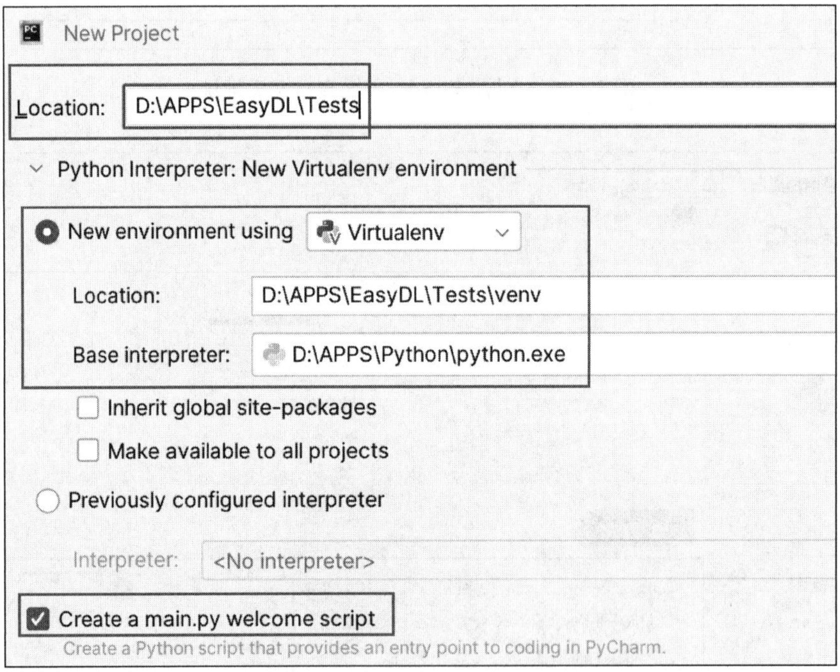

图 7-98 在新项目配置界面确定项目地址及编译环境

　　如图 7-99 所示,成功创建新 PyThon 项目并生成 main.py 模板程序,进一步地,成功运行 main.py 模板程序(图 7-100)。同时,删除 main.py 模板代码(图 7-101);删除 main.py 模板代码后,并将本章所提供的相关源代码拷贝到 main.py 空文件之中,并执行保存操作。

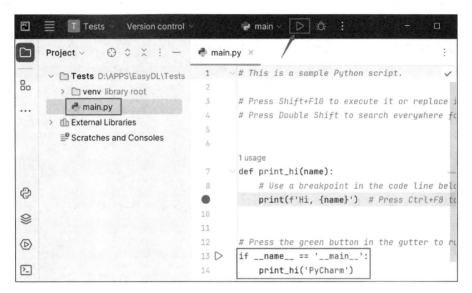

图 7 - 99　成功创建新 PyThon 项目并生成 main.py 模板程序

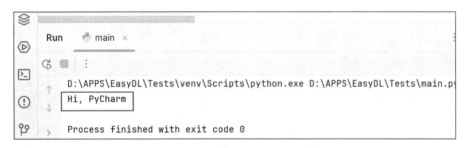

图 7 - 100　成功运行 main.py 模板程序

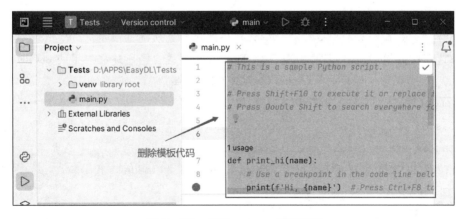

图 7 - 101　删除 main.py 模板代码

```
"""
EasyDL 图像识别调用模型公有云 API Python3 实现
"""
import json
import base64
import requests
"""
使用 requests 库发送请求
使用 pip(或者 pip3)检查我的 python3 环境是否安装了该库,执行命令
  pip freeze | grep requests
若返回值为空,则安装该库
  pip install requests
"""
# 目标图片的 本地文件路径,支持 jpg/png/bmp 格式
IMAGE_FILEPATH = "D:\\APPS\\EasyDL\\图片\\有害垃圾 01.jpg"
# 可选的请求参数
# top_num:返回的分类数量,不声明的话默认为 6 个
PARAMS = {"top_num": 2}
# 服务详情 中的 接口地址
MODEL _ API _ URL  =  " https://aip. baidubce. com/rpc/2. 0/ai _ custom/v1/
classification/mygarbageclassify"
# 调用 API 需要 ACCESS_TOKEN。若已有 ACCESS_TOKEN 则于下方填入该字符串
# 否则,留空 ACCESS_TOKEN,于下方填入 该模型部署的 API_KEY 以及 SECRET_KEY,
# 会自动申请并显示新 ACCESS_TOKEN
ACCESS_TOKEN = ""
API_KEY = "eTXXXXXXXXXXXXXXXXXXX2S"#替换成自己所建立应用的 API_Key
SECRET_KEY = "h4XXXXXXXXXXXXXXXXXXXXXke"#替换成自己所建立应用的 SECRET_Key
print("1. 读取目标图片'{}'".format(IMAGE_FILEPATH))
with open(IMAGE_FILEPATH, 'rb') as f:
    base64_data = base64.b64encode(f.read())
    base64_str = base64_data.decode('UTF8')
print("将 BASE64 编码后图片的字符串填入 PARAMS 的' image'字段")
PARAMS["image"] = base64_str
if not ACCESS_TOKEN:
```

```
    print("2. ACCESS_TOKEN 为空，调用鉴权接口获取 TOKEN")
    auth_url = "https://aip.baidubce.com/oauth/2.0/token? grant_type=
client_credentials" "&client_id={}&client_secret={}".format(
        API_KEY, SECRET_KEY)
    auth_resp = requests.get(auth_url)
    auth_resp_json = auth_resp.json()
    ACCESS_TOKEN = auth_resp_json["access_token"]
    print("新 ACCESS_TOKEN：{}".format(ACCESS_TOKEN))
else：
    print("2. 使用已有 ACCESS_TOKEN")
print("3. 向模型接口'MODEL_API_URL'发送请求")
request_url = "{}? access_token={}".format(MODEL_API_URL, ACCESS_TOKEN)
response = requests.post(url=request_url, json=PARAMS)
response_json = response.json()
response_str = json.dumps(response_json, indent=4, ensure_ascii=False)
print("结果：\n{}".format(response_str))
```

如图 7-102 所示，查看包含调用 API 源代码的 main.py 文件出现的编译错误，并采取措施安装缺失的相关库文件。

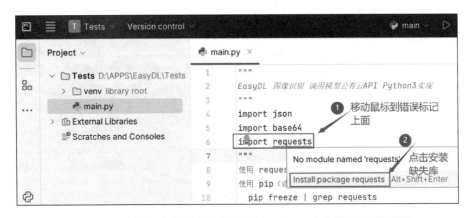

图 7-102　查看包含调用 API 源代码的 main.py 文件出现的编译错误

在编辑界面底部密切观察 requests 库安装状态，直到安装成功。如图 7-103 所示，成功安装所缺失的 requests 库文件。进一步地，查看 main.py 文件中 API 调用相关源代码（图 7-104），并在程序编辑界面点击右上角"▷"图标，运行 main.py 程序。接着，成功运行的程序给出智能垃圾分类 API 调用结果（图 7-105）。

图 7 - 103 成功安装所缺失的 requests 库文件

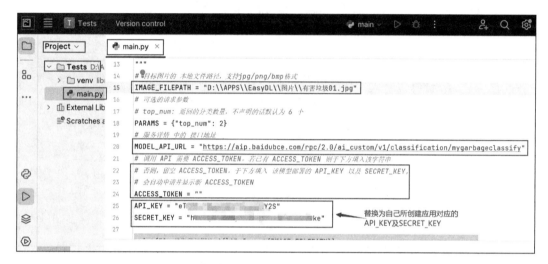

图 7 - 104 查看 main.py 文件中 API 调用相关源代码

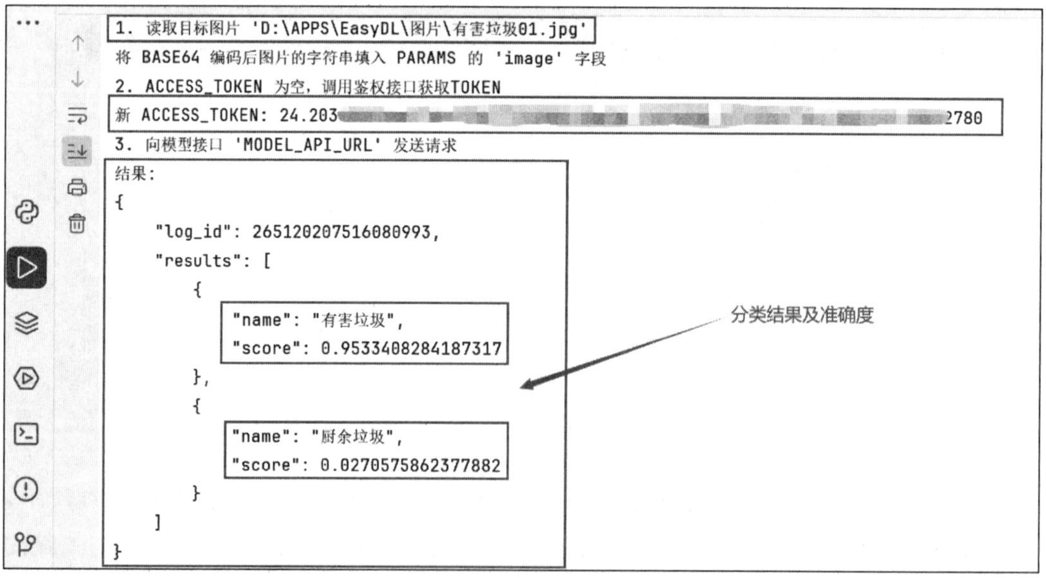

图 7 - 105 查看智能垃圾分类 API 调用结果

7.4　小结

本章内容涉及智能垃圾分类、垃圾分类项目说明、垃圾分类背景、垃圾分类难点、垃圾分类解决方案、垃圾分类数据准备、垃圾分类数据采集、垃圾分类数据导入与标注、垃圾分类模型训练、垃圾分类模型部署。目前,智能垃圾分类技术已经在一些城市和地区得到了应用,并取得了不错的效果。然而,该技术在实际应用中还存在一些问题,如识别准确率、设备成本、居民使用习惯等。未来,随着技术的不断发展和进步,智能垃圾分类将会更加成熟和普及,为人们的生活带来更多便利。

实践作业

1. 按照 7.3.5 节的相关步骤,完成垃圾分类数据准备。
2. 按照 7.3.6 节的相关步骤,完成垃圾分类模型训练。
3. 按照 7.3.8 节的相关步骤,完成垃圾分类模型部署。
4. 通过百度搜索生活垃圾目标检测数据集,利用 EasyDL 进行生活垃圾分类模型训练。
5. 通过百度搜索工业垃圾目标检测数据集,利用 EasyDL 进行工业垃圾分类模型训练。

案例

智能垃圾分类处理流水线

随着工业生产的快速发展,工业垃圾的产生量也在不断增加,如何高效、环保地处理这些垃圾成了一个重要问题。为了解决这一难题,某大型制造企业引入了智能垃圾分类处理流水线。

该流水线集成了先进的机器视觉系统、传感器系统、机械臂自动化系统,以及智能控制系统。首先,通过机器视觉系统对工业垃圾进行快速准确地分类识别,区分出可回收物、有害垃圾和其他废弃物。然后,传感器系统对各类垃圾进行进一步的属性分析,如质量、成分等,为后续处理提供数据支持。

在分类完成后,机械臂自动化系统根据垃圾分类结果,将各类垃圾抓取并投放到相应的处理设备中。例如,可回收物会被送往资源回收站进行再利用,有害垃圾则会被安全地封存或送往专业处理机构进行处理。

　　整个流水线由智能控制系统进行统一调度和管理,实现了自动化、智能化的垃圾处理过程。同时,该系统还具备远程监控和故障诊断功能,以确保流水线的稳定运行和及时处理潜在问题。

　　该智能垃圾分类处理流水线的应用,不仅提高了工业垃圾的处理效率,降低了处理成本,还有效地减少了工业垃圾对环境的污染。同时,通过资源回收和再利用,实现了工业生产的循环经济和可持续发展。该案例充分展示了智能垃圾分类技术在工业生产领域的广阔应用前景和巨大潜力。

参考文献

［1］侯文晶,武文淼,孙玉婷,等.智能化垃圾分类发展现状及趋势分析[J].物联网技术,2023(12):100-101+106.

［2］徐乾龙,王凌霄,赵志阳,等.高精度智能垃圾分类回收系统[J].物联网技术,2023(11):72-73+77.

［3］资政,程慧,何佳.基于深度学习的垃圾智能分类技术[J].科技与创新,2023(21):46-49.

［4］李耀,胡军国,乐杨.融合 GhostNet 的 YOLOv5 垃圾分类方法[J].电子技术应用,2024(1):14-20.

［5］陈健松,蔡艺军.面向垃圾分类场景的轻量化目标检测方案[J].浙江大学学报(工学版),2024(1):71-77.

第 8 章

智 能 检 测

8.1 智能检测简介

智能检测是指利用先进的人工智能（AI）技术，包括机器学习（ML）和深度学习（DL），以及计算机视觉和传感技术，来自动化和优化各种检测任务的过程。智能检测系统能够在不同领域实现高效、准确地监测和分析，从而提高安全性、效率和产品质量。这些系统广泛应用于制造业、医疗诊断、交通监控、安全监控、环境监测等多个领域。

智能检测系统通常包含以下几个关键技术组件：① 数据采集：使用各种传感器（如摄像头、红外传感器、声音传感器等）和数据采集设备来收集需要分析的数据。② 预处理：对采集到的数据进行清洗、格式化和标准化，以准备后续的分析。这可能包括图像的去噪、裁剪、调整大小等操作。③ 特征提取：从处理后的数据中提取有助于分类或检测的关键特征，涉及边缘检测、纹理分析等操作。④ 模型训练：使用机器学习或深度学习算法对特征进行学习，建立模型。这一步通常需要大量的标记数据来训练模型，以识别特定的模式或对象。⑤ 检测和分类：应用训练好的模型自动识别新数据中的模式或对象，涉及分类任务（如将图像分类为含缺陷或无缺陷）或更复杂的检测任务（如识别图像中的特定对象位置）。

智能检测技术在多个领域都有广泛的应用。① 工业检测：在生产线上自动检测产品质量，如检查电子组件的焊接质量、汽车零部件的装配精度等。② 医疗诊断：利用图像识别技术对医疗影像（如 X 射线、MRI）进行分析，辅助诊断疾病。③ 交通监控：在交通系统中，使用视频监控技术进行车辆和行人的检测，以提高交通的安全性和通畅度。④ 安全监控：在安防系统中，识别可疑行为或对象，如监控商店或公共场所，以预防盗窃或其他犯罪活动。⑤ 环境监测：监测空气质量、水质等环境指标，自动监测污染源或异常变化。

尽管智能检测技术极具潜力，但在实际应用中也面临着一些挑战。① 数据质量：高质量的、大量的标记数据是训练有效模型的关键，而这些数据往往难以获得。② 模型泛化：训练得到的模型需要能够在不同的、未见过的环境中表现良好，这是一个持续的挑战。

8.2 安全生产智能检测简介

基于人工智能的安全生产智能检测技术是指利用先进的人工智能算法,尤其是机器学习和深度学习,来监测和评估生产环境中的安全隐患,从而提高安全管理的效率和有效性。这种技术在工业生产、建筑施工、能源开采等高风险领域尤为重要。

安全生产智能检测工作主要包括以下五个步骤:① 数据采集:安全生产智能检测系统需要从各种传感器和监控设备中收集数据,包括视频流、温度、压力、化学成分等。② 数据处理:收集到的数据通过预处理方法进行格式化和清洗,以便于进一步的分析。预处理可能包括数据去噪、数据规范化等步骤。③ 特征提取:使用机器学习算法从处理过的数据中提取关键特征。在视频监控的情况下,这可能涉及使用计算机视觉技术识别图像中的特定对象或行为模式。④ 模式识别和学习:利用深度学习模型,如卷积神经网络(CNN)或循环神经网络(RNN),加以训练并识别数据中的模式和异常。这些模型可以从历史安全事故数据中学习,以预测和识别潜在的风险。⑤ 实时监控和预警:系统实时监控生产环境,并在检测到潜在风险时发出预警,帮助相关人员及时采取措施。

安全生产智能检测主要的应用场景有三个:① 视觉监控分析:在工业制造或建筑施工场景中,安装高清摄像头监控关键区域。分析视频数据,识别安全帽佩戴情况、非法入侵、潜在危险操作等。② 环境监测:使用传感器监测工作环境中的气体浓度、温度等,实时分析这些数据,预测设备故障或环境风险。③ 预测性维护:分析设备运行数据,识别出现故障的早期迹象,预测可能的故障时间点,从而实施预防性维护,避免事故的发生。

安全生产智能检测可应用于石油和天然气行业、化工厂及建筑施工等。① 在石油和天然气行业,使用人工智能进行管道监控,利用算法分析管道图像和压力数据,提前识别泄漏和腐蚀问题。② 在化工生产过程中,人工智能系统监控化学反应的温度和压力,自动调节反应条件,避免危险化学反应发生。③ 在建筑施工过程中,利用人工智能监控系统检测施工现场人员安全帽佩戴情况和人员定位,确保工人安全。随着人工智能技术的进一步发展和优化,这些技术不仅提高了安全生产的水平,还显著减少了人为错误,优化了资源分配,提高了整体的运行效率。

8.3 安全生产智能检测应用案例

施工人员安全帽检测的重要性主要体现在以下几个方面:① 保护头部安全:安全帽是施工现场最基本的个人防护装备之一,其主要作用是保护施工人员的头部免受可能发生的坠落物、碰撞或其他危险因素的伤害。② 预防严重伤害:头部是人体最重要的部分之一,严重的头部损伤可能会导致生命危险或严重残疾。安全帽可以有效减轻冲击力,降低头部受伤的风险。③ 遵守法规和标准：在许多国家和地区,法规和标准要求施工现场人员必须佩戴安全帽。通过对安全帽的检测,可以确保所使用的安全帽符合相应的法规和标准要求。如果因为未佩戴或使用不合格的安全帽导致施工人员头部受伤,施工单位可能会因此承担法律责任,检测安全帽可以降低此类风险。总的来说,施工人员安全帽检测是确保施工现场安全的重要一环,不仅能够保护工人的生命安全,也符合法规要求,有助于提升工作效率和减少责任风险。因此,定期对安全帽进行检测和维护至关重要。

施工人员安全帽的检测是确保施工人员在工作场所保持头部安全的重要程序。以人工智能技术为手段,可在工地、厂区等重点区域,对施工人员安全帽、安全带、安全钩、绝缘鞋、手套等安全措施落实情况进行实时进行检测。

8.3.1 安全帽检测背景

在输电线路检修、石化厂区、建筑工地等现场,安全帽是施工人员必备的个人防护装备,它能够在一定程度上保护施工人员的头部免受伤害。然而,由于施工现场环境复杂,人员众多,管理难度较大,很难确保每个施工人员都时刻佩戴安全帽。因此,施工现场急需一种有效的手段来监督和管理施工人员的安全帽佩戴情况。

8.3.2 传统人工检查安全帽难点

传统人工检查安全帽的方式存在一些难点,这些难点可能会影响施工现场的安全管理效果。

1. 实时性不足

人工检查往往无法做到实时监控,可能存在时间上的延迟,无法及时纠正未佩戴或未正确佩戴安全帽的行为。

2. 人力成本高

人工检查需要投入大量的人力资源,特别是在大型施工现场,需要的安全管理人员数量可能更多,这无疑增加了企业的运营成本。

3. 主观性判断

人工检查的结果往往受到检查人员的主观判断影响,不同的检查人员可能对同一情况作出不同的判断,这可能导致检查结果的不一致性和不公平性。

4. 疲劳和疏忽

长时间进行人工检查可能会导致检查人员疲劳和注意力不集中,出现漏检或误检的情况。

5. 记录困难

传统人工检查方式在记录检查结果方面可能存在困难,如纸质记录易丢失、难以查询和统计等,不利于后续的安全管理和分析工作。

因此,为了提高施工现场的安全管理水平,许多企业开始考虑引入智能化、自动化的安全帽检测系统来替代传统的人工检查方式。

8.3.3 安全帽智能检测思路

施工人员安全帽智能检测的思路是基于计算机视觉和人工智能技术,通过自动化地识别和分析施工现场的监控视频,判断施工人员是否佩戴安全帽。

1. 视频采集

通过安装在施工现场的摄像头实时采集视频数据。这些摄像头可以覆盖整个施工现场,确保每个角落的情况都能被捕捉到。

2. 预处理

采集到的视频数据可能存在噪声、抖动等干扰因素,需要进行预处理以提高后续处理的准确性。预处理包括去噪、图像增强、稳定化等操作,通过预处理以获得更清晰、更稳定的图像。

3. 目标检测

利用计算机视觉技术对施工人员进行目标检测。这一步通常采用基于深度学习的目标检测算法,这些算法能够在图像中准确地识别出施工人员的位置和大小。

4. 安全帽识别

在检测到施工人员后,进一步利用图像处理和模式识别技术对安全帽进行识别。这一步可以通过分析施工人员的头部特征和安全帽的特有形状、颜色等属性来实现。如果识别到施工人员佩戴了安全帽,则将其标记为"戴安全帽";否则,标记为"未戴安全帽"。

5. 实时反馈

将检测结果实时反馈给管理人员或安全监控系统。如果检测到有施工人员未佩戴安全帽,系统可以立即发出警报或提醒,以便管理人员及时采取纠正措施。同时,系统还可以记录每次检测的结果和时间,为后续的安全管理提供数据支持。

以人工智能技术为手段,精准把握"高精度质量检测,大范围安全管理"的行业需求。通过建立一套安全作业智能监控管理系统,实现实时监控、自动发现问题、主动预警,走出了过去依靠肉眼或"远水救不了近火"的窘境,能够及时发现各生产环节的安全隐患,及时分析和处理隐患,最终实现安全生产。使用飞桨生态下的 EasyDL 物体检测模块自主完成安全帽智能检测模型的开发,具有很好的经济价值与社会意义。

8.3.4 安全帽数据采集与导入

选取实际作业场景中不同时刻、拍照角度、光线条件、背景元素的图片作为训练数据,训练数据覆盖的场景越多,模型的泛化能力越强,训练数据与实际情况越贴近,模型效果越好。EasyDL 支持以图片、压缩包和 API 的形式将本地数据导入 EasyDL 创建的数据集中,也可通过百度对象存储(Baidu Object Storage,BOS)以及分享链接将平台内已有的数据集导入目标数据集。针对数据量较大的场景,推荐使用 API 形式进行导入。

登录 EasyDL 在线平台后,如图 8-1 所示,在"图像分类模型"界面点击"选择模型类型"符号。进一步地,在"选择模型类型"界面,点击选择"物体检测"(图 8-2)。同时,在"物体检测模型"界面,点击"数据总览"(图 8-3),在"我的数据总览"界面执行"创建数据集"操作(图 8-4)。

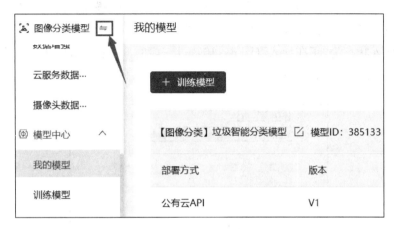

图 8-1 在"图像分类模型"界面点击"选择模型类型"符号

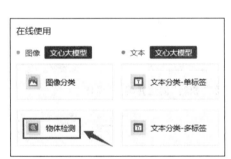

图 8-2 在"选择模型类型"界面点击选择"物体检测"

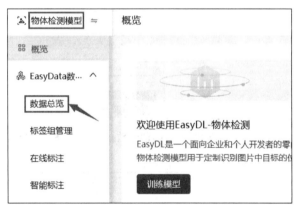

图 8-3 在"物体检测模型"界面点击"数据总览"

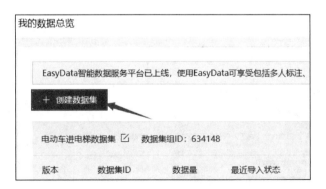

图 8-4 在"我的数据总览"界面执行"创建数据集"操作

　　如图8-5所示,在"创建数据集"界面,填写数据集名称并执行"创建并导入"操作。进一步地,在"导入配置"界面选择导入方式并点击"上传压缩包"(图8-6)。同时,查看压缩包上传提示并执行"已阅读并上传"操作(图8-7)。

　　如图8-8所示,选择训练数据集压缩包并执行"打开"操作。进一步地,在"导入配置"界面,查看已上传文件并执行"确认并返回"操作(图8-9)。同时,在"我的数据总览"界面,查看导入状态为"正在导入"(图8-10);过一段时间,在"我的数据总览"界面,显示数据集压缩包导入已完成,数据标注状态为0%(图8-11)。

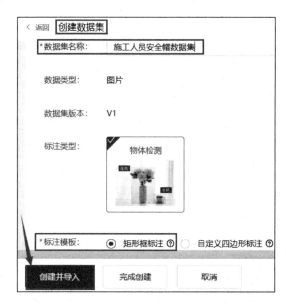

图8-5　在"创建数据集"界面填写数据集名称并执行"创建并导入"操作

图8-6　在"导入配置"界面选择导入方式并点击"上传压缩包"

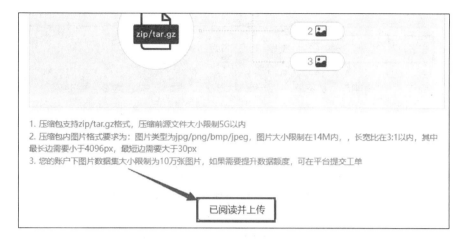

1. 压缩包支持zip/tar.gz格式，压缩前源文件大小限制5G以内
2. 压缩包内图片格式要求为：图片类型为jpg/png/bmp/jpeg，图片大小限制在14M内，，长宽比在3:1以内，其中最长边需要小于4096px，最短边需要大于30px
3. 您的账户下图片数据集大小限制为10万张图片，如果需要提升数据额度，可在平台提交工单

图 8-7　查看压缩包上传提示并执行"已阅读并上传"操作

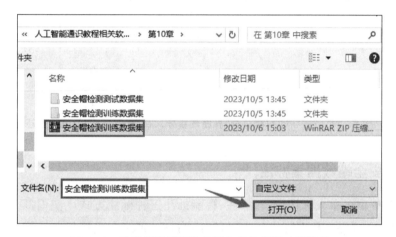

图 8-8　选择训练数据集压缩包并执行"打开"操作

图 8-9　在"导入配置"界面查看已上传文件并执行"确认并返回"操作

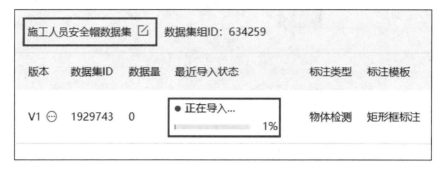

图8‑10 在"我的数据总览"界面查看导入状态(正在导入)

图8‑11 在"我的数据总览"界面查看导入状态(已完成)及标注状态

8.3.5 安全帽数据集标注

EasyDL提供了单人标注、多人标注、智能标注三种标注方式。使用多人标注功能可通过团队协作方式提高数据标注效率。任务发起后,系统会生成任务链接发送至团队成员邮箱,并根据团队成员人数自动分发任务量,成员提交标注任务后,管理员可以进行标注结果校验。使用智能标注,可以通过提供少量人工标注数据和未标注数据,利用智能标注进行自动标注,或者使用现有的模型对新增的数据进行预标注,辅助快速完成数据标注工作,并将数据用于模型的训练。

如图8‑12所示,在"我的数据总览"界面,执行"标注"操作。进一步地,在"标注"界面查看标注信息(图8‑13),并执行"添加标签"操作(图8‑14)。同时,在"标注"界面添加"戴安全帽"标签并执行"确定"操作(图8‑15)。

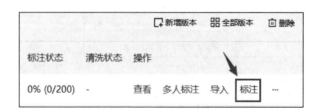

图8‑12 在"我的数据总览"界面执行"标注"操作

图 8 - 13 在"标注"界面查看标注信息

**图 8 - 14 在"标注"界面执行
"添加标签"操作**

**图 8 - 15 在"标注"界面添加"戴安全帽"
标签并执行"确定"操作**

如图 8 - 16 所示,在"标注"界面,添加"未戴安全帽"标签并执行"确定"操作。进一步地,在"标注"界面查看已添加的标签信息(图 8 - 17),并利用矩形框进行图片特征标注(图 8 - 18)。然后,在"标注"界面,利用矩形框进行图片多处特征标注并"保存当前标注"(图 8 - 19)。

**图 8 - 16 在"标注"界面添加"未戴安全帽"
标签并执行"确定"操作**

图 8 - 17 在"标注"界面查看已添加的标签信息

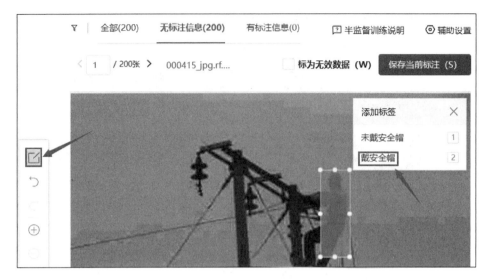

图 8-18 在"标注"界面利用矩形框进行图片特征标注

图 8-19 在"标注"界面利用矩形框进行图片多处特征标注并"保存当前标注"

百度数据集智能标注是一种基于人工智能技术的自动化标注工具,它可以通过机器学习算法对图像、文本等数据进行自动标注,从而大大提高数据标注的效率和准确性。在使用百度数据集进行智能标注时,用户可以先选择需要标注的数据集,并指定标注的任务类型和标注规则。然后,系统可以自动对数据集进行预处理和分析,提取出关键特征和信息,并根据预设的标注规则对数据进行自动标注。用户还可以对标注结果进行手动调整和修正,以确保标注结果的准确性和完整性。

如图 8-20 所示,在"标注"界面查看标注信息并"开启智能标注"。进一步地,在"创建智能标注"界面,选择数据集并执行"提交"操作(图 8-21)。然后,密切关注智能标注启动状态(图 8-22)。

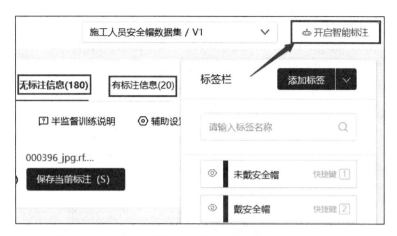

图 8-20　在"标注"界面查看标注信息并"开启智能标注"

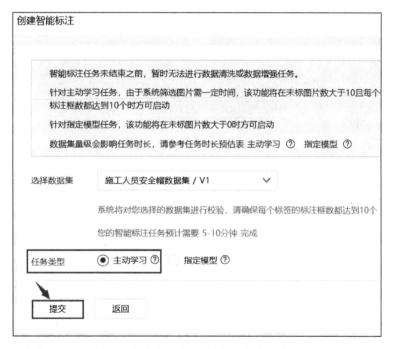

图 8-21　在"创建智能标注"界面选择数据集并执行"提交"操作

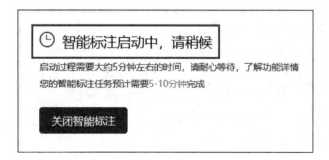

图 8-22　关注智能标注启动状态

如图8-23所示,在"标注"界面查看难例阶段进度。进一步地,查看待确认标注信息(图8-24)。同时,确认标注时右击标注框修改错误标记图片(图8-25)。

如图8-26所示,在"标注"界面查看完成图片标注信息。进一步地,在"智能标注"界面查看智能标注信息(图8-27)。同时,如果智能标注已完成所有图片的标注,在"智能标注"界面,可执行"中止任务"操作(图8-28),确认中止智能标注任务(图8-29)。最后,在"我的数据总览"界面,显示数据集已标注完毕(图8-30)。

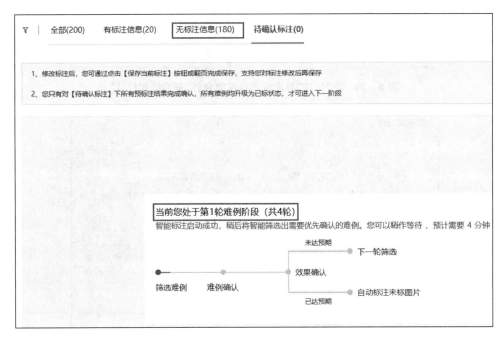

图8-23　在"标注"界面查看难例阶段进度

图8-24　在"标注"界面查看待确认标注信息

图 8－25　确认标注时右击标注框修改错误标记图片

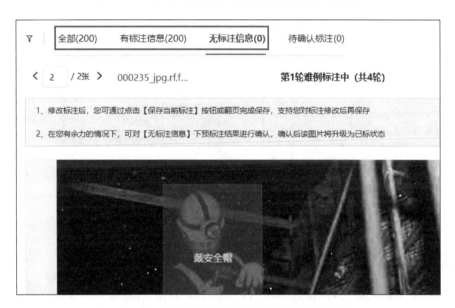

图 8－26　在"标注"界面查看完成图片标注信息

图 8－27　在"智能标注"界面查看智能标注信息

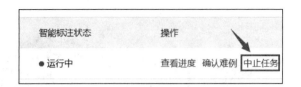

图 8 - 28　在"智能标注"界面执行"中止任务"操作

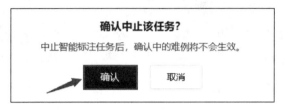

图 8 - 29　确认中止智能标注任务

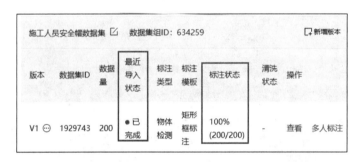

图 8 - 30　在"我的数据总览"界面查看标注状态

8.3.6　安全帽检测模型训练

数据准备工作完成后,选择物体检测任务类型,点击"创建模型",根据用户的实际需求对模型进行命名。若开发的智能监控在使用环境中需要连接外部网络,同时对模型精度要求较高,则在创建训练时部署方式和算法类型时就可分别选择公有云部署、精度提升-百度超大规模预训练模型。

如图 8 - 31 所示,在"我的模型"界面,点击"训练模型"按钮。进一步地,在"训练模型"界面,填写相关信息并点击"下一步"按钮(图 8 - 32),选择数据集并点击"下一步"按钮(图 8 - 33)。

图 8 - 31　在"我的模型"界面点击"训练模型"按钮

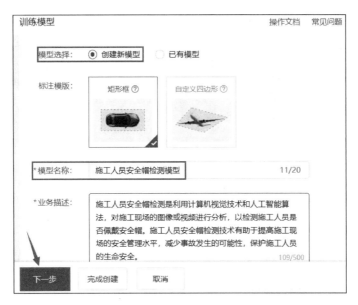

图 8-32 在"训练模型"界面填写相关信息并点击"下一步"按钮

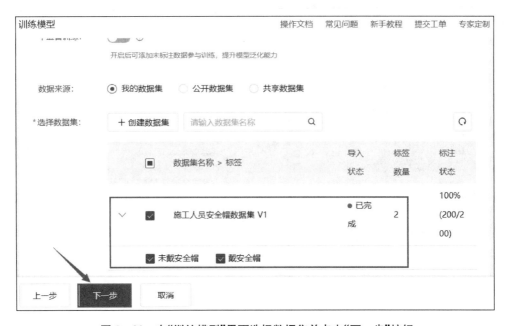

图 8-33 在"训练模型"界面选择数据集并点击"下一步"按钮

如图 8-34 所示,在"训练模型"界面,选择训练环境并执行"开始训练"操作。进一步地,在"我的模型"界面,查看训练状态为"排队中"(图 8-35)。过一段时间,在"我的模型"界面,训练状态为"训练中 25%"(图 8-36);点击训练状态"训练中 25%"可查看训练算法、训练集与任务时长(图 8-37)。

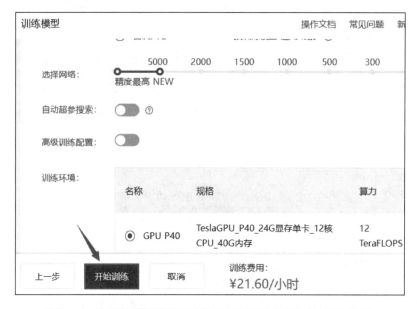

图 8‑34　在"训练模型"界面选择训练环境并执行"开始训练"操作

【物体检测】施工人员安全帽检测模型 ☑　模型ID: 385190			
部署方式	版本	训练状态	服务状态
公有云API	V1	● 排队中 0% ⓘ	未发布

图 8‑35　在"我的模型"界面查看训练状态(排队中)

【物体检测】施工人员安全帽检测模型 ☑　模型ID: 385190			
部署方式	版本	训练状态	服务状态
公有云API	V1	● 训练中 25% ⓘ	未发布

图 8‑36　在"我的模型"界面查看训练状态(训练中 25%)

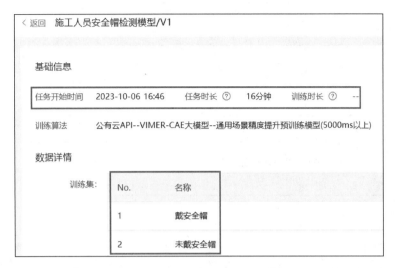

图 8‑37　点击训练状态"训练中 25％"可查看训练算法、训练集与任务时长

如图 8‑38 所示,在"我的模型"界面,查看训练状态(训练完成)。进一步地,在"我的模型"界面,点击查看"完整评估结果"(图 8‑39),界面显示训练时长为 1 小时 39 分钟(图 8‑40)。在"整体评估"界面,可查看已完成训练模型的 mAP、精确率、召回率(图 8‑41),以及不同阈值下 F1‑score 表现(图 8‑42)。

【物体检测】施工人员安全帽检测模型　模型ID: 385190			
部署方式	版本	训练状态	服务状态
公有云API	V1	● 训练完成	未发布

图 8‑38　在"我的模型"界面查看训练状态(训练完成)

🖥 训练　… 更多

模型效果	操作
mAP: 87.28% ⑦	
精确率: 79.90% ⑦	查看版本配置
召回率: 79.90% ⑦	申请发布　校验
完整评估结果	

图 8‑39　在"我的模型"界面点击查看"完整评估结果"

图 8‑40 模型训练完成总共消耗的训练时长(1 小时 39 分)

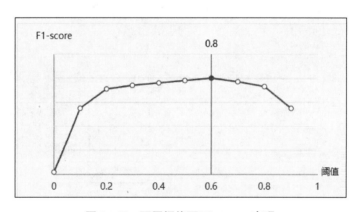

图 8‑41 查看训练完成时模型的 mAP、精确率及召回率

图 8‑42 不同阈值下 F1‑score 表现

F1‑score 是评估二分类模型效果的指标,综合了分类模型的精度和召回率,是这两个指标的调和平均数。不同阈值下 F1‑score 表现的旨在让用户在不确定阈值的情况下找到最合适的阈值,使得 F1‑score 值最大。

8.3.7 安全帽检测模型校验

如图 8‑43 所示,在"我的模型"界面,执行"校验"操作。进一步地,在"校验模型"界面,执行"启动模型校验服务"操作(图 8‑44),并查看启动状态信息(图 8‑45)。同时,在"校验模型"界面,执行"点击添加图片"操作(图 8‑46),并选择添加相关图片进行校验测试(图 8‑47)。

图 8-43 在"我的模型"界面执行"校验"操作

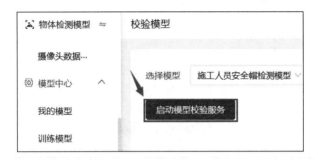

图 8-44 在"校验模型"界面执行"启动模型校验服务"操作

图 8-45 在"校验模型"界面查看启动状态信息

图 8-46 在"校验模型"界面执行"点击添加图片"操作

图 8-47 在"校验模型"界面选择添加相关图片进行校验测试

"校验模型"界面显示所预测的"戴安全帽"结果的置信度＞84％(图 8-48)。进一步地,选择识别不同应用背景下的图片,如图 8-49 所示,"戴安全帽"识别结果的置信度＞91％;如图 8-50 所示,"戴安全帽""未戴安全帽"识别结果的置信度均＞93％。

图 8-48 在"校验模型"界面查看图片识别结果(置信度＞84％)

图 8 - 49　在"校验模型"界面查看图片识别结果(置信度＞91%)

图 8 - 50　在"校验模型"界面查看图片识别结果(置信度＞93%)

8.3.8　安全帽检测模型部署

　　部署方式和算法类型通常需要结合实际业务需求进行选择。EasyDL 提供了多种精度、性能侧重点不同的算法,侧重精度的算法拥有更好的识别效果,但对算力的消耗也越大;侧重性能的算法,相对精度有所降低,但模型体积更小,拥有毫秒级响应的性能,适用于对性能有要求的场景。若需要使用私有化/离线部署,EasyDL 则提供了从服务器到通用小型设备、边缘终端(EdgeBoard、Jetson)等部署方式。训练完成的模型被打包成适配智能硬件(不含服务器)的 SDK,可进行设备端离线计算,满足推理阶段数据敏感性要求、更快的响应速度要求(支持 iOS、Android、Linux、Windows 四种操作系统)。

如图 8-51 所示,在"我的模型"界面,执行"申请发布"操作。进一步地,在"发布模型"界面填写相关信息并点击"提交申请"按钮(图 8-52)。

图 8-51 在"我的模型"界面执行"申请发布"操作

图 8-52 在"发布模型"界面填写相关信息并点击"提交申请"按钮

如图 8-53 所示,在提示窗口中点击"确定"按钮。进一步地,在"公有云部署"界面,查看服务状态为"审核中"(图 8-54)。随后,在"公有云部署"界面,显示服务状态为"发布中"(图 8-55);进而,服务状态变为"已发布"(图 8-56)。

图 8-53 在提示窗口中点击"确定"按钮

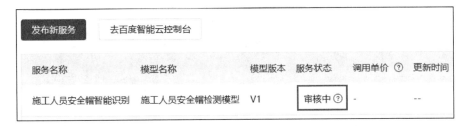

图 8-54 在"公有云部署"界面查看服务状态(审核中)

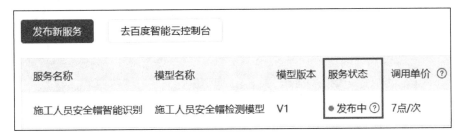

图 8-55 在"公有云部署"界面查看服务状态(发布中)

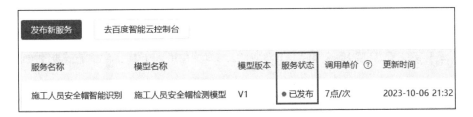

图 8-56 在"公有云部署"界面查看服务状态(已发布)

8.3.9 体验 H5 移动客户端安全帽检测应用

在百度智能云的 H5 服务中,用户可以通过简单的操作,快速搭建和部署自己的 H5 应用,无须担心技术实现和服务器维护等复杂问题。同时,百度智能云提供了丰富的 H5 模板和组件,用户可以根据自己的需求进行选择和定制,大大降低了开发难度和成本。

如图 8-57 所示,在"我的模型"界面,执行"体验 H5"操作,进而在"体验 H5"界面选择百度智能云移动端应用 APPID 并点击"下一步"按钮(图 8-58)。进一步地,在"体验 H5"界面填写相关信息并点击"下一步"按钮(图 8-59),查看手机端体验二维码并点击"完成"按钮(图 8-60)。

如图 8-61 所示,在 EasyDL 施工人员安全帽智能识别 H5 手机端,可上传图片并识别图中人员是否佩戴安全帽;识别结果显示可正确识别"戴安全帽""未戴安全帽"。

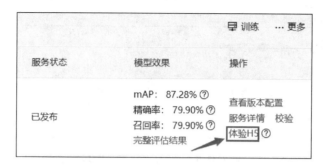

图 8-57 在"我的模型"界面执行"体验 H5"操作

图 8-58 在"体验 H5"界面选择百度智能云移动端应用 APPID 并点击"下一步"按钮

图 8-59 在"体验 H5"界面填写相关信息并点击"下一步"按钮

图 8 - 60　在"体验 H5"界面查看手机端体验二维码并点击"完成"按钮

图 8 - 61　在 H5 手机端查看安全帽智能识别结果

8.3.10 安全帽智能检测 API 程序调用测试

安全帽智能检测 API 的程序调用测试,需要首先获取 API 密钥和访问权限。在使用 API 之前,通常需要从百度智能云处获取 API 密钥,并确保有权访问该 API。如图 8-62 所示,在百度智能云的"在线使用"界面中选择"物体检测"人工智能应用,并查看安全帽智能识别在线服务接口地址(图 8-63)。

图 8-62　在百度智能云的"在线使用"界面中选择"物体检测"

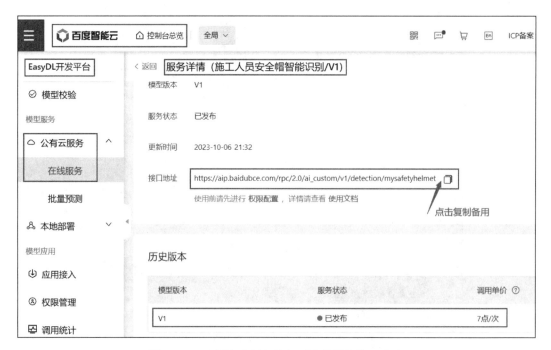

图 8-63　查看安全帽智能识别在线服务接口地址

　　使用 PyCharm 编程工具创建 Python 项目,在删除 main.py 模板代码后,将下述代码拷贝到 main.py 空文件之中,并执行保存操作,查看安全帽智能识别相关 API 接口地址及密钥(图 8-64)。

```
"""
EasyDL 图像识别 调用模型公有云 API Python3 实现
"""
import json
import base64
import requests
"""
使用 requests 库发送请求
使用 pip(或者 pip3)检查我的 python3 环境是否安装了该库,执行命令
  pip freeze | grep requests
若返回值为空,则安装该库
  pip install requests
"""
# 目标图片的 本地文件路径,支持 jpg/png/bmp 格式
IMAGE_FILEPATH = "D:\\APPS\\EasyDL\\图片\\安全帽 01.jpeg"
# 可选的请求参数
# top_num: 返回的分类数量,不声明的话默认为 6 个
PARAMS = {"top_num": 2}
# 服务详情 中的 接口地址
MODEL_API_URL = "https://aip.baidubce.com/rpc/2.0/ai_custom/v1/detection/
mysafetyhelmet"
# 调用 API 需要 ACCESS_TOKEN。若已有 ACCESS_TOKEN 则于下方填入该字符串
# 否则,留空 ACCESS_TOKEN,于下方填入 该模型部署的 API_KEY 以及 SECRET_KEY,
# 会自动申请并显示新 ACCESS_TOKEN
ACCESS_TOKEN = ""
API_KEY = "eTXXXXXXXXXXXXXXXXXXX2S" # 替换成自己所建立应用的 API_Key
SECRET_KEY = "h4XXXXXXXXXXXXXXXXXXXXke" # 替换成自己所建立应用的 SECRET_Key
print("1. 读取目标图片'{}'".format(IMAGE_FILEPATH))
with open(IMAGE_FILEPATH, 'rb') as f:
    base64_data = base64.b64encode(f.read())
    base64_str = base64_data.decode('UTF8')
print("将 BASE64 编码后图片的字符串填入 PARAMS 的'image'字段")
```

```
PARAMS["image"] = base64_str
if not ACCESS_TOKEN:
    print("2. ACCESS_TOKEN 为空,调用鉴权接口获取 TOKEN")
    auth_url = "https://aip.baidubce.com/oauth/2.0/token? grant_type =
client_credentials" "&client_id = {}&client_secret = {}".format(
        API_KEY, SECRET_KEY)
    auth_resp = requests.get(auth_url)
    auth_resp_json = auth_resp.json()
    ACCESS_TOKEN = auth_resp_json["access_token"]
    print("新 ACCESS_TOKEN:{}".format(ACCESS_TOKEN))
else:
    print("2. 使用已有 ACCESS_TOKEN")
print("3. 向模型接口'MODEL_API_URL'发送请求")
request_url = "{}? access_token = {}".format(MODEL_API_URL, ACCESS_TOKEN)
response = requests.post(url = request_url, json = PARAMS)
response_json = response.json()
response_str = json.dumps(response_json, indent = 4, ensure_ascii = False)
print("结果:\n{}".format(response_str))
```

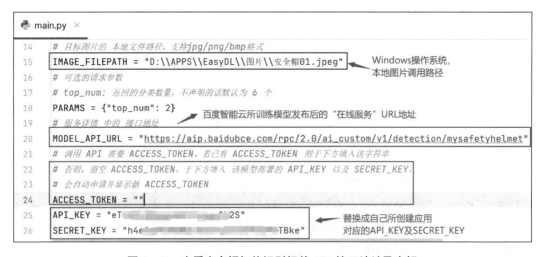

图 8 - 64　查看安全帽智能识别相关 API 接口地址及密钥

如图 8 - 65 所示,在程序编辑界面顶部点击"▷"符号运行程序,并查看安全帽智能识别 API 调用程序的运行结果(图 8 - 66)。

图 8-65　在程序编辑界面顶部点击绿色"▷"符号运行程序

```
1. 读取目标图片 'D:\APPS\EasyDL\图片\安全帽01.jpeg'
将 BASE64 编码后图片的字符串填入 PARAMS 的 'image' 字段
2. ACCESS_TOKEN 为空，调用鉴权接口获取TOKEN
新 ACCESS_TOKEN: 24.　　　　　　　　　　　　　　　　　　　　　　　　　2780
3. 向模型接口 'MODEL_API_URL' 发送请求
结果：
{
    "log_id": 7965258587275989885,
    "results": [
        {
            "location": {
                "height": 198,
                "left": 253,
                "top": 122,
                "width": 139
            },
            "name": "戴安全帽"                    识别结果及精准度
            "score": 0.9525058269500732
        },
```

图 8-66　查看安全帽智能识别 API 调用程序的运行结果

8.4　产品质量智能检测简介

　　产品质量智能检测是一个利用人工智能（AI）技术，尤其是机器学习（ML）和计算机视觉，自动检测产品质量的过程。通过这种自动化的方式，可提高检测速度和准确性，减少人工检测的需要，同时降低成本和提高生产效率。智能检测系统能够识别制造缺陷、组装错误、材料瑕疵等问题，常用于传统制造业、食品工业和药品工业等领域。

　　产品质量智能检测所使用的关键技术，包括计算机视觉、机器学习、数据分析与自动化和传感技术。使用摄像头和图像处理算法来分析产品图片或视频，检测产品表面缺陷、尺寸偏差、颜色不一致等问题。深度学习中的卷积神经网络（CNN）在这一领域中表现尤其出色。应用各种机器学习算法，包括支持向量机（SVM）、随机森林、梯度提升机（GBM）等，来识别和分类产品的质量等级。这些模型可以通过分析历史质量数据来训练；利用统计和数据分析技术来监控和优化生产过程，预测潜在的质量问题；整合各种传感器，如光学传感器、红外线传感器和压力传感器等，来实现产品的多方位检测。

产品质量智能检测的一些实际应用,包括电子组件检测、汽车质量检测、食品检测及制药检测等。在电子制造领域,其可自动检测电路板上的焊点质量、组件位置和芯片缺陷;在汽车行业,其可检测车身漆面的划痕、凹陷以及装配线上的装配准确性;在食品行业,其可自动检测食品包装的完整性、过期标签和食品本身的外观质量,如水果和蔬菜的新鲜度;在制药行业,其可检查药品包装的完整性,检查药片的大小和颜色,确保药品符合行业标准。

8.5 产品质量智能检测应用案例

钢材表面缺陷智能识别,通常涉及计算机视觉和机器学习技术的应用。实现这一目标的一般步骤包括:数据收集、数据标注、模型选择、模型训练、模型校验及模型部署等。通过训练所获得的钢材表面缺陷智能识别模型,可广泛应用于钢铁及智能制造领域的产品质检中。

8.5.1 钢材表面缺陷识别项目背景

钢材表面缺陷类型主要包括冲孔、月牙形缝隙及油斑等。在钢带的生产线上,钢带需要根据产品规格进行冲孔,但由于机械故障可能会导致不必要的冲孔,这也造成了钢材表面冲孔缺陷。在钢带生产中,切割时有时会产生缺陷,就像半个圆,被称为月牙形缝隙。钢材表面的油斑缺陷,通常是由机械润滑剂的污染引起的,会影响产品的外观。

钢材表面缺陷可能导致产品质量问题、废品、生产停工、声誉受损、安全风险等多方面的损失,损失程度取决于缺陷的性质、规模以及在哪个阶段被检测到。

1. 产品质量问题

钢材表面缺陷可能导致制成的产品质量下降。这些缺陷可能会降低产品的强度、耐腐蚀性、外观,从而影响产品的性能和市场竞争力。

2. 废品率增加

发现表面缺陷后,可能需要废弃受影响的钢材,这会增加成本并减少产量。高废品率会导致生产成本上升。

3. 生产停工

如果缺陷在生产过程中未能及时检测和处理,可能会导致生产线停工,以便解决问题或更换受影响的材料。这会导致生产中断,使生产能力受损和订单交付延迟。

4. 声誉损失

如果产品中的表面缺陷导致客户不满意或社会舆论,企业的声誉可能会受损,这可能会影响产品未来的销售以及与其他企业的合作关系。

5. 安全风险

严重的表面缺陷可能会危及使用该钢材制成的产品的安全性,可能导致事故和人员伤害,从而引发法律诉讼和责任问题。

因此,及时检测和处理钢材表面缺陷,对于降低损失、确保产品质量和维护声誉都至关重要。使用智能识别技术可以在早期阶段帮助检测钢材缺陷,减少潜在的损失。

由于钢铁厂生产环境复杂,工件生产过程中存在发生剐蹭、磕碰、制作疏漏的可能性,从而导致钢材表面缺陷。存在瑕疵的产品须按照残次品处理,不可进入市场销售。

8.5.2　钢材表面缺陷识别项目必要性

钢材表面质检精细度要求较高,细微缺陷通常难以发现,传统的人工质检方式效率低,长时间作业容易出现视觉疲劳而发生错检、漏检的现象。质检效率低将直接影响工厂产能及交付效率。

钢材表面质量检测在钢铁工业中非常重要,因为表面质量问题可能会影响产品的性能和安全。为了克服这些难点,钢铁工业通常采用视觉检测、超声波检测等以确保对钢材表面质量的全面检测和控制,提高表面质量检测的效率和准确性。

8.5.3　钢材表面缺陷识别解决思路

对于钢材表面缺陷识别场景,单张图片中可能出现多个或者多种缺陷,需要识别出缺陷的种类及个数,因此选用物体检测模型。为提高产能及质检精确率,决定对质检产线进行智能化赋能,通过人工智能实现缺陷的自动化识别＋人工复核的方式,提高出厂质检效率。飞桨 EasyDL 提供了零门槛的人工智能开发功能,用户不需要了解算法基础即可快速完成模型训练。EasyDL 平台提供的物体检测任务类型经过模型训练后,可获得高精度的钢材表面缺陷质检模型,并能够结合实际业务应用。钢材表面缺陷智能识别的应用,可降低钢厂每年投入的质检成本,使质检效率及准确率大幅提升。

8.5.4　钢材表面缺陷识别数据准备

首先,收集包含各种钢材表面缺陷的图像数据,这些数据可以来自不同的来源,比如工厂生产线上的实时图像,或者已经存在的图像数据库,确保收集的图像具有多样性和代表性,能够覆盖钢材表面可能出现的各种缺陷类型。然后,对收集到的图像数据进行预处理,以提高后续缺陷识别的准确性。预处理步骤可能包括图像去噪、增强、归一化等。去噪可以除去图像中的无关信息,增强可以突出缺陷特征,归一化则可以将图像数据转换为统一的格式和范围。

8.5.5　创建钢材表面缺陷检测模型

登录 EasyDL 在线平台后,在 EasyDL 的主页上,点击"在线使用",然后选择"物体检测"任务类型(图 8-67)。

如图 8-68 所示,在"概览"界面,点击"训练模型"按钮。进一步地,在"训练模型"界面选择"创建新模型"(图 8-69),填写"业务描述"并执行"下一步"(图 8-70)。

图 8‑67　在"在线使用"界面选择"物体检测"类型

图 8‑68　在"概览"界面点击"训练模型"按钮

图 8-69　在"训练模型"界面选择"创建新模型"

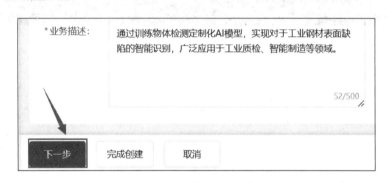

图 8-70　在"训练模型"界面填写"业务描述"并执行"下一步"

　　如图 8-71 所示,如果具备足够的人工智能模型训练费用,则关闭■取消"开通付费"提示窗口;否则,可点击确定以"开通付费",支付一定的费用来购买人工智能算力。进一步地,在"数据准备"界面选择"数据来源"并点击"创建数据集"(图 8-72)。接着,在"创建数据集"界面,填写信息并点击"创建并导入"按钮(图 8-73)。

图 8-71　关闭"开通付费"提示窗口

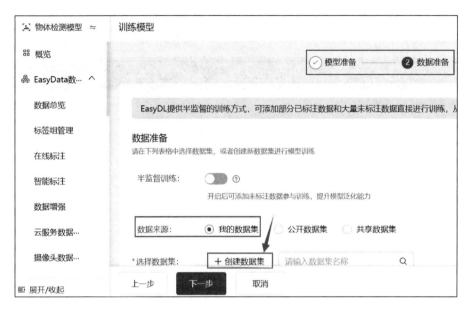

图 8‑72 在"数据准备"界面选择"数据来源"并点击"创建数据集"

图 8‑73 在"创建数据集"界面填写信息并点击"创建并导入"按钮

8.5.6　钢材表面缺陷数据采集与导入

数据是模型训练的前提条件,针对工业质检场景的训练数据通常来源于工业产线上的图像采集设备的历史存量数据。因此,如生产线上还未建设图像采集设备,需优先建设图像采集设备,基于采集到的图片数据进行模型训练。

从钢材生产环境中选取存在缺陷的图片 300 余张,准备训练数据。对于图片,应注意与实际生产场景产生的数据尽可能保持一致,如光线、亮度、拍摄角度等。在客观因素保持一致的情况下训练出来的模型,在实际应用中才会有更高的适用性及效果。例如,实际质检产线所部署的摄像头对钢材表面进行的是俯拍,那么,在收集数据时也需要收集同样为俯拍的图片。

企业获取的原始数据如果无标注信息,可在平台中选择导入未标注信息后一键导入。EasyDL 还提供了其他多种数据导入方式,可根据使用习惯选择不同的导入方式。同时,可以将图片先上传到网络地址(如百度网盘、百度 BOS 等),拷贝对应地址链接即可完成快速导入,这种方法适用于数据量级较大的情况,可缩短导入时间。当数据量不足时,在模型训练页,可进行数据增强策略配置。这样,可将已有的缺陷图片通过数据增强策略进行数据扩充,进而最大限度地提高有限数据的利用率。

如图 8 - 74 所示,在"导入配置"界面选择"本地导入"方式并点击"上传图片"按钮。进一步地,在"上传图片"界面,点击"添加文件"按钮(图 8 - 75),全选"冲孔"表面缺陷数据集图片并执行"打开"操作(图 8 - 76)。随后,在"上传图片"界面点击"开始上传"按钮(图 8 - 77)。

如图 8 - 78 所示,在"导入配置"界面点击"确认并返回"按钮,所选择的 54 张"冲孔"表面缺陷图片将被导入 EasyDL 在线平台。

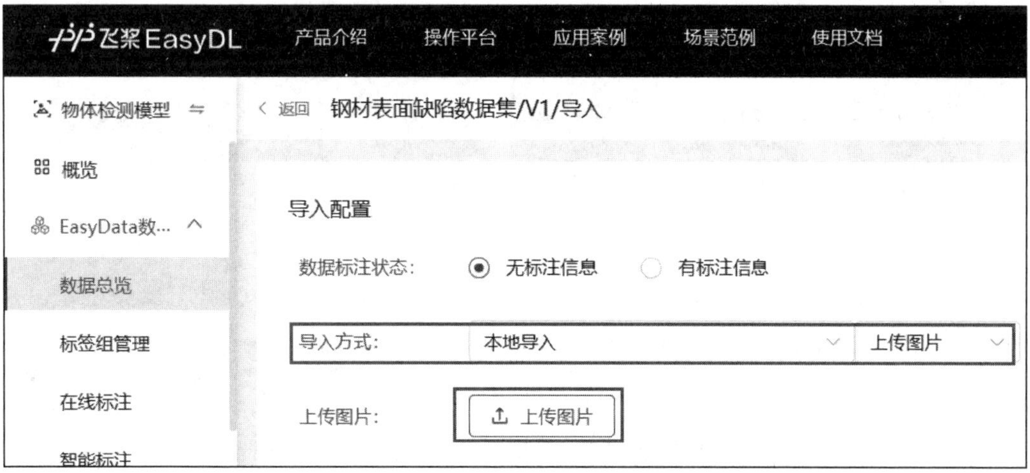

图 8 - 74　在"导入配置"界面选择"本地导入"方式并点击"上传图片"按钮

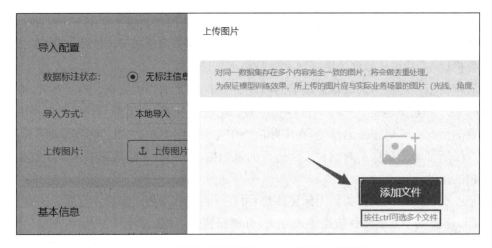

图 8-75 在"上传图片"界面点击"添加文件"按钮

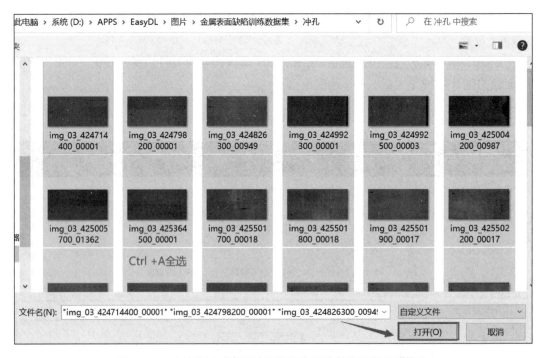

图 8-76 全选"冲孔"表面缺陷数据集图片并执行"打开"操作

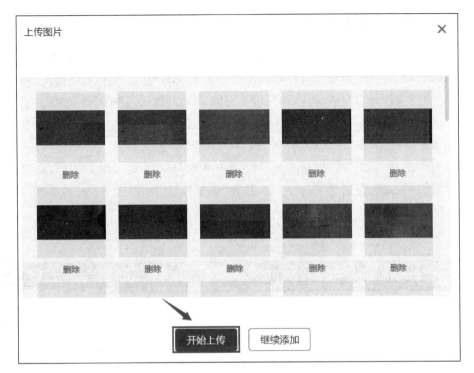

图 8‑77 在"上传图片"界面点击"开始上传"按钮

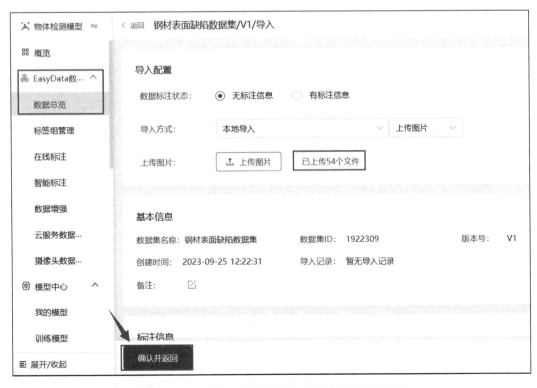

图 8‑78 在"导入配置"界面点击"确认并返回"按钮

8.5.7 钢材表面缺陷数据标注及标注后继续导入数据

原始图片需要经过标注才可进行模型训练。数据标注过程应尽可能贴合表面缺陷特征,做到缺陷均包含在矩形框内且矩形框不过分大于缺陷大小。另外,在标注工作量较大的情况下,可以选择开启智能标注,即只需要标注30%的图片,剩余70%的图片会自动完成标注。

如图8-79所示,在"在线标注"界面,点击"请选择数据集"。进一步地,在"在线标注"界面,继续选择所建立的"钢材表面缺陷数据集-V1"(图8-80)。同时,在"标注"界面,查看当前数据集标注信息(图8-81),执行"添加标签"操作(图8-82),添加"冲孔"缺陷标签(图8-83)。

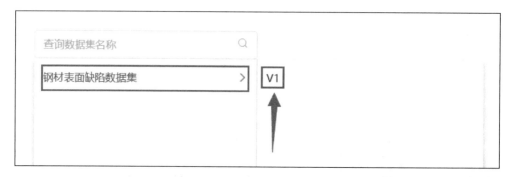

图 8-79 在"在线标注"界面点击"请选择数据集"

图 8-80 在"在线标注"界面继续选择所建立的"钢材表面缺陷数据集-V1"

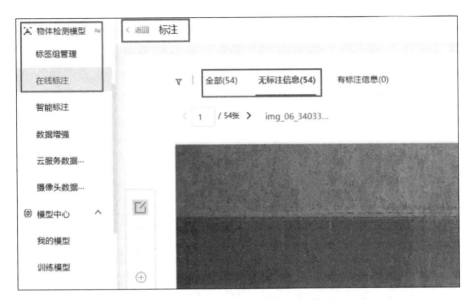

图 8‑81　在"标注"界面查看当前数据集标注信息

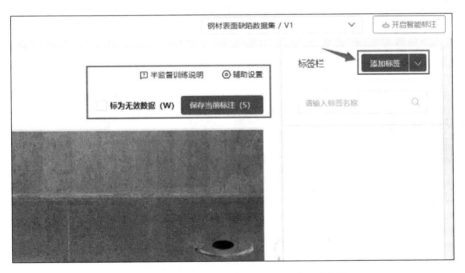

图 8‑82　在"标注"界面执行"添加标签"操作

图 8‑83　在"标注"界面添加"冲孔"缺陷标签

如图8-84所示,在"标注"界面,查看被添加的"冲孔"缺陷标签。进一步地,在"标注"界面,用鼠标标注矩形区域并选择"冲孔"缺陷标签进行标记(图8-85)。同时,在"标注"界面,执行"保存当前标注"操作(图8-86);随后,查看数据集标注状态(图8-87)。接着,在"标注"界面,添加"新月形缝隙"缺陷标签(图8-88)。

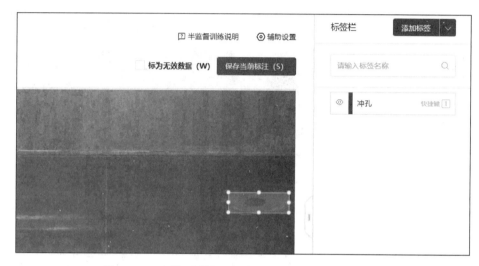

图8-84　在"标注"界面查看被添加的"冲孔"缺陷标签

图8-85　在"标注"界面,用鼠标标注矩形区域并选择"冲孔"缺陷标签

图8-86　在"标注"界面执行"保存当前标注"操作

图8-87　在"标注"界面查看数据集标注状态

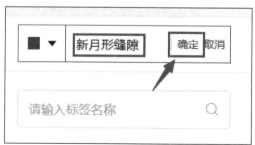

图8-88　在"标注"界面添加"新月形缝隙"缺陷标签

如图 8-89 所示,在"标注"界面,显示被标注的图片区域。进一步地,在"标注"界面,可查看已经标注完毕的数据集信息(图 8-90)。随后,在"标注"界面左侧目录栏,选取"数据总览"(图 8-91)。最后,在"我的数据总览"界面,查看所创建的数据集整体信息并执行"导入"操作(图 8-92)。

图 8-89　在"标注"界面显示被标注的图片区域

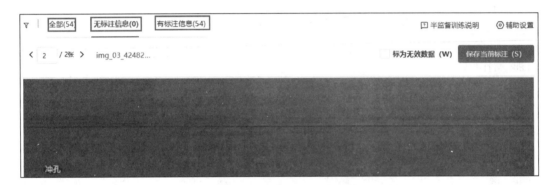

图 8-90　在"标注"界面查看已经标注完毕的数据集信息

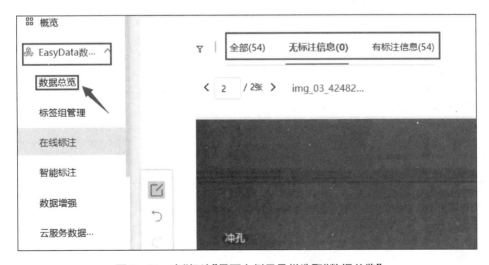

图 8-91　在"标注"界面左侧目录栏选取"数据总览"

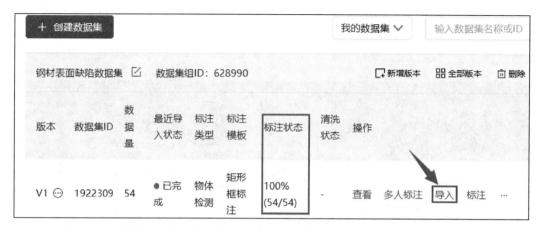

图 8‑92 在"我的数据总览"界面查看所创建的数据集整体信息并执行"导入"操作

如图 8‑93 所示,在"导入配置"界面,继续添加数据配置操作。进一步地,在"添加文件"界面,全选"新月形缝隙"数据集中的图片(图 8‑94),并在"上传图片"界面执行"继续添加"操作(图 8‑95)。

如图 8‑96 所示,在"添加文件"界面全选"油斑"数据集中的图片,进一步地,在"上传图片"界面执行"开始上传"操作(图 8‑97)。随后,在"导入配置"界面执行"确认并返回"操作(图 8‑98)。

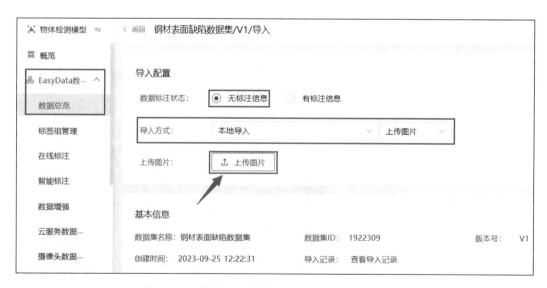

图 8‑93 在"导入配置"界面继续添加数据配置操作

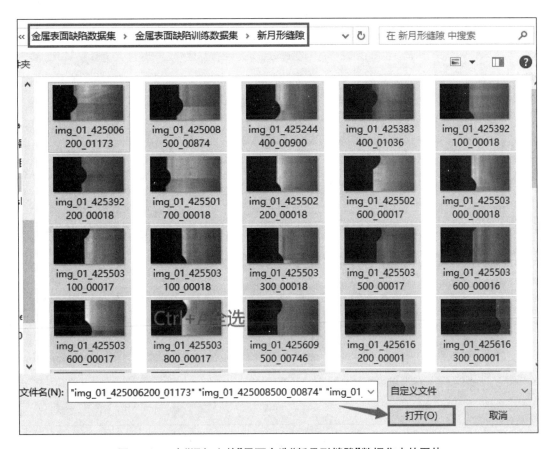

图 8-94　在"添加文件"界面全选"新月形缝隙"数据集中的图片

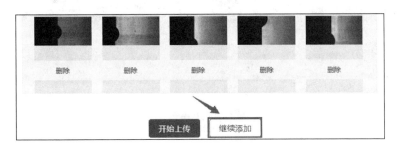

图 8-95　在"上传图片"界面执行"继续添加"操作

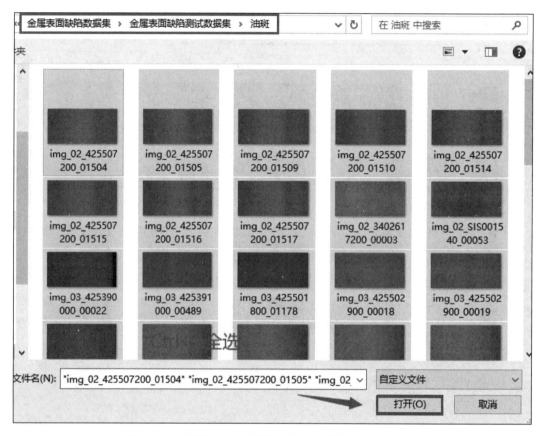

图 8‑96　在"添加文件"界面全选"油斑"数据集中的图片

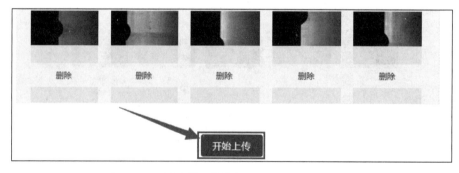

图 8‑97　在"上传图片"界面执行"开始上传"操作

飞桨 EasyDL
产品介绍
操作平台
应用案例
场景范例
使用文档
物体检测模型
概览
EasyData数...
数据总览
标签组管理
在线标注
智能标注
展开/收起
返回
钢材表面缺陷数据集/V1/导入
数据标注状态:
无标注信息
有标注信息
导入方式:
本地导入
上传图片
上传图片:
上传图片
已上传100个文件
确认并返回

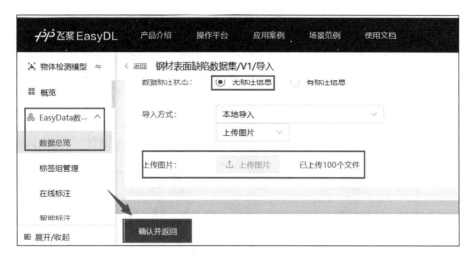

图 8 - 98 在“导入配置”界面执行“确认并返回”操作

如图 8 - 99 所示，在“我的数据总览”界面，显示正在导入新添加的数据集；过一段时间，显示数据量及最近导入状态为“已完成”(图 8 - 100)。进一步地，在“我的数据总览”界面左侧执行“在线标注”操作(图 8 - 101)。接着，在“在线标注”界面，选择需要标注的数据集(图 8 - 102)，并在“标注”界面，查看数据集标注信息(图 8 - 103)。

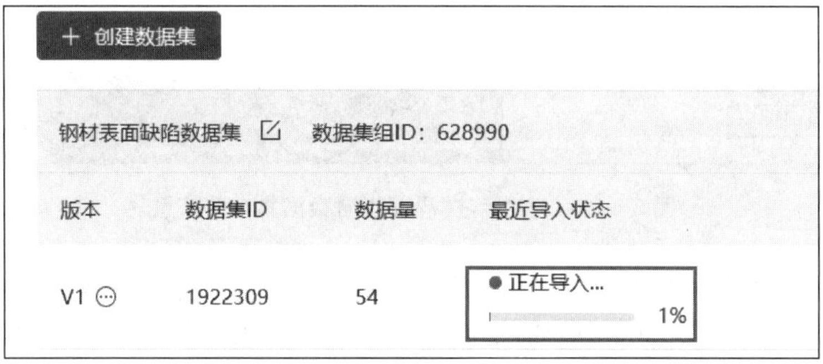

+ 创建数据集
钢材表面缺陷数据集
数据集组ID: 628990
版本
数据集ID
数据量
最近导入状态
V1
1922309
54
正在导入...
1%

图 8 - 99 在“我的数据总览”界面显示正在导入新添加的数据集

EasyData智能数据服务平台已上线，使用EasyData可享受包括多人标注、数据清洗、数据采集等完整数据服务 立即前往
+ 创建数据集
钢材表面缺陷数据集
数据集组ID: 628990
版本
数据集ID
数据量
最近导入状态
标注类型
标注模板
标注状态
V1
1922309
154
已完成
物体检测
矩形框标注
35% (54/154)

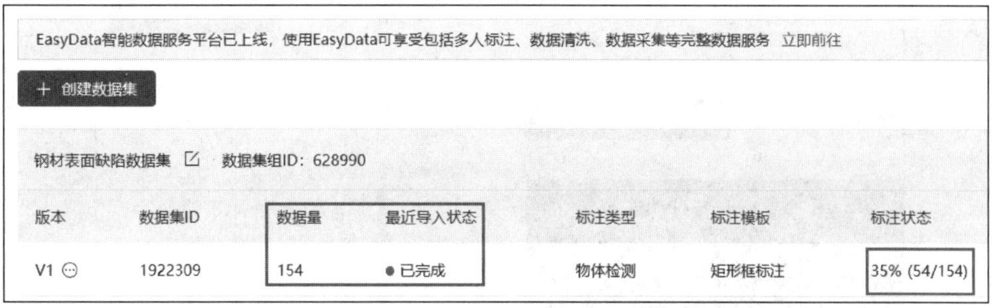

图 8 - 100 在“我的数据总览”界面显示数据量及最近导入状态

图 8‑101　在"我的数据总览"界面左侧执行"在线标注"操作

图 8‑102　在"在线标注"界面选择需要标注的数据集

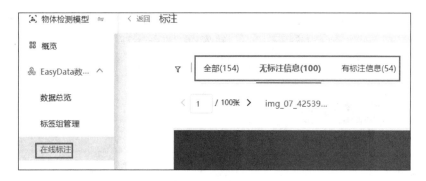

图 8‑103　在"标注"界面查看数据集标注信息

如图 8‑104 所示,在"标注"界面执行"添加标签"操作。进一步地,添加"油斑"标签(图 8‑105),并查看已添加标签的信息(图 8‑106)。同时,可在"标注"界面显示数据集标注信息(图 8‑107)。

图 8‑104　在"标注"界面执行"添加标签"操作

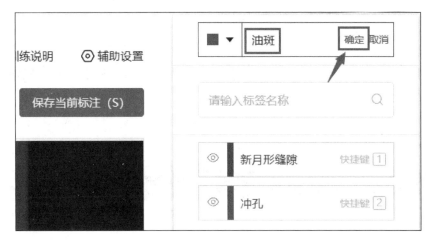

图 8-105　在"标注"界面添加"油斑"标签

图 8-106　在"标注"界面查看已添加标签的信息

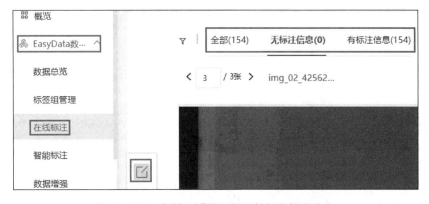

图 8-107　在"标注"界面显示数据集标注信息

8.5.8 钢材表面缺陷识别模型训练

一次训练产生一个版本,一个模型可以涵盖多个版本,用户可根据业务需求,进行灵活的版本管理。如图8-108所示,模型训练所需的数据集准备完成后,可点击"模型中心"中的"我的模型",并点击目标模型列表所在行中的"训练",进入"训练模型"页面。对于跳出来的相关提示窗口,点击"确定"进行关闭(图8-109)。进一步地,在"训练模型"界面,选择已标注完成的数据集并点击"下一步"(图8-110)。

图8-108　在"我的模型"界面执行"训练"操作

图8-109　关闭跳出的窗口

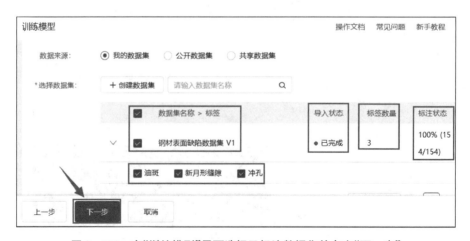

图8-110　在"训练模型"界面选择已标注数据集并点击"下一步"

如图 8-111 所示,在"训练配置"界面,选择部署方式、训练方式及训练环境,并执行"开始训练"操作。进一步地,在"训练模型"界面中显示训练进行状态为"排队中"(图 8-112);过一段时间,训练进行状态变为"训练中 22%"(图 8-113)。

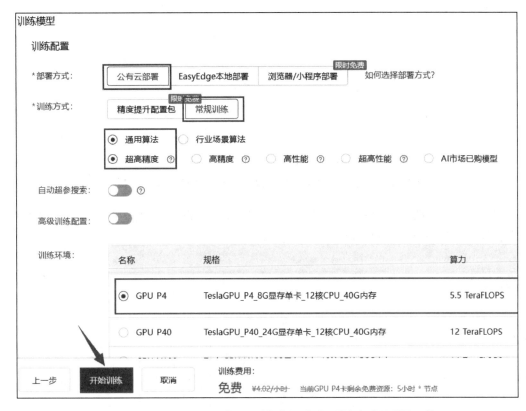

图 8-111　在"训练配置"界面选择部署方式、训练方式及训练环境

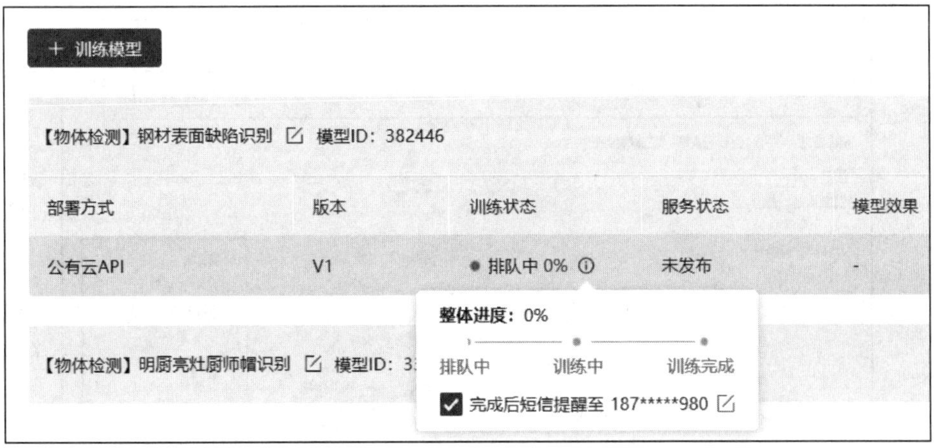

图 8-112　在"训练模型"界面查看训练进行状态(排队中)

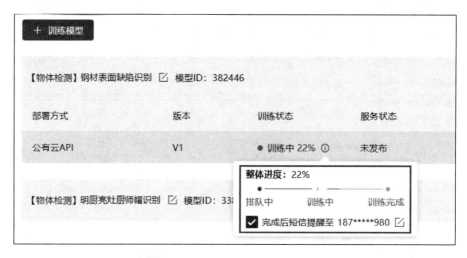

图 8 - 113　在"训练模型"界面查看训练进行状态(训练中 22%)

如图 8 - 114 所示,在"我的模型"界面执行"查看版本配置"操作。进一步地,在"我的模型"界面,可查看模型的基础信息及数据详情(图 8 - 115)。

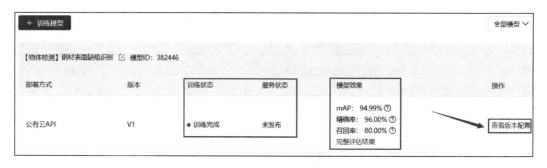

图 8 - 114　在"我的模型"界面执行"查看版本配置"操作

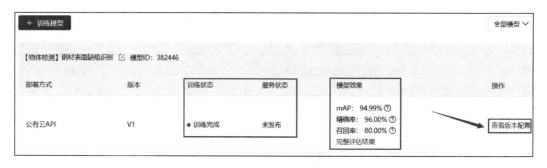

图 8 - 115　在"我的模型"界面显示模型的基础信息及数据详情

8.5.9　钢材表面缺陷识别模型校验

平均 AP 值(mean Average Precision，mAP)是物体检测算法中衡量算法效果的指标。对于物体检测任务，每一类物体都可以计算出其精确率(Precision)和召回率(Recall)。在不同阈值下多次计算/试验，每个类都可以得到一条 P-R 曲线及曲线下的面积(Average Precision，AP)的值。"mean"的意思是对每个类的 AP 再求平均，得到的就是 mAP 的值。mAP 在[0,1]区间内，越接近 1 表示模型效果越好。精确率为某类样本正确预测为该类的样本数与预测为该类的总样本数的比值，此处为各类别精确率的平均数，越接近 1 表示模型效果越好。召回率为某类样本正确预测为该类的样本数与标注为该类的总样本数的比值，此处为各类别召回率的平均数，越接近 1 表示模型效果越好。在"我的模型"界面中，显示模型效果良好，可执行"校验"操作(图 8-116)。

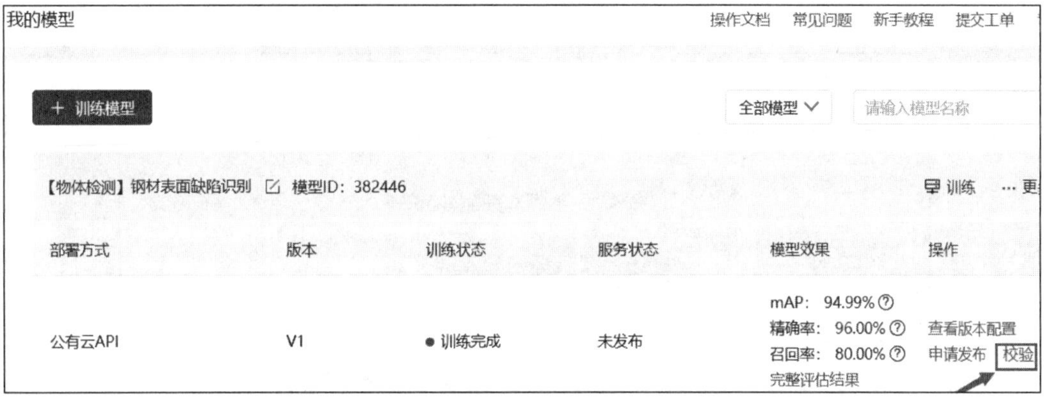

图 8-116　在"我的模型"界面执行"校验"操作

模型校验是深度学习和机器学习中的一个重要步骤，用于评估模型的性能、泛化能力以及可靠性。模型校验的目标是确保训练的模型对于未见过的数据(测试数据或实际应用中的数据)表现良好，而不仅仅是对训练数据才表现良好。

如图 8-117 所示，在"校验模型"界面，点击"启动模型校验服务"按钮，显示校验服务"启动中"(图 8-118)。在"校验模型"界面，执行"点击添加图片"操作(图 8-119)。如图 8-120 所示，在测试数据集中选择一张"冲孔及新月形缝隙"缺陷图片，可被正确检测为"冲孔"及"新月形缝隙"，置信度>84%(图 8-121)。

如图 8-122 所示，在测试数据集中选择一张"冲孔"缺陷图片，可被正确检测为"冲孔"，置信度>85%(图 8-123)。

如图 8-124 所示，在测试数据集中选择一张"新月形缝隙"缺陷图片，可被正确检测为"新月形缝隙"，置信度>90%(图 8-125)。进一步地，另外一张"新月形缝隙"缺陷图片也能够被正确地检测为"新月形缝隙"，置信度>87%(图 8-126)。

图 8-117 在"校验模型"界面点击"启动模型校验服务"按钮

图 8-118 在"校验模型"界面中显示校验服务"启动中"

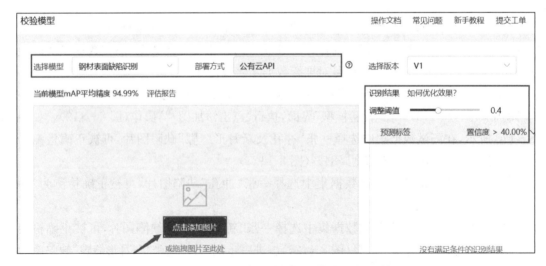

图 8-119 在"校验模型"界面"点击添加图片"

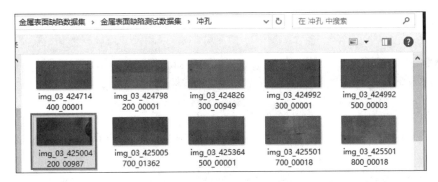

图 8 - 120 在测试数据集中选择一张"冲孔及新月形缝隙"缺陷图片

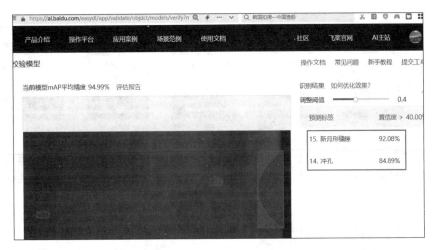

图 8 - 121 在"校验模型"界面显示检测结果为"冲孔"及"新月形缝隙"

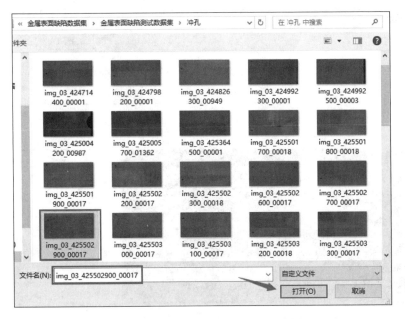

图 8 - 122 在测试数据集中选择一张"冲孔"缺陷图片

图 8‑123 在"校验模型"界面显示检测结果为"冲孔"

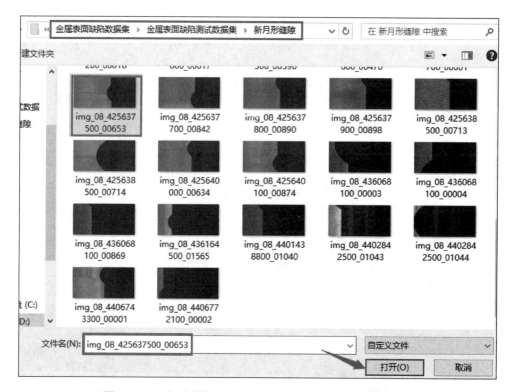

图 8‑124 在测试数据集中选择一张"新月形缝隙"缺陷图片

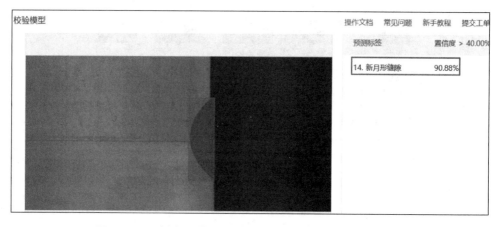

图 8‑125 在"校验模型"界面显示检测结果为"新月形缝隙"

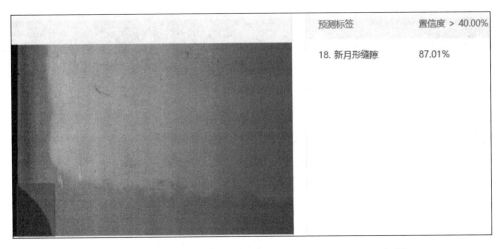

图 8 - 126　在"校验模型"界面显示检测结果为"新月形缝隙"

　　如图 8 - 127 所示,在测试数据集中选择一张"油斑"缺陷图片,其可以被正确检测为"油斑",置信度＞84％(图 8 - 128)。

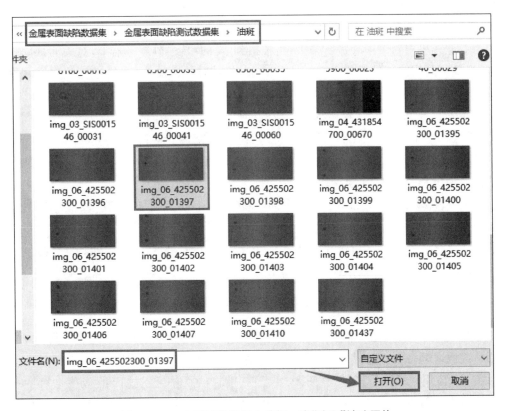

图 8 - 127　在测试数据集中选择一张"油斑"缺陷图片

图 8‑128　在"校验模型"界面显示检测结果为"油斑"

8.5.10　钢材表面缺陷识别模型部署与测试

考虑到工业质检场景通常比较注重检测效率,模型的检测效率将直接影响质检效率,因此建议在部署时可以先选择 EasyEdge 本地部署‑服务器‑超高精度算法方案。该方案的优势是:本地部署方式可有效节省检测数据上传及检测结果下发所需的时间,大幅提高检测效率进而提高产能,超高精度算法可最大限度地保证模型效果。

钢铁企业可将模型应用到实际场景中,实现对钢材表面缺陷的自动识别。在质检产线中由专业相机对每个工件进行拍摄,将拍摄到的图片传输到服务器上,对表面缺陷进行质检,当检测到当前工件图片中存在缺陷时,由机械臂抓取缺陷钢材,送至特定区域统一存放等待人工复核。

对于公有云 API 部署,可将训练完成的模型存储在云端,通过独立 Rest API 调用模型,实现人工智能与业务系统或硬件设备整合;具有完善的鉴权、流控等安全机制,GPU集群可稳定承载高并发请求;支持查找云端模型识别错误的数据,纠正结果并将其加入模型迭代的训练集,不断优化模型效果。

如图 8‑129 所示,在"我的模型"界面,点击"申请发布"。随后,在"发布模型"界面,填写相关内容并点击"提交申请"(图 8‑130)。进一步地,在"公有云部署"界面发布新服务并等待审核(图 8‑131)。过几分钟,"公有云部署"界面显示发布的新服务已通过审核,可点击"体验 H5"进行后续操作(图 8‑132)。

8.5.11　移动端 H5 钢材表面缺陷识别应用测试

如图 8‑133 所示,在"体验 H5"界面中调用个人账号下的 APPID。进一步地,在"体验 H5"界面,填写钢材表面缺陷检测模型相关内容并点击"下一步"(图 8‑134),可生成移动端 H5 应用二维码及其界面(图 8‑135)。接着,可利用移动端 H5 应用进行冲孔及新月形缝隙缺陷测试(图 8‑136),其可以很好地进行"油斑"及"新月形缝隙"表面缺陷的测试(图 8‑137)。

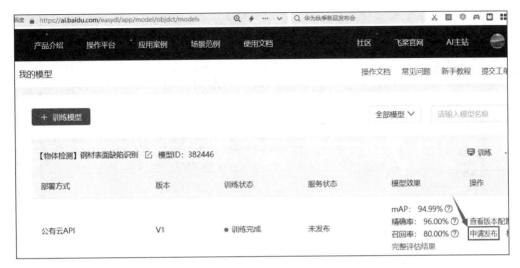

图 8-129 在"我的模型"界面点击"申请发布"

图 8-130 在"发布模型"界面填写相关内容并点击"提交申请"

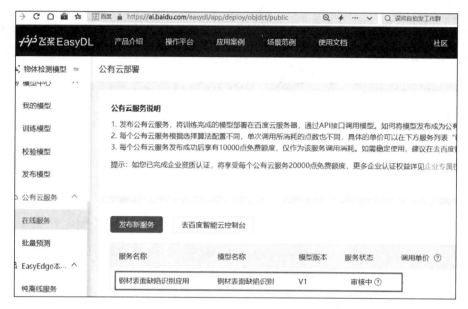

图 8-131 在"公有云部署"界面发布新服务并等待审核

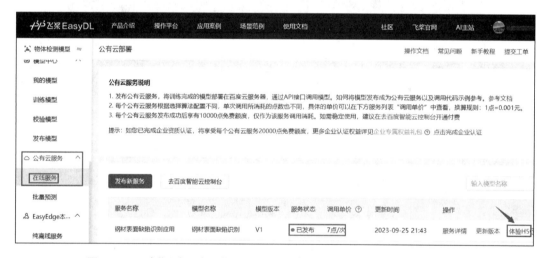

图 8-132 在"公有云部署"界面发布的新服务已通过审核,点击"体验 H5"

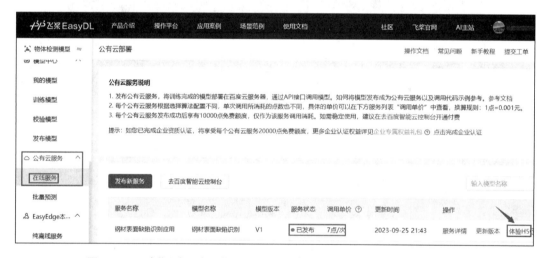

图 8-133 在"体验 H5"界面中调用个人账号下的 APPID

图 8-134　在"体验 H5"界面填写钢材表面缺陷检测模型相关内容并点击"下一步"

图 8-135　移动端 H5 应用二维码及其界面

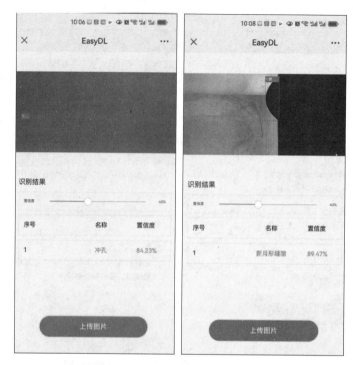

图 8-136　移动端 H5 应用对表面缺陷的识别结果为"冲孔"及"新月形缝隙"

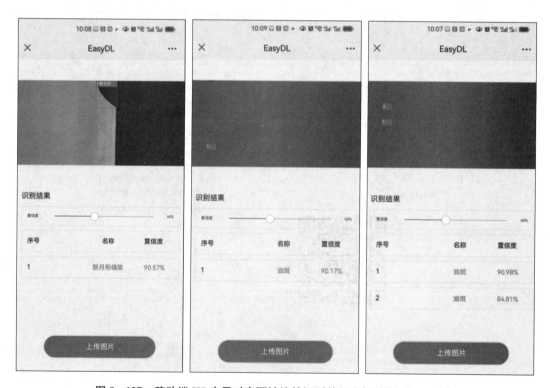

图 8-137　移动端 H5 应用对表面缺陷的识别效果良好(置信度＞84％)

8.6　小结

本章介绍了施工人员安全帽智能检测相关内容,包括安全帽检测说明、背景、检测难点、解决思路。同时,本章详细描述了安全帽智能检测的数据准备、数据采集与导入、数据标注、模型训练、模型部署等相关内容。本章描述了如何开发 H5 移动客户端进行安全帽智能检测应用。本章还阐述了钢材表面缺陷智能识别相关内容,包括智能识别项目说明,钢材表面缺陷智能检测的必要性、解决思路。同时,本章也讨论了钢材表面缺陷智能检测相关数据的准备、模型检测、表面缺陷数据采集与导入、表面缺陷数据标注及标注后继续导入数据等。另外,本章还讨论了钢材表面缺陷智能检测模型训练、模型检验、模型部署与测试、移动端 H5 应用测试等内容。

实践作业

1. 按照 8.3.4 节及 8.3.5 节的相关步骤,完成安全帽数据准备。
2. 按照 8.3.6 节的相关步骤,完成安全帽检测模型训练。
3. 按照 8.3.7 节的相关步骤,完成安全帽检测模型校验。
4. 按照 8.3.8 节的相关步骤,完成安全帽检测模型部署。
5. 按照 8.3.9 节的相关步骤,体验 H5 移动客户端安全帽检测应用。
6. 按照 8.5.6 及 8.5.7 节的相关步骤,完成钢材表面缺陷识别数据准备。
7. 按照 8.5.8 节的相关步骤,完成钢材表面缺陷识别模型训练。
8. 按照 8.5.9 节的相关步骤,完成钢材表面缺陷识别模型校验。
9. 按照 8.5.10 节的相关步骤,完成钢材表面缺陷识别模型部署。
10. 按照 8.5.11 节的相关步骤,体验 H5 移动客户端钢材表面缺陷识别应用。

案例

炼钢厂施工人员安全帽智能检测系统

炼钢厂是一个高温、高危险性的工作环境,其中施工人员的安全至关重要。为了确保施工人员佩戴安全帽并减少潜在的安全事故,某炼钢厂引入了施工人员安全帽智能检测系统。

该系统基于计算机视觉和深度学习技术,通过安装在炼钢厂关键区域的摄像头实时捕捉施工人员的图像。系统利用预先训练好的深度学习模型对施工人员的头部进行检测,并识别是否佩戴了安全帽。

在实际应用中,该系统与炼钢厂的监控系统相集成,可以实时观察炼钢厂内各个区域的施工人员。一旦发现有人未佩戴安全帽,系统会立即发出警报,并将相关信息发送给安全管理人员,以便他们及时采取纠正措施。

此外,该系统还具备数据统计和报告功能,可以记录每个施工人员的安全帽佩戴情况,并生成相应的报告。这些报告可以用于安全培训和事故预防,增强施工人员的安全意识和自我保护能力。

通过引入施工人员安全帽智能检测系统,炼钢厂成功地提高了施工人员的安全帽佩戴率,降低了潜在的安全风险。该系统可准确、实时地检测施工人员安全帽佩戴情况,并及时提醒管理人员采取相应措施,为炼钢厂创造了一个更安全的工作环境。

深度学习在工业质检中的应用案例

随着制造业的快速发展,产品质量控制成为企业竞争的关键因素之一。传统的质检方法通常依赖人工检查或者简单的机械测量,但这种方法效率低下、精度不高,并且容易受到人为因素的影响。近年来,深度学习技术在工业质检领域的应用逐渐兴起,为企业带来了革命性的变革。

某大型汽车制造公司就成功将深度学习应用于其生产线上的质检环节。他们开发了一套基于深度学习算法的自动质检系统,用于检测汽车零部件的尺寸、形状、颜色等多个方面的质量指标。

这套系统通过大量的训练数据,学习并识别了合格与不合格零部件之间的细微差异。在实际应用中,系统能够快速地对生产线上的零部件进行自动检测,并实时反馈检测结果。一旦发现不合格品,系统就会立即发出警报,通知操作人员进行处理。

深度学习技术的应用使得该汽车制造公司的质检效率得到了大幅提升,同时降低了人为因素带来的误差。此外,由于深度学习算法具有自我学习和优化的能力,该系统还能够根据实际应用中的反馈不断改进自身的检测性能。

总之,深度学习技术在工业质检领域的应用为企业带来了更高效、更精确的质量控制手段,有助于提升企业的竞争力和市场地位。

参考文献

［1］王晓龙,江波.基于改进 YOLOX-m 的安全帽佩戴检测［J］.计算机工程,2023(12):252-261.

［2］于秋波,万擎,胡文宇,等.基于改进型 YOLOv5s 的安全帽检测［J］.微处理机,2023(6):50-54.

［3］雷源毅,朱文球,廖欢.复杂场景下的改进 YOLOv8n 安全帽佩戴检测算法［J］.软件

工程,2023(12)：46-51.

［4］李奇泽,杨泽鹏.基于 YOLOv5 的施工人员和安全帽检测方法研究[J].信息技术与信息化,2023(11)：121-12.4.

［5］张学立,贾新春,王美刚,等.安全帽与反光衣的轻量化检测：改进 YOLOv5s 的算法[J].计算机工程与应用,2024(1)：104-109.

［6］吴亚尉,明帮铭,何剑锋,等.基于 YOLO-GR 算法的轻量化钢材表面缺陷检测[J].组合机床与自动化加工技术,2023(11)：107-111＋115.

［7］蒋博,万毅,谢显中.改进 YOLOv5s 的轻量化钢材表面缺陷检测模型[J].计算机科学,2023(S2)：271-277.

［8］张世强,史卫亚,张绍文等.基于改进 YOLOv5 算法的钢铁表面缺陷检测[J].科学技术与工程,2023(35)：15148-15157.

［9］张文铠,刘佳.基于改进 YOLOv8s 的钢材表面缺陷检测[J].北京信息科技大学学报（自然科学版）,2023(6)：33-40.

［10］齐向明,董旭.改进 Yolov7-tiny 的钢材表面缺陷检测算法[J].计算机工程与应用,2023(12)：176-183.

附　录

英 文 简 称

英文简称	中、英文全称
AGI	通用人工智能（Artificial General Intelligence）
AI	人工智能（Artificial Intelligence）
AIGC	人工智能生成内容（Artificial Intelligence Generated Content）
ANI	狭义人工智能（Artificial Narrow Intelligence）
AP	曲线下的面积（Average Precision）
API	应用程序编程接口（Application Programming Interface）
AR	增强现实（Augmented Reality）
ARIMAM	自回归积分滑动平均模型（Auto Regressive Integrated Moving Average Model）
ARM	自回归模型（Auto Regressive Model）
ARMAM	自回归移动平均模型（Auto Regressive Moving Average Model）
BIM	建筑信息模型（Building Information Modeling）
BOS	百度对象存储（Baidu Object Storage）
CDN	内容分发网络（Content Delivery Network）
CNN	卷积神经网络（Convolutional Neural Network ）
CNTK	认知工具包（Cognitive Toolkit）
CPU	中央处理器（Central Processing Unit ）
CRM	客户关系管理（Customer Relationship Management）
CT	计算机断层扫描（Computed Tomography）
CUDA	统一计算设备架构（Compute Unified Device Architecture）
cuDNN	CUDA 深度神经网络库（CUDA Deep Neural Network）

英文简称	中、英文全称
CV	计算机视觉(Computer Vision)
DAO	中心化自治组织(Decentralized Autonomous Organization)
Decision AI	决策人工智能(Decision-Making Artificial Intelligence)
DeFi	去中心化金融(Decentralized Finance)
DL	深度学习(Deep Learning)
EDA	探索性数据分析(Exploratory Data Analysis)
ERP	企业资源计划(Enterprise Resource Planning)
GAI	生成式人工智能(Generative Artificial Intelligence)
GAN	生成对抗网络(Generative Adversarial Network)
GIS	地理信息系统(Geographic Information System)
GPT4	生成型预训练变换模型版本4(Generative Pre-trained Transformer 4)
GPU	图形处理器(Graphics Processing Unit)
H5	超文本标记语言5(Hyper Text Markup Language 5)
IDE	集成开发环境(Integrated Development Environment)
IDLE	集成开发和学习环境(Integrated Development and Learning Environment)
JSON	JS对象标记(JavaScript Object Notation)
LDM	潜在扩散模型(Latent Diffusion Model)
LSTM	长短期记忆网络(Long Short-Term Memory)
MaaS	模型即服务(Model as a Service)
MAM	移动平均模型(Moving Average Model)
mAP	平均AP值(mean Average Precision)
MCN	多频道网络(Multi-Channel Network)
ML	机器学习(Machine Learning)
MNIST	修正美国商务部研究所(Modified National Institute of Standards and Technology)

英文简称	中、英文全称
MR	混合现实(Mixed Reality)
MRI	磁共振成像(Magnetic Resonance Imaging)
NFT	非同质化通证(Non-Fungible Token)
NLP	自然语言处理(Natural Language Processing)
NLTK	自然语言处理工具包(Natural Language Toolkit)
OCR	图片文字识别(Optical Character Recognition)
OpenCV	开源计算机视觉库(Open Source Computer Vision Library)
PAI	感知型人工智能(Perceptive Artificial Intelligence)
PIL	Python 图像库(Python Image Library)
RNN	循环神经网络(Recurrent Neural Networks)
ROCC	接收者操作特征曲线(Receiver Operating Characteristic Curve)
RPA	机器人流程自动化(Robotic Process Automation)
SARIMA	季节性自回归移动平均模型(Seasonal Autoregressive Integrated Moving Average)
SDK	软件开发工具包(Software Development Kit)
SLAM	即时定位与地图构建(Simultaneous Localization and Mapping)
TCADH	腾讯云智能数智人(Tencent Cloud AI Digital Human)
TPU	张量处理单元(Tensor Processing Unit)
TSFM	时序预测模型(Time Series Forecasting Model)
V2X	车联万物(Vehicle to Everything)
VR	虚拟现实(Virtual Reality)